TURING 图灵程序设计丛书

BEYOND THE BASIC STUFF WITH PYTHON

Python编程轻松进阶

BEST PRACTICES FOR WRITING CLEAN CODE

[美] 阿尔·斯维加特（Al Sweigart）◎著
张望◎译

U0390173

人民邮电出版社
北京

图书在版编目（CIP）数据

Python编程轻松进阶 / （美）阿尔·斯维加特（Al Sweigart）著 ; 张望译. -- 北京 : 人民邮电出版社, 2022.6
（图灵程序设计丛书）
ISBN 978-7-115-59242-2

Ⅰ. ①P… Ⅱ. ①阿… ②张… Ⅲ. ①软件工具—程序设计 Ⅳ. ①TP311.561

中国版本图书馆CIP数据核字(2022)第075052号

内容提要

本书是 Python 畅销书作者阿尔·斯维加特的又一力作。全书分为三大部分，共计 17 章。第一部分（第 1~2 章）介绍了基础知识，包括如何配置开发环境和在网上寻求帮助。第二部分（第 3~14 章）介绍了 Python 编程的最佳实践、实用工具和技巧，不仅涵盖了如何编写高质量的 Python 代码、什么是高级的 Python 语法、如何使用专业开发者所用的命令行工具，还介绍了性能测量和大 *O* 算法分析，并用游戏实例演示了什么是最佳实践。第三部分（第 15~17 章）介绍了面向对象的 Python，内容包括如何编写类、什么是类的继承，以及 Python 独有的面向对象功能。

本书逻辑清晰、内容翔实，适合有一定 Python 编程基础并想更上一层楼的编程学习者。

◆ 著　　[美] 阿尔·斯维加特（Al Sweigart）
译　　张　望
责任编辑　谢婷婷
责任印制　彭志环

◆ 人民邮电出版社出版发行　　北京市丰台区成寿寺路11号
邮编　100164　　电子邮件　315@ptpress.com.cn
网址　https://www.ptpress.com.cn
三河市君旺印务有限公司印刷

◆ 开本：800×1000　1/16
印张：20.25　　2022年 6 月第 1 版
字数：452千字　　2025年 3 月河北第 3 次印刷
著作权合同登记号　图字：01-2021-2457号

定价：99.80元

读者服务热线：(010)84084456-6009　印装质量热线：(010)81055316

反盗版热线：(010)81055315

版权声明

Copyright © 2021 by Al Sweigart. Title of English-language original: *Beyond the Basic Stuff with Python: Best Practices for Writing Clean Code*, ISBN 9781593279660, published by No Starch Press Inc. 245 8th Street, San Francisco, California United States 94103. Simplified Chinese-language edition copyright © 2022 by Posts and Telecom Press. All rights reserved.

No part of this book may be reproduced or transmitted in any form or by any means, electronic or mechanical, including photocopying, recording, or by any information storage or retrieval system, without the prior written permission of the copyright owner and the publisher.

本书中文简体字版由 No Starch Press 授权人民邮电出版社有限公司独家出版。未经出版者书面许可，不得以任何方式复制或抄袭本书内容。

版权所有，侵权必究。

献给我的侄子 Jack。

前言

久违了！回想 20 世纪 90 年代末，那时候我还是个学编程的小伙子，梦想是成为一名黑客。每一期的《2600：黑客季刊》我都会认真钻研。终于有一天，我鼓起勇气参加了该杂志在当地举办的每月聚会，就被其他人的学识震撼到了。（后来我才意识到其中很多人只是表现得自信爆棚，实际上并没有真才实学。）整场聚会上，我都点头如捣蒜，试图跟上他们的谈话节奏。离开后我下定决心，为了在下一个月的聚会中搭得上话，每天一睁眼就要马不停蹄地学习计算机技术、编程和网络安全知识。

然而到了下一次聚会时，我依旧只能点头附和别人，自觉相形见绌。因此我再次下定决心努力学习，要成为一个“足够聪明”的人。月复一月，我的知识确实增加了不少，但依然感觉难以望其项背。我开始意识到计算机领域的浩瀚无垠，怕是自己永远也没办法穷尽了。

我比自己的高中生朋友们懂得更多编程知识，但肯定还没达到可以找到一份软件开发工作的程度。那时还没有谷歌、YouTube、维基百科呢，不过即使出现了，我怕是也不懂如何利用这些资源，也不知道接下来该学些什么。我反倒是学会了用不同的编程语言编写“Hello World”程序，但依然感觉自己没有实际进展，不知道该如何进阶。

软件开发远不止循环和函数。一旦你学完入门教程或者读完编程入门书，试图探寻进阶法门时，却总是会兜兜转转找到另外一个“Hello World”级别的入门引导。这个阶段一般被程序员称为“绝望的沙漠”：你在不同的学习材料之间漫无目的地徘徊，感觉自己毫无长进。你早就不是初学者了，但经验又少得可怜，根本没法处理复杂一些的问题。

处于这个阶段的人经常会强烈地感觉自己像冒牌程序员，既不认为自己是一个真正的程序员，也不知道怎么像一个真正的程序员一样写代码。而我写本书的目的就是成为你的引路人。如果你已经学完了 Python 基础教程，那么本书可以帮助你消除这种失望感，让你成为更厉害的程序员。

目标读者

我将本书献给那些学完 Python 基础教程后希望更进一步的人。你的入门教程也许是我的上一本书——《Python 编程快速上手》，也许是 Eric Matthes 写的《Python 编程：从入门到实践（第 2 版）》，又或者是其他在线课程。这些教程或许让你对编程产生了兴趣，开始渴望掌握更多技能。本书就是为那些想达到职业程序员水平，却又问路无门的人准备的。

另外，一些使用非 Python 语言入门编程的人，想跳过重复的入门课程直接上手 Python 和它的生态系统。你不必再阅读上百页的 Python 基本语法说明了，只需要在读本书前略读以下两份材料之一就好。

- Learn X in Y Minutes（Python 页面）
- Eric Matthes 的“Python 速成班——小抄”

关于本书

本书不仅涵盖了高级的 Python 语法，还讨论了如何使用命令行和专业开发者所用的命令行工具，诸如代码格式化工具、代码检查工具、版本控制工具。我讲解了编写可读代码和整洁代码的原则，并介绍了一些用来帮助你了解这些原则在真实项目中如何应用的编程项目。尽管本书并非计算机科学教材，但我仍解释了大 *O* 算法分析和面向对象设计。

没有哪本书可以让人一跃成为专业的软件开发者，但希望本书能够提高你的知识水平，帮助你朝着这个目标更进一步。我按照一些主题做了介绍，否则你可能只能从艰难的实践中一点一点地发现这些内容。读完本书，你将具备更扎实的基础，为迎接新的挑战做好准备。

虽然我推荐按照顺序阅读本书，但你也可根据兴趣跳到任何一个章节进行阅读。

第一部分　起步

第 1 章介绍如何有效发问和独立查找答案，也将教你如何阅读错误提示信息以及在网上寻求帮助的礼仪。

第 2 章讲解如何使用命令行跳转，以及如何配置开发环境和 PATH 环境变量。

第二部分　最佳实践、工具和技巧

第 3 章讲解 PEP 8 风格指南以及如何格式化代码以提升可读性。你将学习如何使用 Black 代码格式化工具将这个过程自动化。

第 4 章讲解如何命名变量和函数以提升代码的可读性。

第 5 章列举几个表明代码中存在潜在 bug 的危险信号。

第 6 章详细介绍什么是 Python 风格的代码以及编写地道 Python 代码的几种方式。

第 7 章解释编程领域常用的术语，特别是经常被混淆的术语。

第 8 章介绍 Python 语言中常见的混淆现象和 bug 的由来，并说明解决之法和避免出现问题的编程策略。

第 9 章涉及你可能注意不到的有关 Python 的几件怪事，如字符串驻留和反重力复活节彩蛋。通过探究为何某些数据类型和运算符会导致意外行为，你将更深入地理解 Python 的工作原理。

第 10 章详细说明如何组织函数以达到实用性和可读性的极致。你将了解*和**参数语法、函数大小的权衡方法以及函数式编程技术（比如 lambda 函数）。

第 11 章涉及程序中非代码部分的重要性及其对可维护性的影响。内容包括编写注释和文档字符串的频率，如何使其信息翔实有用。此外，这一章还将讨论类型提示以及如何使用静态分析器（例如 Mypy）检测 bug。

第 12 章介绍如何使用 Git 版本控制工具记录源代码的变更历史、恢复工作历史版本和追踪 bug 首次出现的时间，以及如何使用 Cookiecutter 工具组织项目文件结构。

第 13 章解释如何使用 `timeit` 和 `cProfile` 模块客观地衡量代码速度，还涉及大 *O* 算法分析及如何利用它预测代码性能随着处理数据量的增加而减慢的变化趋势。

第 14 章将这部分所学的技术应用到两个命令行游戏中：汉诺塔（一种益智游戏，规则是将圆盘从一座塔移动到另一座塔）以及经典游戏四子棋（两人制）。

第三部分　面向对象的 Python

第 15 章明确面向对象编程（OOP）的作用，因为它经常被误解。许多开发人员在自己的代码中滥用 OOP 而不自知，以为别人都是这么做的，而实际上这会导致代码复杂度过高。这一章将教你如何编写类，更重要的是，还将给出应该和不应该使用类的原因。

第 16 章解释类的继承及其对代码复用的功用。

第 17 章介绍面向对象设计中 Python 独有的功能，如特性、特殊方法和运算符重载。

你的编程之旅

从新手进阶到高手的过程，往往让人感觉自己像对着消防水管喝水——可供选择的资料太多，让人担心会在不那么好的编程指南上浪费时间。

当你读完本书后（甚至在阅读过程中），我建议你阅读以下入门资料，以进一步学习。

- 《Python 编程：从入门到实践（第 2 版）》：尽管这是一本面向初学者的书，但通过基于项目的方式，它让有经验的程序员也可以体验 Python 的 Pygame、matplotlib 和 Django 库。
- 《Python 编程实战》：这本书提供了一种基于项目的方式，以扩展 Python 技能。按照这本书的指导创建的程序很有趣，也是很棒的编程实践。
- *Serious Python*：这本书描述了从一个鼓捣“车库项目”的业余爱好者进阶为知识渊博的软件开发人员的必经之路。这样的开发人员能够遵循业界最佳实践，编写可扩展代码。

Python 的优势不只局限在技术层面，这门编程语言已经催生了一个多元化的社区，其成员创建了其他编程生态系统难以比肩的文档和支持体系。这些文档对用户十分友好，且可访问性强。一年一度的 PyCon 大会和众多区域性的 PyCon 会议为不同编程水平的人提供了各种各样的演讲机会。PyCon 的组织者在网站上免费提供演讲内容。Tags 页面可以让你轻松找到感兴趣的主题下的演讲。

为了让你更深入地了解 Python 的语法和标准库，我推荐以下几本书。

- *Effective Python* 是一本令人印象深刻的书，可谓 Python 风格的最佳实践和语言特性合集。
- *Python Cookbook* 提供了大量的代码片段，可以扩充 Python 新手的技能库。
- 《流畅的 Python》是探索 Python 语言复杂性的杰作，尽管篇幅让人望而生畏，但非常值得一读。

祝你的编程之旅一路畅通。让我们出发吧！

电子书

扫描如下二维码，即可购买本书中文版电子书。

致　谢

封面上的作者署名只有我的名字是一种误导。本书的诞生要归功于很多人的努力。我要感谢出版商 Bill Pollock，还有编辑 Frances Saux、Annie Choi、Meg Sneeringer 和 Jan Cash。我还要感谢制作编辑 Maureen Forys、审读编辑 Anne Marie Walker 和 No Starch Press 的执行编辑 Barbara Yien。感谢 Josh Ellingson 提供了出色的封面图。感谢技术审校人 Kenneth Love 以及我在 Python 社区遇到的所有其他好友。

目　　录

第一部分　起步

第三部分 面向对象的Python

第一部分

起　　步

第1章

处理错误和寻求帮助

计算机应该不喜欢你将它人格化。它之所以向你展示错误信息，并不是因为你冒犯了它。计算机固然是我们所能接触到的工具中最为复杂的，但别忘了它本质上仍然只是工具。

尽管如此，我们还是很容易对计算机产生怨气。这是因为很多人自学编程，虽然花了几个月的时间学习 Python，但仍需要频繁地从网上搜索答案，这很容易让人产生挫败感。不过，即使是专业的软件开发人员，也需要通过在网上搜索或者查阅文档来解决编程中遇到的麻烦。

除非你有经济能力或者有社会资源请个私教来解答你的编程问题，否则你只能依靠计算机、搜索引擎和个人毅力坚持下去。好在你的问题极大概率并非个例，它们都曾经被询问过。作为程序员，具备独立搜索答案的能力远比掌握任何算法或数据结构的知识重要。本章会指引你增强这项关键能力。

1.1 如何理解 Python 错误信息

在面对错误信息中的一大段技术性文本时，很多程序员会下意识地选择忽略。但程序出错的原因就在其中，我们需要用以下两个步骤找到它：检查回溯信息[①]，以及在网上搜索错误信息。

1.1.1 检查回溯信息

如果代码抛出的异常未被 except 语句捕获，那么 Python 程序就会崩溃。此时，Python 会展示异常消息和**回溯**。回溯也被称为**调用栈**，它展示了异常在程序中的具体位置，以及引发异常的

① traceback 是一个内置模块。如果程序报错，那么 traceback 模块会提供异常发生时的程序栈。——译者注

函数调用链路。

我们来做个阅读回溯信息的练习，输入以下程序（有 bug）并保存为 abcTraceback.py。注意，行号仅起参考作用，不属于程序的一部分。

```
   1. def a():
   2.     print('Start of a()')
❶  3.     b() # 调用 b()
   4.
   5. def b():
   6.     print('Start of b()')
❷  7.     c() # 调用 c()
   8.
   9. def c():
  10.     print('Start of c()')
❸ 11.     42 / 0 # 该行会导致以 0 为除数的错误
  12.
  13. a() # 调用 a()
```

这段程序中，函数 a()调用了 b()❶，b()调用了 c()❷，调用关系是 a()→b()→c()。在函数 c()中，表达式 42 / 0❸引发了一个以 0 为除数的错误。该程序运行时的输出是：

```
Start of a()
Start of b()
Start of c()
Traceback (most recent call last):
  File "abcTraceback.py", line 13, in <module>
    a() # 调用 a()
  File "abcTraceback.py", line 3, in a
    b() #调用 b()
  File "abcTraceback.py", line 7, in b
    c() # 调用 c()
  File "abcTraceback.py", line 11, in c
    42 / 0 # 该行会导致以 0 为除数的错误
ZeroDivisionError: division by zero
```

让我们从下面这行开始，逐行检查信息：

```
Traceback (most recent call last):
```

这行信息说明接下来是回溯信息。“most recent call last”表明将按照调用顺序列出所有函数调用，从第一个函数调用开始，到最后一个调用为止。

下一行展示了回溯的第一个函数调用：

```
File "abcTraceback.py", line 13, in <module>
  a() # 调用 a()
```

这两行是**栈帧摘要**，它展示了栈帧对象的内部信息，其中包括函数调用时的局部变量、函数结束后返回的位置以及其他与函数调用相关的数据。栈帧对象随着函数的调用而创建，直到函数返回时被销毁。回溯显示了导致崩溃的每一个函数调用栈帧的摘要信息。这次函数调用发生在abcTraceback.py文件的第13行，<module>表示这一行位于全局作用域。接下来是第13行的代码，行首有两个空格的缩进。

再往后4行分别是接下来两个栈帧的摘要。

```
File "abcTraceback.py", line 3, in a
  b() # 调用 b()
File "abcTraceback.py", line 7, in b
  c() # 调用 a()
```

我们可以发现，嵌套在a()函数中的b()函数在第3行被调用，接着导致嵌套在b()函数中的c()函数在第7行被调用。注意，尽管在b()函数和c()函数调用之前，第2、6、10行的print()函数也被调用了，但它并未展示在回溯信息中，这是因为只有导致异常的函数调用的所在行才会被展示在回溯信息中。

最后一个栈帧摘要显示了未被处理的异常的名字和信息。

```
File "abcTraceback.py", line 11, in c
  42 / 0 # 该行会导致以 0 为除数的错误
ZeroDivisionError: division by zero
```

需要注意的是，回溯给出的行号是Python最终检测到错误的地方，引起bug的罪魁祸首可能在这行之前。

错误信息像谜语一样，是出了名地又短又难懂。在数学上，0不能作为除数，这是一个常见的bug。你得知道这一点，否则“division by zero”（以0为除数）这几个字对你而言没有任何意义。这个示例程序中的bug还不算很难查找。只要看看栈帧摘要指出的那行代码，就能轻易地发现是表达式42 / 0引发了以0为除数的错误。

让我们再看一个难一点的案例。输入以下代码，保存为zeroDivideTraceback.py：

```
def spam(number1, number2):
    return number1 / (number2 - 42)

spam(101, 42)
```

运行时的输出如下：

```
Traceback (most recent call last):
  File "zeroDivideTraceback.py", line 4, in <module>
    spam(101, 42)
  File "zeroDivideTraceback.py", line 2, in spam
    return number1 / (number2 - 42)
ZeroDivisionError: division by zero
```

错误信息跟上一个示例相同，但从返回值 number1 / (number2 - 42)很难直接看出以 0 为除数的错误。推断过程是这样的：由于/运算符的出现发生了除法运算，除数，也就是表达式 number2 - 42 一定等于 0 了。结论显而易见：一旦参数 number2 被设置为 42，spam()函数就会失败。

有时候，回溯信息可能指出错误出现在真正造成 bug 的行后的那行代码。例如接下来的程序，第一行的 print()函数调用语句缺少闭合的括号：

```
print('Hello.'
print('How are you?')
```

但程序的错误信息指出问题是在第 2 行：

```
File "example.py", line 2
  print('How are you?')
      ^
SyntaxError: invalid syntax
```

这是因为 Python 解释器直到读到第 2 行时才意识到存在语法错误。回溯可以表明程序从哪一行开始出问题，但这一行并不一定是罪魁祸首。如果栈帧摘要没能提供足够的信息排查出 bug，又或者造成 bug 的罪魁祸首在回溯指出的位置前的某一行，那么只能退而求其次，即使用调试器逐行调试程序或者检查日志信息，这可能会多花不少时间。另一种方式是在网上搜索错误消息，没准儿会更快地找到解决问题的关键线索。

1.1.2　搜索错误信息

错误信息通常短得根本构不成一个完整的句子。因为对程序员而言很常见，所以它们是作为提示信息而非完整的解释出现的。如果某个错误之前没遇到过，那么你可以直接将其复制并粘贴到网上搜索，大概率会得到错误信息的具体含义及其可能的原因等详细解释。图 1-1 显示了搜索 python “ZeroDivisionError: division by zero” 的结果。这里有两个技巧可以帮助精确查找：一是使用引号包裹错误信息作为关键词；二是将 python 一起作为关键词。

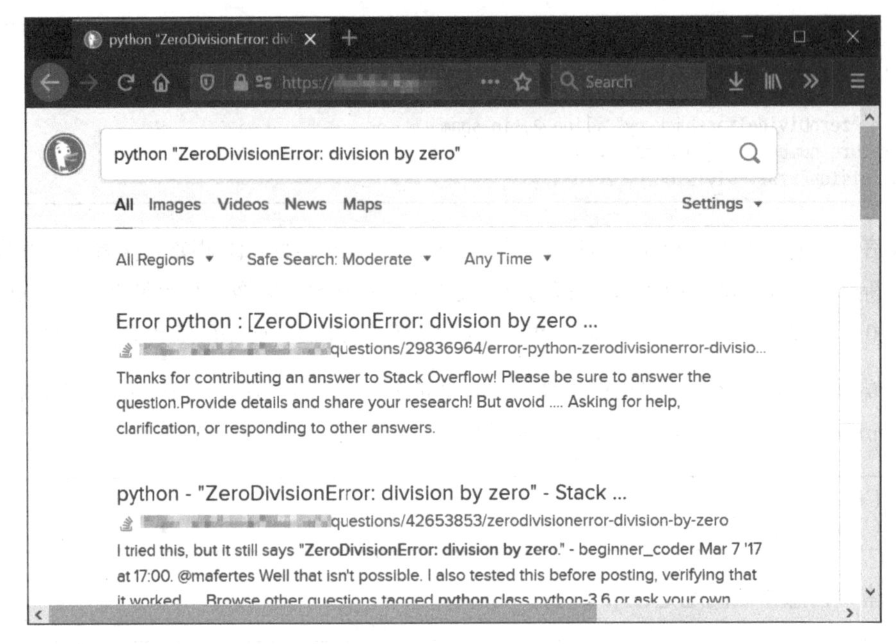

图 1-1　复制错误信息，将其粘贴到在线搜索工具中，可以快速得到相关解释和解决方案

在网上搜索错误信息并不是耍小聪明，没有人可以记住一门编程语言可能出现的所有错误信息。在网上搜索编程问题的答案对职业程序员而言是家常便饭。

你可能想去除代码中特有的错误信息。来看下面这个例子：

```
>>> print(employeRecord)
Traceback (most recent call last):
  File "<stdin>", line 1, in <module>
❶ NameError: name 'employeRecord' is not defined
>>> 42 - 'hello'
Traceback (most recent call last):
  File "<stdin>", line 1, in <module>
❷ TypeError: unsupported operand type(s) for -: 'int' and 'str'
```

这个例子中的变量 employeRecord 存在拼写错误，导致了错误❶。由于错误信息“NameError: name 'employeRecord' is not defined”中的 employeRecord 是你的代码所特有的，因此最好搜索 python “NameError: name”“is not defined”。

在最后一行，错误信息❷中的 int 和 str 似乎分别指向 42 和 hello 这两个值。所以将搜索词缩减为 python “TypeError: unsupported operand type(s) for” 可以避免包括代码中的特有部分。

如果通过这些搜索没能得到有价值的结果，那么可以尝试搜索完整的错误信息。

1.2 借助 linter 避免错误

修复错误的最佳方式是压根儿不犯错。静态代码格式分析工具（也称作 linter）是通过分析源代码来报告潜在错误的一类程序。linter 这个名字本来是指干衣机的棉绒收集器收集的小纤维和碎屑。尽管 linter 不能捕获所有错误，但**静态分析**（在不运行的情况下检查源代码）可以识别由错别字引起的拼写错误（第 11 章将探讨如何使用类型提示进行静态分析）。很多编辑器和集成开发环境（IDE）集成了一个在后台运行的 linter，可以实时指出错误，如图 1-2 所示。

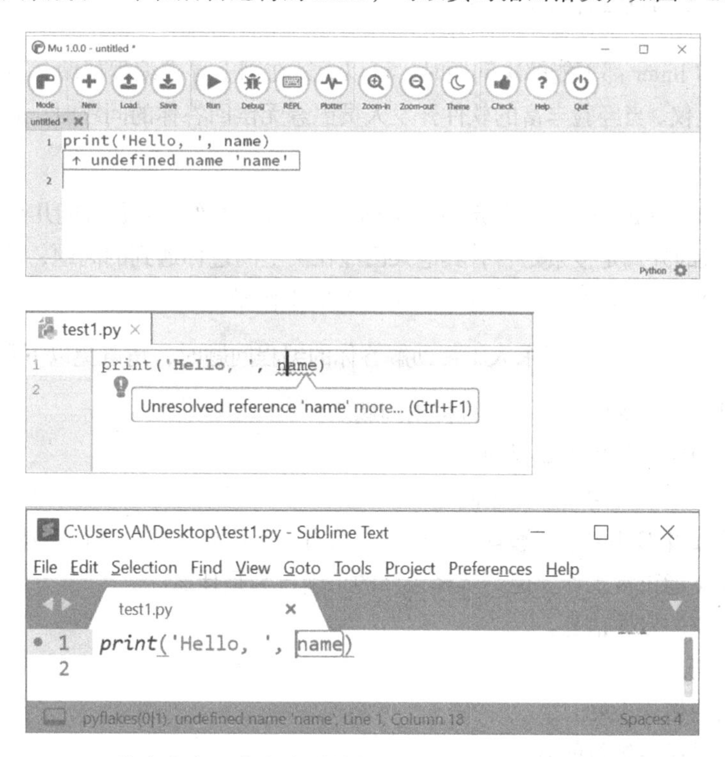

图 1-2 linter 指出存在一个未声明的变量。从上到下的编辑器分别为 Mu、PyCharm 和 Sublime Text

linter 提供的近乎实时的通知极大地提高了编程效率。如果没有它，那么你必须运行程序，不得不眼睁睁地看着它崩溃，同时，阅读异常信息，在源代码中找到指定行，修复拼写错误。如果你犯了多个拼写错误，上述流程只能每次检查出一个，而 linter 可以一次找到多个错误。它会在编辑器中以非常直观的形式显示错误，帮你轻易找到出错位置。

你的编辑器或 IDE 也许不提供 linter，但如果它提供插件机制，那几乎肯定有一个 linter 插件。这些插件通常使用一个名为 Pyflakes 的模块或其他模块进行分析。你可以安装 Pyflakes，或者运行 `pip install --user  pyflakes`，它值得一试。

注意 在 Windows 上，你可以运行命令 python 和 pip。但是在 macOS 和 Linux 上，这些命令是指向 Python 2 的，应该使用 python3 和 pip3 替代。请牢记，本书中出现的 python 和 pip 都是如此。

IDLE 是 Python 自带的 IDE，它既没有预装 linter，也不具备通过插件机制安装 linter 的能力。

1.3 如何寻求编程帮助

当在线搜索和 linter 都不能解决问题时，可以尝试在网上寻求编程帮助。不过，你需要了解有效寻求建议的礼仪。当经验丰富的软件开发人员愿意无偿回答你的问题时，最好能有效地利用他们的时间。

向陌生人寻求编程帮助应当总是最后一个选择，因为你发布的问题可能几小时甚至几天后才会得到回复。更快的方式是搜索是否有其他人已经在网上问过你遇到的问题，了解他们得到的答案。在线文档和搜索引擎的目的就是减少人工回答的工作量。

当你用尽浑身解数，只能寻求人工帮助解答你的编程问题时，请避免以下常见错误。

- 先询问是否可以提问，而非直接提出问题。
- 拐弯抹角而非直截了当地提问。
- 在不适合的论坛或网站上提出问题。
- 帖子名称或者邮件主题不够具体，比如“我有一个问题”或“求助”这样的主题。
- 只说程序不能正常工作，但不解释预期的正确行为是什么。
- 不提供完整的错误信息。
- 不分享代码。
- 分享的代码格式不好。
- 不说明你已经尝试过的方案。
- 不提供操作系统或者版本信息。
- 让人帮你写程序。

这份“避坑”清单中不能做的事情并非仅是出于礼仪考虑，更重要的是，这些习惯会阻碍帮忙者助你一臂之力。帮助你的人首先要运行代码并尝试重现问题，因此需要许多关于代码、计算机和程序意图的信息。但现实中，提供过少的信息往往比提供过多的信息更常见。接下来的几小节将探讨如何避免这些常见的错误。我将假设你把问题发布在一个在线论坛上。此外，对于给个人发送邮件或把问题群发到邮件列表的情况，下面列出的建议同样适用。

1.3.1 预先提供信息以避免反复补充

如果你在线下找人求助，问他“我可以问你一个问题吗”不失为一个快速确认他是否有空的方式。但在互联网论坛上，帮助你的人可能要等到有空时才会回复。既然可能要在几小时后才能得到回复，你最好第一次发帖时就写上所有可能需要的信息。如果没能得到回复，那么可以把问题复制到别的论坛再发一次。

1.3.2 以实际问题的形式陈述问题

在阐述问题时，你会下意识地认为别人听得懂你在说什么，但编程是一个非常宽泛的领域，别人有可能在你所遇到的问题的具体领域中缺乏经验，所以用实际问题的形式陈述问题是很有必要的。虽然以“我想要……”或者“这个代码不行啊”开头的句子也可以含糊地说明你的问题，但请务必包含明确的问题，也就是以问号结尾的问句，否则可能无法清楚地表达自己的意图。

1.3.3 在合适的网站上提出你的问题

在 JavaScript 论坛上问 Python 问题，或者在网络安全邮件组问算法问题很可能让你白忙一场。通常情况下，邮件组和互联网论坛有常见问题列表（FAQ）文档或者描述页面，来说明哪些主题适合在该站点进行讨论。例如，python-dev 邮件组是关于 Python 语言设计特性的，而不是寻求常规 Python 帮助的邮件组。如果不确定你的问题该到哪里提问，可以参考 Python 官网的 Help 页面。

1.3.4 在标题中概述你的问题

在互联网论坛发求助帖的好处在于可供其他遇到相同问题的程序员搜索。确保问题的标题具备概述性，这样可以让搜索引擎更容易收录。像“帮帮忙”或者“怎么不行啊”这种普通的标题就太模糊了。通过邮件提问时，一个有意义的主题也会让帮忙者扫一眼就知道问题是什么。

1.3.5 说明代码的预期目的

“为什么我的程序不能工作”，这个问句忽略了关键细节——你希望程序做什么。对帮助你的人而言，这并不总是显而易见的，因为他们不清楚你的目的。哪怕你的问题是“我为什么会得到这个错误”，都更能让人明白你的最终目的。在某些情况下，帮忙者可能会告诉你是否需要另辟蹊径，或者应该放弃这个问题，而不是在这个问题上浪费时间。

1.3.6 包含完整的错误信息

务必复制并粘贴包括回溯信息在内的所有错误信息。如果只是描述你的错误，比如“我遇到了一个越界错误"，并不能提供足够的细节让帮忙者找到错误原因。同时，你需要说明这个错误是经常出现的，还是偶然出现的。如果确定了错误发生的具体情境，也要一并告之。

1.3.7 分享全部代码

除了完整的错误信息和回溯信息，也要提供程序的完整源代码，以便帮忙者在自己的计算机上运行你的程序，并通过调试工具检查到底出了什么问题。务必提供一个最小、完整、可复现（简写为 MCR，是 minimum、complete、reproducible 三个单词的首字母）的样例，保证它能复现你遇到的错误。MCR 这个术语来自于技术问答社区 Stack Overflow，你可以在那里找到关于 MCR 的详细说明。"最小"意味着样例在能复现错误的前提下尽可能简短；"完整"意味着样例包含复现问题需要的一切元素；"可复现"意味着样例能够可靠地复现你描述的问题。

如果是单文件程序，在确保格式正确的前提下（这一点会在下一节讨论），直接发给帮忙者即可。

Stack Overflow 和归档答案

Stack Overflow 是一个流行的编程问答网站，很多新人刚使用它时会感觉沮丧甚至恐惧。Stack Overflow 的版主常常会无情地关闭不符合其严格规定的问题。但如此严格的管理也不无道理。

Stack Overflow 的目的不是解答问题，而是将编程问题和对应答案归档。所以，Stack Overflow 希望问题是具体、独特的，而非基于个人观点的。为了让使用搜索引擎的用户容易找到，问题需要有详细的说明。知名的 XKCD 漫画"Wisdom of the Ancients"（古人的智慧）的创作灵感就是来源于 Stack Overflow 出现之前的编程世界。几十个同质化问题不仅会让回答问题的专家志愿者重复劳动，也会让搜索的人对多个结果感到困惑。问题应该有客观、具体的答案，而"什么是最好的编程语言"则是见仁见智的，会引起不必要的争执。（当然，众所周知，Python 才是最好的语言。）

当你寻求帮助时，问题却被迅速关闭，这不免会令人觉得尴尬和难过。我的建议是，首先仔细阅读本章和 Stack Overflow 的"How do I ask a good question?"指引；其次，如果害怕提出愚蠢的问题，随便起个假名就好。Stack Overflow 并不要求用户使用真实姓名。如果你希望提问时不用那么严肃紧张，可以考虑把问题发布到 Reddit 的 Python 相关页面上，那里对问题的容忍度要高一些。不过在提交问题之前，还是务必先阅读那里的发帖指引。

1.3.8 通过适当的格式化增强代码可读性

分享代码的目的是让帮忙者可以运行代码并重现错误。他们不是只要拿到代码就行，而是希望代码经过了良好的格式化。请确保让帮忙者能够容易地复制代码并照此运行。如果要在邮件中粘贴源代码，请注意很多邮件客户端可能会删除缩进符，导致代码看起来像是这样：

```
def knuts(self, value):
if not isinstance(value, int) or value < 0:
raise WizCoinException('knuts attr must be a positive int')
self._knuts = value
```

帮忙者不仅要浪费很多时间为每一行重新插入缩进符，而且也不清楚每行的缩进位置是否正确。为了确保你的代码格式正确，请把代码复制并粘贴到“剪切板”网站[1]，比如 Pastebin 和 GitHub Gist。它们可以将你的代码存储为简短的公共链接，分享这个链接比使用文件附件更容易。

如果你要把代码发布到网站上，确保使用网站的文本框所提供的格式化功能。通常使用 4 个空格缩进可以确保这行使用更易阅读的等宽代码字体[2]。除此之外，使用反引号将文本包裹起来也有同样的效果。这类网站通常会提供一个讲解如何进行格式化的页面。不利用这些技巧可能会破坏你的代码格式，代码会全部挤在一行，就像下面这样：

```
def knuts(self, value):if not isinstance(value, int) or value < 0:raise
WizCoinException('knuts attr must be a positive int') self._knuts = value
```

此外，不要通过发送截图或者对着屏幕拍摄的照片来分享代码。没人能从图片中复制代码，而且图片中的代码也经常难以辨认。

1.3.9 告诉帮忙者已经尝试过的方法

发布问题时，告诉帮忙者你已经尝试了哪些方法以及结果，以免让他浪费时间重试。同时，这样做也能表明你不是“伸手党”，而是已经做了努力。

此外，这些信息可以确保你是在寻求帮助，而不是直接要求别人帮你写程序。遗憾的是，常常有计算机科学专业的学生要求网上的陌生人帮他们做作业，或是创业者要求别人为他们免费创建一个“简单的 App”。编程求助论坛可不是为了这种目的设立的。

---

① 这类网站的英文叫作 pastebin，源于第一个此类网站的名字。——译者注

② 字符宽度相同的字体。——译者注

1.3.10 描述你的设置信息

计算机的具体设置可能会对程序运行和错误的产生有影响。为了确保帮助你的人能够在他们的计算机上重现问题，请提供你所用计算机的以下信息。

- 操作系统和版本，如“Windows 10专业版”或者“macOS Catalina”。
- 运行程序的Python版本，如“Python 3.7”或者“Python 3.6.6”。
- 程序使用的所有第三方模块及其版本，如“Django 2.1.1”。

可以通过运行 `pip list` 来查看已安装的第三方模块的版本。通常，也可以通过模块的`__version__`属性查看。以下是一个交互式shell示例：

```
>>> import django
>>> django.__version__
'2.1.1'
```

这些信息很可能并无必要，但为了减少反复沟通，务必在最初的帖子中就提供这些信息。

1.4 样例：如何寻求帮助

下面给出一个遵循前述注意事项的范本。

Selenium webdriver：如何获取某个元素的全部属性？

在Python Selenium模块中，可以通过`get_attribute()`获取`WebElement`对象的任意属性：

```
foo = elem.get_attribute('href')
```

当`href`属性不存在时，会返回`None`。

我想请教的是，如何获取一个元素所有属性的列表？看起来没有`get_attributes()`方法或`get_attribute_names()`方法。

我使用的Python Selenium模块的版本号是2.44.0。

这个问题来自Stack Overflow。标题用一句话就概括了问题，它使用问句的形式陈述，并以问号结尾。将来如果有人在搜索结果中读到这个标题，马上就能知道它跟自己的问题是否相关。

该问题使用等宽字体对代码格式进行了规范，并将文本拆分成多个段落。发帖人要请教的问题很明显，甚至就是用“我想请教的是”开头的。提问者提到`get_attributes()`或`get_attribute_names()`看起来像是答案，但经过确认并非如此，这表明提问者尝试过解决问题，并暗示这个问题的答案可能是什么。提问者还提供了 Selenium 模块的版本信息，以备不时之需，信息太多总好过信息不足。

1.5 小结

独立解决自己的编程问题是一个程序员必会的重要技能。由程序员建立的互联网上就有大量的资源，可以为你提供所需的答案。

首先，你要分析 Python 输出的令人费解的错误信息。如果不能理解也没关系，可以把这段文本提交给搜索引擎，查找错误信息的简单解释和可能的原因。回溯信息会帮助找到错误发生在程序的哪个位置。

实时的 linter 可以在编写代码时指出拼写错误和潜在的其他错误，它非常有用，是现代软件开发不可或缺的工具。如果你使用的文本编辑器或者 IDE 没有 linter 且不支持添加 linter 插件，建议尽早换一个。

如果在网上搜不到解决方案，那么可以尝试把问题发布到在线论坛上或者通过邮件向他人寻求帮助。为了提高这个过程的效率，本章讲解了如何提出一个好的编程问题，问题要点包括：

- 提出具体、明确的问题；
- 提供完整的代码和详细的错误信息；
- 说明已经尝试过的解决方法；
- 说明操作系统和 Python 的版本。

帮助者发布的答案不仅可以解决你的问题，还可以帮助那些因遇到同样的问题而找到该求助帖的其他程序员。

不必因为自己总是在搜索答案、寻求帮助感到气馁。编程是一个很宽泛的领域，没有人可以同时记住所有细节。即使是经验丰富的软件开发人员，也会每天在网上查看文档、搜索解决方案。只要一直注重如何熟练地寻找解决方案，你一定会成为精通 Python 的专家。

第 2 章

环境设置和命令行

环境设置是指为了编写代码而对计算机所做的设置，包括安装必要的工具并修改它们的配置，以及解决这个过程中遇到的任何小问题。每个人的计算机、操作系统及其版本、Python 解释器版本都不尽相同，设置过程因人而异。尽管如此，本章还是介绍了一些基本概念，帮助你使用命令行、环境变量和文件系统管理自己的计算机。

一想到要学习这些概念和工具可能就让人头疼，因为你是想编写代码，又不是想探究配置项或者理解高深莫测的控制台命令。但从长远来看，这些技能会为你节省不少时间。无视错误信息或者随便改改配置也能让系统工作，但这治标不治本。何不拿出点时间了解这些问题呢？

2.1 文件系统

文件系统体现的是操作系统如何组织文件以便存储和检索文件。文件有两个关键属性：**文件名**（通常是一个单词）和**路径**。路径指定了文件在计算机上的位置。举个例子，我的 Windows 10 笔记本在 C:\Users\Al\Documents 路径下有一个文件名为 project.docx 的文件。文件名中句点后的那部分是文件的扩展名，表明文件的类型。文件名 project.docx 表明这是一个 Word 文档，Users、Al 和 Documents 则都是**文件夹**（也叫**目录**）。文件夹可以包含文件和其他文件夹。比如，project.docx 在 Documents 文件夹中，Documents 文件夹在 Al 文件夹中，Al 文件夹又在 Users 文件夹中。图 2-1 显示了这种文件夹结构。

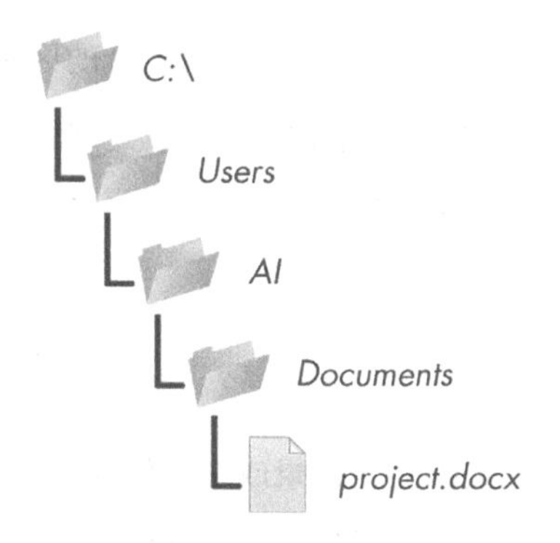

图 2-1 多层文件夹中的一个文件

路径中的 C:\是根文件夹，所有文件夹都在该文件夹内。在 Windows 上，根文件夹是 C:\，也被称为 C:驱动器。在 macOS 和 Linux 上，根文件夹是/。本书将使用 Windows 风格的根文件夹 C:\。如果你在 macOS 或 Linux 上进入交互式 shell 实例，那么请输入/。

附加卷，比如 DVD 驱动或者 USB 闪存驱动，在不同操作系统上的表现不同。在 Windows 上，它们作为区别于字母 C 的其他根驱动器出现，比如 D:\或 E:\。在 macOS 上，它们作为/Volumes 的子文件夹出现。在 Linux 上，它们作为/mnt（代表 mount）的子文件夹出现。注意，文件夹名称和文件名在 Windows 和 macOS 上不区分大小写，但在 Linux 上区分大小写。

2.1.1 Python 中的路径

在 Windows 上，文件夹和文件名使用反斜杠（\）分隔；在 macOS 和 Linux 上，则是使用正斜杠（/）分隔。为了使 Python 脚本跨平台兼容，可以使用 `pathlib` 模块和/运算符。

导入 `pathlib` 的典型方法是使用语句 `from pathlib import Path`。因为 `Path` 是 `pathlib` 中最常用的类，所以使用这种形式导入可以让你在后续只需要输入 `Path`，而不是 `pathlib.Path`。在表达式最左边输入一个 `Path` 对象，在后面使用/把 `Path` 对象或字符串连接成一条完整路径。在交互式 shell 中输入以下内容：

```
>>> from pathlib import Path
>>> Path('spam') / 'bacon' / 'eggs'
WindowsPath('spam/bacon/eggs')
>>> Path('spam') / Path('bacon/eggs')
WindowsPath('spam/bacon/eggs')
>>> Path('spam') / Path('bacon', 'eggs')
WindowsPath('spam/bacon/eggs')
```

请注意，因为我是在 Windows 机器上运行这段代码的，所以 `Path` 返回了 `WindowsPath` 对象。而在 macOS 和 Linux 上则会返回 `PosixPath` 对象。（POSIX 是类 Unix 操作系统的一组标准，关于它的内容不在本书讨论范围内。）对我们而言，无须理解两者的区别。

可以将 Path 对象传递给 Python 标准库中任何一个以文件名作为参数的函数。例如，函数调用 open(Path('C:\\') / 'Users' / 'Al' / 'Desktop' / 'spam.py')等同于 open(r'C:\Users\Al\Desktop\spam.py')。

2.1.2　主目录

所有用户在计算机上都有一个被称为**主目录**或**主文件夹**的文件夹，用于存放该用户自己的文件。可以通过调用 Path.home()来获取主目录的 Path 对象。

```
>>> Path.home()
WindowsPath('C:/Users/Al')
```

主目录的位置取决于操作系统。

- 在 Windows 上，主目录位于 C:\Users 下。
- 在 macOS 上，主目录位于/Users 下。
- 在 Linux 上，主目录通常位于/home 下。①

我们编写的 Python 脚本一般都有主目录文件的读写权限，所以把会用到的文件放在主目录下比较合适。

2.1.3　当前工作目录

计算机运行的每个程序都有自己的**当前工作目录**（英文为 cwd，是 current working directory 的首字母缩写）。任何不以根目录开头的文件名或路径都是相对于当前工作目录而言的相对路径。尽管"目录"是"文件夹"的过时说法，但"当前工作目录"（也可以简称为工作目录）是标准术语，不能使用"当前工作文件夹"代替。

可以使用 Path.cwd()函数将 cwd 作为一个 Path 对象来获取，并使用 os.chdir()修改它。在交互式 shell 中输入以下内容：

```
>>> from pathlib import Path
>>> import os
❶ >>> Path.cwd()
WindowsPath('C:/Users/Al/AppData/Local/Programs/Python/Python38')
❷ >>> os.chdir('C:\\Windows\\System32')
>>> Path.cwd()
WindowsPath('C:/Windows/System32')
```

① Linux 操作系统高度灵活，可以设置主目录到其他文件夹。——译者注

在这段代码中，cwd 被设置为 `C:\Users\Al\AppData\Local\Programs\Python\Python38`❶，所以文件名 project.docx 实际指向 C:\Users\Al\AppData\Local\Programs\Python\Python38\project.docx。如果把 cwd 修改为 C:\Windows\System32❷，文件名 project.docx 则指向 C:\Windows\System32\project.docx。

如果试图将 cwd 修改到一个不存在的目录，那么 Python 会报错：

```
>>> os.chdir('C:/ThisFolderDoesNotExist')
Traceback (most recent call last):
  File "<stdin>", line 1, in <module>
FileNotFoundError: [WinError 2] The system cannot find the file specified:
'C:/ThisFolderDoesNotExist'
```

在 `pathlib` 模块出现之前，人们常使用 `os` 模块中的 `os.getcwd()`函数获取 cwd 路径字符串。

2.1.4 绝对路径和相对路径

指定文件路径有两种方法。

- 绝对路径，是以根目录为起点的路径
- 相对路径，是相对于程序的当前工作目录的路径

值得一提的还有`.`文件夹和`..`文件夹，它们并非真正的文件夹，而是可以在路径中使用的特殊标记符。一个点（`.`）指代当前目录，两个点（`..`）指代父目录。

图 2-2 列举了一些文件夹和文件的示例。当 cwd 被设置为 `C:\bacon` 时，其他文件夹和文件的相对路径分别被列在左侧。相对路径开头的.\是可选的，比如.\spam.txt 和 spam.txt 就是等同的。

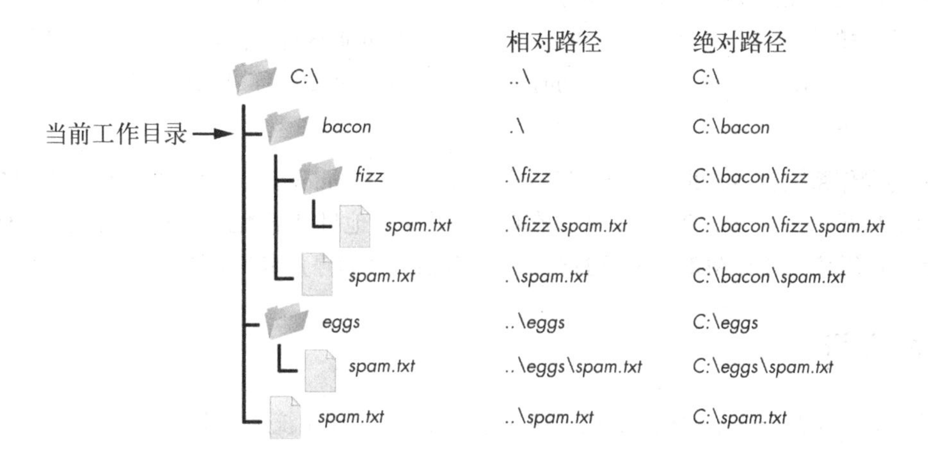

图 2-2 当前工作目录 C:\bacon 下的文件夹和文件的绝对路径与相对路径

2.2 程序和进程

程序指的是可以运行的软件应用，比如浏览器、电子表格应用软件、文字处理软件。**进程**指的是一个程序的运行实例。图 2-3 显示了同一个计算器程序的 6 个进程。

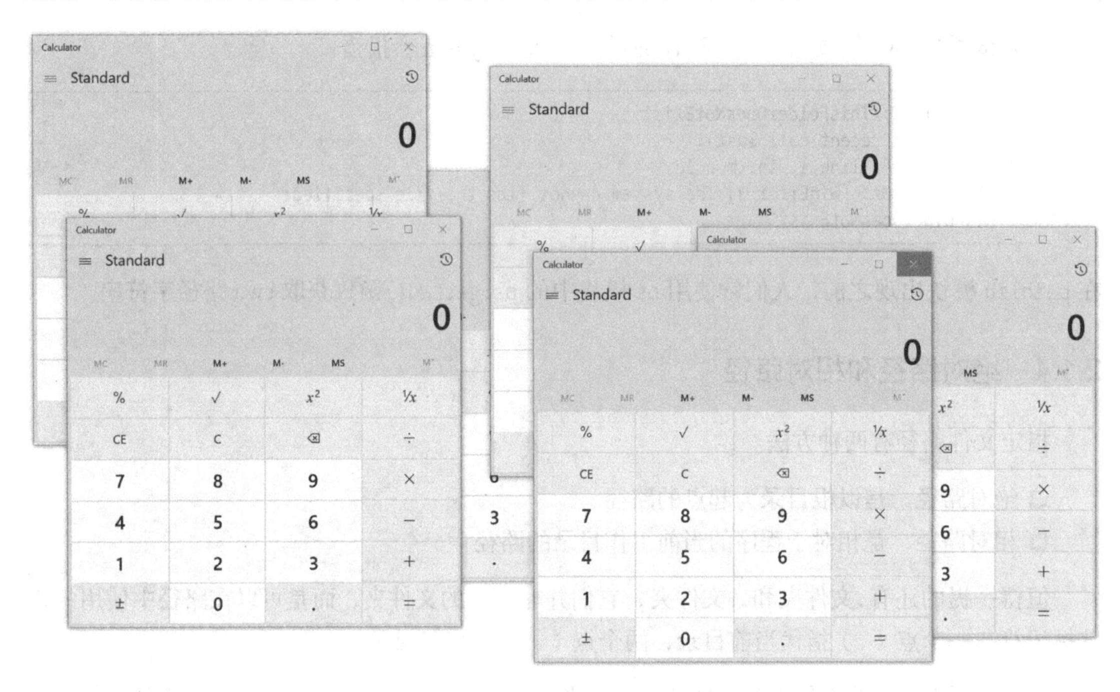

图 2-3　同一个计算器程序作为多个独立的进程多次运行

进程之间是相互独立的，同一个程序的多个进程也是如此。举个例子，如果你同时运行同一个 Python 程序的几个实例，那么每个进程中变量的值都可能不同。它们有各自的 cwd 和环境变量。通常情况下，在一个命令行内只能同时运行一个进程（不过，你可以打开多个命令行以同时运行多个进程）。

不同的操作系统有不同的方法查看运行中的进程。在 Windows 上，可以按 CTRL-SHIFT-ESC 键调出任务管理器。在 macOS 上，可以在应用程序 ▶ 其他目录下找到活动监视器。在 Ubuntu Linux①上，可以按 CTRL-ALT-DEL 键打开任务管理器，强制停止卡死的进程。

2.3 命令行

命令行是一个基于文本的程序，通过输入命令，它与操作系统进行交互或者运行程序。命令

① Linux 操作系统有多个发行版，查看方法略有差异，这里指的是 Ubuntu Linux。——译者注

行还有好几个别名：命令行界面（缩写是 CLI，发音和 fly 的音韵类似）、命令提示符、终端、shell、控制台。它为不使用图形用户界面（GUI，发音为 gooey）的人提供了可选方案。跟命令行相比，GUI 允许用户通过非文本的界面进行交互，它通过视觉元素引导用户完成任务。而多数用户把命令行当作高级功能并敬而远之。它令人生畏的一个原因是很难找到使用提示。GUI 程序会显示一个按钮，引导你点击，但空白的终端窗口不会提示你输入什么内容。

不过，熟练使用命令行工具是很有必要的。其一，设置环境时经常要使用命令行而非图形化窗口。其二，敲击命令要比使用鼠标点击图形化窗口更便捷。其三，基于文本的命令要比“把某个图标拖到另外一个图标上”这样的描述更清晰，还能更好地实现自动化，因为你可以将多个命令组合成脚本，从而执行更加复杂的操作。

命令行程序对应计算机上的一个可执行文件，这个文件也被称为 shell 或者 shell 程序。运行 shell 程序就会出现终端窗口。

- 在 Windows 上，shell 程序位于 C:\Windows\System32\cmd.exe。
- 在 macOS 上，shell 程序位于/bin/bash。
- 在 Ubuntu Linux 上，shell 程序同样位于/bin/bash。

多年来程序员一直在为 Unix 操作系统[①]创建不同的 shell 程序，比如 Bourne Shell（对应可执行文件名为 sh）和后来的 Bourne-Again Shell（对应可执行文件名为 Bash）。Linux 默认使用 Bash，macOS 在 Catalina 及更高的版本中则使用类似的 Zsh（也叫 Z shell）。而 Windows 因为不同的开发历史背景，使用叫作命令提示符的 shell。这些程序做的事情是一样的：呈现一个基于文本的命令行终端窗口，供用户输入命令和运行程序。

在本节中，你将学习命令行的一些通用概念和常见命令，掌握大量的“魔法”，成为真正的“魔法师”。其实只需要知道十几个命令就足以解决大多数问题了。不同操作系统的具体命令名称可能稍有不同，但基本概念是一样的。

2.3.1 打开终端窗口

打开终端窗口的步骤如下。

- 在 Windows 上，单击开始按钮，输入“命令提示符”后回车。
- 在 macOS 上，单击右上角的 Spotlight 图标，输入“终端”后回车。
- 在 Ubuntu Linux 上，按 WIN 键调用 Dash，输入“终端”后回车。使用快捷键 CTRL-ALT-T 也可以。

① Unix 操作系统出现得更早，macOS 和 Linux 都属于类 Unix 操作系统。——译者注

像交互式 shell 显示>>>提示符一样，终端也会显示 **shell 提示符**，请在该提示符后输入命令。

在 Windows 上，提示符是当前文件夹的完整路径。

```
C:\Users\Al>你要输入的命令
```

在 macOS 上，提示符包括计算机名称、冒号和 cwd。主目录用波浪线（~）表示，其后是用户名，以$结尾。

```
Als-MacBook-Pro:~ al$ 你要输入的命令
```

在 Ubuntu Linux 上，提示符和 macOS 类似，不同之处在于它是以用户名和@开头的。

```
al@al-VirtualBox:~$ 你要输入的命令
```

许多书和教程将命令行提示符简化为$，以缩短示例长度。提示符其实是可以自定义的，不过这方面的内容已经超出本书讨论的范畴了。

2.3.2　使用命令行运行程序

在命令行中输入程序或命令的名称就可以运行程序。现在尝试一下操作系统自带的计算器程序，在命令行中输入以下内容。

- 在 Windows 上，输入 **calc.exe**。
- 在 macOS 上，输入 **open -a Calculator**。（因为不太直观，所以有必要解释一下技术原理：这是使用名为 open 的“打开程序”运行计算器程序。）
- 在 Linux 上，输入 **gnome-calculator**。

程序名称和命令在 Linux 上是区分大小写的，但在 Windows 和 macOS 上不区分。这意味着你在 Linux 上必须严格输入 gnome-calculator，但在 Windows 上输入 Calc.exe 或者在 macOS 上输入 OPEN -a Calculator 也是可以的。

在命令行中输入上述计算器程序的名称与使用开始菜单、Finder、Dash 运行程序是一样的。这些名称也可以当作命令使用，因为 calc.exe、open、gnome-calculator 程序存在于 PATH 环境变量对应的文件夹中。2.4 节将进一步解释这一点。简单地说，当你在命令行中输入一个程序名称时，shell 会检查在 PATH 列出的所有文件夹中是否存在对应名称的程序。在 Windows 上，shell 还会先在 cwd（可以在提示符中看到）下寻找程序，如果想在 macOS 和 Linux 上做到这一点，那么必须在文件名前输入./。

如果要运行的程序不在 PATH 对应的文件夹中，那么有两种方法。

- 使用 cd 命令将 cwd 修改为包含该程序的文件夹，再输入程序名称。举例来说，你可以输入以下两个命令。

```
cd C:\Windows\System32
calc.exe
```

- 输入可执行程序文件的完整文件路径，就这个示例而言，你应该输入 C:\Windows\System32\calc.exe，而非 calc.exe。

在 Windows 上，如果程序是以文件扩展名.exe 或.bat 结尾的，那么可以省略扩展名，即输入 calc 和输入 calc.exe 的效果是一样的。但在 macOS 和 Linux 上，可执行文件的文件扩展名通常没有表明文件是可执行类型的，它们使用的是可执行权限设置。2.5 节对此将有详细说明。

2.3.3 使用命令行参数

命令行参数是在命令名称后输入的其他文本。和传递给 Python 函数的调用参数一样，命令行参数的作用是为命令提供特定选项或者附加说明。举例来说，当运行命令 cd C:\Users 时，C:\Users 就是 cd 命令的参数，用来告诉 cd 命令将 cwd 修改到哪个文件夹。又比如使用 python yourScript.py 命令，在终端窗口运行 Python 脚本时，yourScript.py 部分就是参数，用来告诉 Python 程序要查找哪个文件以获取它应该执行的指令。

命令行选项（也叫作标志、开关或者简称为选项），是使用单字母或者短词的命令行参数。在 Windows 上，命令行选项通常以正斜杠/开头；在 macOS 和 Linux 上，命令行选项以-或者--开头。之前，在使用 macOS 命令 open -a Calculator 时已经使用了-a 选项。命令行选项在 macOS 和 Linux 上通常区分大小写，但在 Windows 上不区分。多个命令行选项之间用空格分隔。

文件夹和文件名是常见的命令行参数。如果文件夹或文件的名称中包含空格，那么需要将名称放置在双引号中以避免产生歧义。如果你想切换到名为“Vacation Photos”的文件夹，那么输入 cd Vacation Photos 会让命令行以为你在传递两个参数：Vacation 和 Photos。正确的做法是输入 cd "Vacation Photos"：

```
C:\Users\Al>cd "Vacation Photos"

C:\Users\Al\Vacation Photos>
```

常见的命令行参数还有 macOS 和 Linux 上的--help 和 Windows 上的/?。它们的作用是呈现命令的相关信息。例如，在 Windows 上运行 cd /?时，shell 会告诉你 cd 命令的作用，并为其列出其他命令行参数。

```
C:\Users\Al>cd /?
Displays the name of or changes the current directory.

CHDIR [/D] [drive:][path]
CHDIR [..]
CD [/D] [drive:][path]
CD [..]

  ..   Specifies that you want to change to the parent directory.

Type CD drive: to display the current directory in the specified drive.
Type CD without parameters to display the current drive and directory.

Use the /D switch to change current drive in addition to changing current directory for a drive.
--snip--
```

这段帮助信息告诉我们 Windows 的 cd 命令也可以用 chdir 代替。（既然较短的 cd 作用跟 chdir 相同，多数人不会输入后者。）方括号内的是可选参数，如 CD [/D] [drive:][path]表明可以使用/D 选项指定驱动器或路径。

可惜的是，虽然命令行参数/?和--help 所提供的信息对于有经验的用户能够起到提示作用，但这些解释往往很晦涩，因此对初学者而言并不是很好的资源。更好的方式是看书或者学习在线教程，比如《Linux 命令行大全（第 2 版）》、*Linux Basics for Hackers* 或《PowerShell 实战》。

2.3.4　在命令行中使用-c 运行 Python 代码

如果你需要运行一小段无须保留的 Python 代码，那么可以将-c 开关传递给 Windows 上的 python.exe 或 macOS、Linux 上的 python3。把要运行的代码放在-c 开关之后，用双引号包裹起来。比如在终端窗口中输入以下内容：

```
C:\Users\Al>python -c "print('Hello, world')"
Hello, world
```

当你想查看单个 Python 指令的结果，但又不想浪费时间进入交互式 shell 时，-c 开关非常方便。比如快速显示 help()函数的输出，然后返回到命令行。

```
C:\Users\Al>python -c "help(len)"
Help on built-in function len in module builtins:

len(obj, /)
    Return the number of items in a container.

C:\Users\Al>
```

2.3.5　从命令行运行 Python 程序

Python 程序是指文件扩展名为.py 的文本文件。它们本身并不是可执行文件，而是通过 Python 解释器读取文件并执行其中的 Python 指令。在 Windows 上，解释器的可执行文件是 python.exe；在 macOS 和 Linux 上，则是 python3（原先的 Python 文件包含 Python 2 版本的解释器）。运行命令 python yourScript.py 或 python3 yourScript.py 将运行保存在 yourScript.py 文件中的 Python 指令。

2.3.6　运行 py.exe 程序

在 Windows 上，Python 在 C:\Windows 文件夹中安装了名为 py.exe 的程序，它和 python.exe 相同，但接受额外的命令行参数以运行计算机安装的任何 Python 版本。你可以在任何文件夹中运行 py 命令，因为 C:\Windows 文件夹在 PATH 环境变量中。如果安装了多个 Python 版本，使用 py 就会自动运行最新的版本。传递-3 或-2 命令行参数会分别运行已安装的最新的 Python 3 或者 Python 2。也可以输入更具体的版本号，比如-3.6 或-2.7，以运行指定版本。除了版本参数，py.exe 也可以接受跟 python.exe 完全相同的其他命令行参数。在 Windows 命令行下运行以下命令：

```
C:\Users\Al>py -3.6 -c "import sys;print(sys.version)"
3.6.6 (v3.6.6:4cf1f54eb7, Jun 27 2018, 03:37:03) [MSC v.1900 64 bit (AMD64)]

C:\Users\Al>py -2.7
Python 2.7.14 (v2.7.14:84471935ed, Sep 16 2017, 20:25:58) [MSC v.1500 64 bit (AMD64)] on win32
Type "help", "copyright", "credits" or "license" for more information.
>>>
```

当 Windows 机器上安装了多个 Python 版本后，py.exe 可以帮助你运行特定版本，这一点很有用。

2.3.7　在 Python 程序中运行命令

Python 的 subprocess 模块有 subprocess.run()函数，可以在 Python 程序内运行 shell 命令，将输出作为字符串显示。比如使用以下代码运行 ls -al 命令。

```
>>> import subprocess, locale
❶ >>> procObj = subprocess.run(['ls', '-al'], stdout=subprocess.PIPE)
❷ >>> outputStr = procObj.stdout.decode(locale.getdefaultlocale()[1])
>>> print(outputStr)
total 8
drwxr-xr-x  2 al al 4096 Aug 6 21:37 .
drwxr-xr-x 17 al al 4096 Aug 6 21:37 ..
-rw-r--r--  1 al al    0 Aug 5 15:59 spam.py
```

我们将['ls', '-al']列表传给 subprocess.run()❶，其中包含了命令名称 ls 和参数。注意，传递['ls -al']是不行的。命令的输出作为字符串存储在 outputStr 中❷。subprocess.run()和 locale.getdefaultlocale()的在线文档中有关于这些函数工作原理的详细解释，它们在任何能运行 Python 的操作系统中都可以生效[①]。

2.3.8　使用 Tab 补全命令减少输入量

考虑到高级用户一天要花几小时向计算机输入命令，现代命令行提供了一些功能，以尽量减少不必要的输入量。**Tab 补全**功能（也被称为命令行补全或自动补全）可以在用户输入文件夹名或者文件名的前几个字符后按 Tab 键就可以让 shell 填充剩余部分。

例如在 Windows 上敲击 cd c:\u 并按下 Tab 键，它会检查 C:\中的哪些文件夹或文件以 u 开头，并最终补全为 c:\Users。同时，该命令将其中小写的 u 更正为大写的 U（在 macOS 和 Linux 上，Tab 补全命令不会纠正大小写）。如果在 C:\文件夹中存在多个以 U 开头的文件夹或文件，那么可以通过按 Tab 键来循环浏览它们。为了降低匹配的数量，还可以输入 cd c:\us，进一步筛选以 us 开头的文件夹和文件。

在 macOS 和 Linux 上多次按 Tab 键也可以起到同样的作用。在下面的示例中，用户输入 cd D，然后按了两次 Tab 键：

```
al@al-VirtualBox:~$ cd D
Desktop/   Documents/ Downloads/
al@al-VirtualBox:~$ cd D
```

输入 D 后按两次 Tab 键会使 shell 显示所有可能的匹配项。shell 会根据目前已输入的命令给出提示，接着输入 e，再按 Tab 键，就可以让 shell 完成 cd Desktop/命令。

Tab 补全功能相当有用，很多可视化 IDE 和文本编辑器包含这项功能。跟命令行不同的是，这些可视化程序通常在输入单词时在单词下方显示一个小菜单以供选择，选中后自动填充命令的其余部分。

2.3.9　查看历史命令

现代 shell 会把输入过的命令记录在历史命令中。在终端中按向上箭头键会用之前最后一个输入的命令填充命令行。继续按向上箭头键可以查看更早的命令。按向下箭头键则返回到更近的命令。可以按 CTRL-C 中断当前提示的命令以重新获取提示。

---

① ls -al 虽然是 macOS/Linux 命令，但 subprocess 做了跨平台兼容，在 Windows 上也可以使用。——译者注

在 Windows 上可以运行 doskey/history 查看命令历史记录（doskey 程序的名字看起来有点怪，这可以追溯到 Windows 操作系统出现之前的微软磁盘操作系统——MS-DOS）。在 macOS 和 Linux 上，可以运行 history 命令查看历史记录。

2.3.10 使用常用命令

本节包括命令行常用命令的简短清单，没列出来的命令和参数还有很多，这些只是操作命令行跳转的最基础的知识。在本节中，命令的参数放在了方括号中。比如 cd [文件夹名]，它的意思是先输入 cd，然后输入一个文件夹的名称。

1. 使用通配符匹配文件夹和文件名

很多命令接受文件夹和文件名作为命令行参数，通常也可以接受带有通配符*和?的名称，以便同时指向多个文件。*用来匹配任意数量的字符，?则用来匹配任何单个字符。使用*和?通配符的表达式被称为**通配符模式**（英文为 glob pattern，是 global pattern 的缩略形式）。

通配符模式可以用来查找符合规则的文件名。比如运行 dir 和 ls 命令可以显示当前工作目录下的所有文件和文件夹。但如果只想看 Python 文件，该怎么办呢？使用 dir *.py 或 ls *.py 就可以只显示以.py 结尾的文件了。通配符模式*.py 的含义是“匹配任何以.py 结尾的字符串”。

```
C:\Users\Al>dir *.py
 Volume in drive C is Windows
 Volume Serial Number is DFF3-8658

 Directory of C:\Users\Al

03/24/2019  10:45 PM             8,399 conwaygameoflife.py
03/24/2019  11:00 PM             7,896 test1.py
10/29/2019  08:18 PM            21,254 wizcoin.py
               3 File(s)         37,549 bytes
               0 Dir(s)  506,300,776,448 bytes free
```

通配符模式 records201?.txt 的意思是在“records201 后面可以是任意一个字符，再后面是.txt”。它可以匹配从 records2010.txt 到 records2019.txt 这几年来的记录文件（当然，文件名 records201X.txt 也在匹配结果内）。通配符模式 records20??.txt 则可以匹配用任意两个字符填充的文件名，比如 records2021.txt 和 records20AB.txt。

2. 使用 cd 修改文件夹

运行 cd [目标文件夹]可以将 shell 的当前工作目录修改为目标文件夹。

```
C:\Users\Al>cd Desktop

C:\Users\Al\Desktop>
```

shell会在提示符中显示当前工作目录，后续命令中使用的任何文件夹和文件都被认为是基于这个目录的相对路径。如果文件夹的名称中包含空格，那么需要使用双引号将名称包裹起来。在macOS和Linux上输入 `cd ~`或者在Windows上输入 `cd %USERPROFILE%`可以将当前工作目录切换为用户的主目录。

在Windows上，如果想更改当前所在的驱动器，需要将驱动器的名称作为一个单独的命令输入。

```
C:\Users\Al>d:

D:\>cd BackupFiles

D:\BackupFiles>
```

使用 `..`作为文件夹名称可以将cwd切换到它的父目录。

```
C:\Users\Al>cd ..

C:\Users>
```

3. 使用 dir 和 ls 列举文件夹内容

在Windows上使用 `dir` 命令可以显示当前工作目录下的文件夹和文件，macOS和Linux则使用 `ls`。运行 `dir [另一个文件夹]`或 `ls [另一个文件夹]`可以显示另一个文件夹的内容。`ls` 命令有两个参数很有帮助——`-l` 和`-a`。默认情况下 `ls` 只显示文件和文件夹的名称。使用`-l` 可以显示包含文件大小、权限、最后修改时间戳等其他信息的长列表格式。按照惯例，macOS和Linux操作系统会把以`.`开头的文件视为配置文件，常规命令对其不起作用。`-a` 命令可以使 `ls` 命令显示包含这类隐藏文件在内的所有文件。如果想同时显示长列表格式和全部文件，可以合并使用 `ls -al`。下面是一个macOS/Linux终端窗口的示例。

```
al@ubuntu:~$ ls
Desktop    Downloads         mu_code  Pictures  snap       Videos
Documents  examples.desktop  Music    Public    Templates
al@ubuntu:~$ ls -al
total 112
drwxr-xr-x 18 al   al   4096 Aug  4 18:47 .
drwxr-xr-x  3 root root 4096 Jun 17 18:11 ..
-rw-------  1 al   al   5157 Aug  2 20:43 .bash_history
-rw-r--r--  1 al   al    220 Jun 17 18:11 .bash_logout
```

```
-rw-r--r--  1 al   al   3771 Jun 17 18:11 .bashrc
drwx------ 17 al   al   4096 Jul 30 10:16 .cache
drwx------ 14 al   al   4096 Jun 19 15:04 .config
drwxr-xr-x  2 al   al   4096 Aug  4 17:33 Desktop
--snip--
```

Windows 上的 dir 命令跟 ls -al 的效果类似。下面是一个 Windows 终端窗口的示例。

```
C:\Users\Al>dir
 Volume in drive C is Windows
 Volume Serial Number is DFF3-8658

 Directory of C:\Users\Al

06/12/2019  05:18 PM    <DIR>          .
06/12/2019  05:18 PM    <DIR>          ..
12/04/2018  07:16 PM    <DIR>          .android
--snip--
08/31/2018  12:47 AM            14,618 projectz.ipynb
10/29/2014  04:34 PM           121,474 foo.jpg
```

4. 使用 dir /s 或 find 列举和查找子文件夹内容

在 Windows 上，运行 dir /s 会显示当前工作目录下的文件夹和它们的子文件夹。例如，以下命令将显示我的计算机 C:\github\ezgmail 文件夹和所有子文件夹中的每个.py 文件。

```
C:\github\ezgmail>dir /s *.py
 Volume in drive C is Windows
 Volume Serial Number is DEE0-8982

 Directory of C:\github\ezgmail

06/17/2019  06:58 AM             1,396 setup.py
               1 File(s)          1,396 bytes

 Directory of C:\github\ezgmail\docs

12/07/2018  09:43 PM             5,504 conf.py
               1 File(s)          5,504 bytes

 Directory of C:\github\ezgmail\src\ezgmail

06/23/2019  07:45 PM            23,565 __init__.py
12/07/2018  09:43 PM                56 __main__.py
               2 File(s)         23,621 bytes

     Total Files Listed:
               4 File(s)         30,521 bytes
               0 Dir(s)  505,407,283,200 bytes free
```

在 macOS 和 Linux 上则使用 find . -name 命令：

```
al@ubuntu:~/Desktop$ find . -name "*.py"
./someSubFolder/eggs.py
./someSubFolder/bacon.py
./spam.py
```

.的含义是在当前工作目录下搜索，-name 选项的含义是按照名称查找文件夹和文件，"*.py"的含义是查找的文件夹和文件需要匹配"*.py"格式。注意，find 命令要求-name 选项的参数必须使用双引号包裹。

5. 使用 copy 和 cp 命令复制文件或文件夹

使用 copy [源文件或文件夹] [目标文件或文件夹]或 cp [源文件或文件夹] [目标文件或文件夹]。下面是一个 Linux 终端窗口的示例。

```
al@ubuntu:~/someFolder$ ls
hello.py  someSubFolder
al@ubuntu:~/someFolder$ cp hello.py someSubFolder
al@ubuntu:~/someFolder$ cd someSubFolder
al@ubuntu:~/someFolder/someSubFolder$ ls
hello.py
```

命令缩写

当开始学习 Linux 操作系统时，我发现 Windows 上的 copy 命令在 Linux 上被写为 cp，这让我觉得很惊讶。“copy”相比“cp”可读性好很多，为了少敲两次键盘真的有必要用这种短到猜不出意思的名字吗？

随着使用命令行的经验日益增长，我意识到答案是肯定的。读代码的次数要比写代码的次数多，所以变量和函数使用准确的名称很有必要。但在命令行中正相反，输入命令的次数比阅读命令的次数多，使用简短的命令名称使得命令行更加易用，也有利于手腕健康。

6. 使用 move 和 mv 移动文件或文件夹

在 Windows 上，运行 move [源文件或文件夹] [目标文件夹]可以将源文件或文件夹移动到目标文件夹。在 macOS 和 Linux 上则使用 mv [源文件或文件夹] [目标文件夹]命令。下面是一个 Linux 终端窗口的示例：

```
al@ubuntu:~/someFolder$ ls
hello.py  someSubFolder
al@ubuntu:~/someFolder$ mv hello.py someSubFolder
al@ubuntu:~/someFolder$ ls
someSubFolder
al@ubuntu:~/someFolder$ cd someSubFolder/
al@ubuntu:~/someFolder/someSubFolder$ ls
hello.py
```

hello.py 文件已经从~/someFolder 移动到~/someFolder/someSubFolder，在原处已经找不到了。

7. 使用 ren 和 mv 重命名文件或文件夹

在 Windows 上，运行 ren [文件或文件夹] [新名称]会重命名文件或文件夹。在 macOS 和 Linux 上则使用 mv [文件或文件夹] [新名称]。请注意，在 macOS 和 Linux 上，mv 命令兼有移动和重命名两种作用，如果第二个参数是一个现存文件夹的名称，mv 命令会将文件或文件夹移动到那里。如果第二个参数是一个不存在的文件或文件夹，那么 mv 命令会将它重命名。下面是一个 Linux 终端窗口的示例：

```
al@ubuntu:~/someFolder$ ls
hello.py  someSubFolder
al@ubuntu:~/someFolder$ mv hello.py goodbye.py
al@ubuntu:~/someFolder$ ls
goodbye.py  someSubFolder
```

hello.py 文件被重命名为 goodbye.py。

8. 使用 del 和 rm 删除文件或文件夹

在 Windows 上，运行 del [文件或文件夹]可以删除文件。在 macOS 和 Linux 上则使用 rm [文件]（rm 是 remove 的缩写）。

这两个命令略有不同。在 Windows 上对文件夹执行 del 会删除其中所有文件，但不会删除子文件夹，del 命令也不会删除源文件夹。使用 rd 或 rmdir 命令才能删除子文件夹，这将在下文中进行解释。运行 del [文件夹]不会删除任何子文件夹中的文件。使用 del /s /q [文件夹]可以做到这一点。/s 的含义是在子文件夹上运行 del 命令，/q 的含义是静默处理，无须确认。图 2-4 说明了差异点。

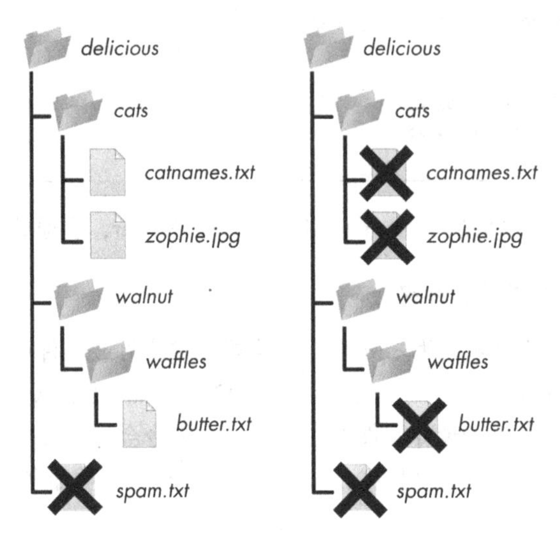

图 2-4　运行 `del delicious`（左边）和 `del /s /q delicious`（右边）时，示例文件夹中将被删除的文件

在 macOS 和 Linux 上，`rm` 命令并不能用来删除文件夹。需要通过 `rm -r [文件夹]`删除文件夹及其所有内容。在 Windows 上则可以使用 `rd /s /q [文件夹]`。图 2-5 进行了说明。

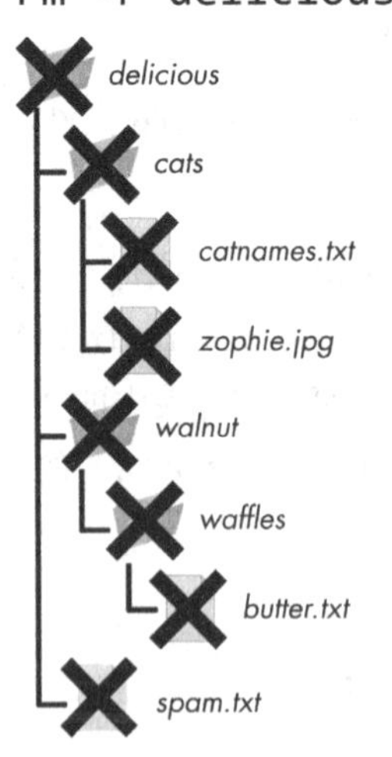

图 2-5　运行 `rd /s /q delicious` 和 `rm -r delicious` 时，示例文件夹中将被删除的文件

9. 使用 md 和 mkdir 创建文件夹

在 Windows 上，运行 md [新文件夹]可以创建一个新的空白文件夹。在 macOS 和 Linux 上则使用 mkdir [新文件夹]。实际上 mkdir 在 Windows 上也适用，但 md 更方便。以下是 Linux 终端窗口的示例：

```
al@ubuntu:~/Desktop$ mkdir yourScripts
al@ubuntu:~/Desktop$ cd yourScripts
❶ al@ubuntu:~/Desktop/yourScripts$ ls
al@ubuntu:~/Desktop/yourScripts$
```

注意，新创建的 yourScripts 文件夹是空白的，运行 ls 命令看不到任何内容❶。

10. 使用 rd 和 rmdir 删除文件夹

在 Windows 上，运行 rd [源文件夹]可以删除源文件夹。在 macOS 和 Linux 上则使用 rmdir [源文件夹]。和 mkdir 一样，rmdir 命令在 Windows 上也适用，但输入 rd 更方便。而且，待删除的文件夹必须是空的。以下是 Linux 终端窗口的示例：

```
al@ubuntu:~/Desktop$ mkdir yourScripts
al@ubuntu:~/Desktop$ ls
yourScripts
al@ubuntu:~/Desktop$ rmdir yourScripts
al@ubuntu:~/Desktop$ ls
al@ubuntu:~/Desktop$
```

在这个示例中，我们创建了一个名为 yourScripts 的空文件夹，然后将其删除。如果想删除非空文件夹（包括这个文件夹中的所有子文件夹和文件），需要在 Windows 上运行 rd /s /q [源文件夹] 或者在 macOS 和 Linux 上运行 rm -rf [源文件夹]。

11. 使用 where 和 which 查找程序

在 Windows 上，运行 where [程序名]可以得到程序的确切位置。在 macOS 和 Linux 上则使用 which [程序名]。在命令行中输入命令时，计算机会在 PATH 环境变量对应的所有文件夹中检查是否有对应程序（Windows 还会首先检查当前工作目录）。当计算机安装了多个 Python 版本时，它会有多个同名的 Python 可执行文件，这两个命令会告诉你在命令行中输入 python 时，到底是哪个文件被运行了。这取决于 PATH 环境变量中的文件夹顺序，where 和 which 命令将会输出第一个，也是实际执行的那一个。

```
C:\Users\Al>where python
C:\Users\Al\AppData\Local\Programs\Python\Python38\python.exe
```

在这个示例中，shell运行的Python版本位于C:\Users\Al\AppData\Local\Programs\Python\Python38\。

12. 使用 cls 和 clear 清除终端内容

在Windows上，运行cls可以清除终端窗口中的所有文本。在macOS和Linux上则使用clear。如果你想使用一个全新的终端窗口工作，这两个命令很有帮助。

2.4 环境变量和PATH

无论是用什么语言编写的程序，当它们运行时，进程都有一组称为**环境变量**的变量，每个变量存储着一个字符串。环境变量通常保存的是所有程序都可能使用的系统设置。比如TEMP环境变量保存了所有程序都可以存储临时文件的文件路径。当操作系统运行程序（比如命令行程序）时，新创建的进程会接收到操作系统环境变量和对应值的独立副本。你可以独立于操作系统的环境变量设置进程本身的环境变量，但这仅限于进程本身，对操作系统或者其他进程而言是隔离的。

在本章讨论环境变量的原因是其中一个变量PATH可以帮助你从命令行运行程序。

2.4.1 查看环境变量

在Windows上运行set可以在终端窗口看到环境变量列表。在macOS和Linux上则应使用env。

```
C:\Users\Al>set
ALLUSERSPROFILE=C:\ProgramData
APPDATA=C:\Users\Al\AppData\Roaming
CommonProgramFiles=C:\Program Files\Common Files
--snip--
USERPROFILE=C:\Users\Al
VBOX_MSI_INSTALL_PATH=C:\Program Files\Oracle\VirtualBox\
windir=C:\WINDOWS
```

等号（=）左边的是环境变量名称，右边的是字符串类型的值。每个进程都有一组独立的环境变量，因此不同的命令行可以设置不同的环境变量值。

使用echo命令还可以查看单个环境变量的值。在Windows上运行echo %HOMEPATH%可以查看主目录路径也就是环境变量HOMEPATH的值。在macOS和Linux上主目录路径则存储在HOME变量中，应使用echo $HOME查看。在Windows上的呈现方式如下：

```
C:\Users\Al>echo %HOMEPATH%
\Users\Al
```

在 macOS 或 Linux 上的呈现方式如下：

```
al@al-VirtualBox:~$ echo $HOME
/home/al
```

在进程内创建另外一个进程（比如使用命令行运行 Python 解释器），子进程会收到父进程的环境变量副本。子进程可以修改它，但不会影响父进程的环境变量，反之亦然。

操作系统的环境变量类似于原版，进程的环境变量是从这里复制的。操作系统的环境变量的变化频率要低于 Python 程序内部的环境变量。实际上大多数用户不会直接设置环境变量。

2.4.2 使用 PATH 环境变量

输入命令时（比如在 Windows 上输入 python 或者在 macOS 和 Linux 上输入 python3），终端会检查当前文件夹中是否含有对应名字的程序。如果没找到，则会继续检查 PATH 环境变量中的多个文件夹。

举例来说，在我的 Windows 计算机上，python.exe 程序文件位于 C:\Users\Al\AppData\Local\Programs\Python\Python38 文件夹。要运行它，我必须输入这么一大串：C:\Users\Al\AppData\Local\Programs\Python\Python38\python.exe。要么先切换到该文件夹再输入 python.exe。

这么长的路径名输入起来很麻烦，所以我把这个文件夹添加到 PATH 环境变量中。之后输入 python.exe 时，命令行就会在 PATH 对应的文件夹中搜索匹配的程序，不必输入完整的文件路径了。

受限于环境变量的值是字符串类型，当 PATH 环境变量需要添加多个文件夹时需要使用特殊的格式，在 Windows 上是使用分号分隔文件夹名称：

```
C:\Users\Al>path
C:\Path;C:\WINDOWS\system32;C:\WINDOWS;C:\WINDOWS\System32\Wbem;
--snip--
C:\Users\Al\AppData\Local\Microsoft\WindowsApps
```

在 macOS 和 Linux 上则使用冒号分隔：

```
al@ubuntu:~$ echo $PATH
/home/al/.local/bin:/usr/local/sbin:/usr/local/bin:/usr/sbin:/usr/bin:/sbin:/bin:/usr/games:/usr/
local/games:/snap/bin
```

文件夹的顺序很重要，以上面 Windows 的环境变量为例，如果 C:\WINDOWS\system32 和 C:\WINDOWS 都有名为 someProgram.exe 的文件，那么输入 someProgram.exe 将运行 C:\WINDOWS\

system32 下的程序，因为该目录排在 PATH 环境变量中的第一位。

如果输入的程序或命令不存在于当前工作目录和 PATH 对应的任何目录下，那么命令行会报错，比如 command not found or not recognized as an internal or external command。如果不是拼写错误，请检查该程序在哪个文件夹中，以及这个文件夹是否被加入到了 PATH 环境变量中。

2.4.3 更改命令行的 PATH 环境变量

可以修改当前终端窗口的 PATH 环境变量以添加更多文件夹。操作过程在 Windows 和 macOS/Linux 上略有不同。在 Windows 上使用 path 命令将新文件夹添加到当前 PATH 的值中：

```
❶ C:\Users\Al>path C:\newFolder;%PATH%

❷ C:\Users\Al>path
C:\newFolder;C:\Path;C:\WINDOWS\system32;C:\WINDOWS;C:\WINDOWS\System32\Wbem;
--snip--
C:\Users\Al\AppData\Local\Microsoft\WindowsApps
```

%PATH%❶指的是 PATH 环境变量的当前值，需要将新文件夹添加在现有 PATH 值的前面，并用分号分隔。再次运行 path 命令可以看到 PATH❷的新值。

在 macOS 和 Linux 上，设置 PATH 环境变量的语法类似于 Python 中的赋值语句：

```
❶ al@al-VirtualBox:~$ PATH=/newFolder:$PATH
❷ al@al-VirtualBox:~$ echo $PATH
/newFolder:/home/al/.local/bin:/usr/local/sbin:/usr/local/bin:/usr/sbin:/usr/bin:/sbin:/bin:/usr/
games:/usr/local/games:/snap/bin
```

$PATH❶指的是 PATH 环境变量的当前值，需要将新文件夹添加在现有 PATH 值的前面，并用冒号分隔。再次运行 echo $PATH 命令可以看到 PATH 的新值❷。

上述两种将文件夹添加到 PATH 的方法仅在当前终端窗口生效，作用于之后打开的程序。新的终端窗口不会保留变更。如果希望永久生效，你需要更改操作系统的环境变量。

2.4.4 在 Windows 上将文件夹永久添加到 PATH

Windows 有两组环境变量：**系统环境变量**（适用于所有用户）和**用户环境变量**（可以覆盖系统环境变量，仅适用于当前用户）。编辑的方法是：单击开始菜单，输入“Edit environment variables for your account”以打开 Environment Variables 窗口，如图 2-6 所示。

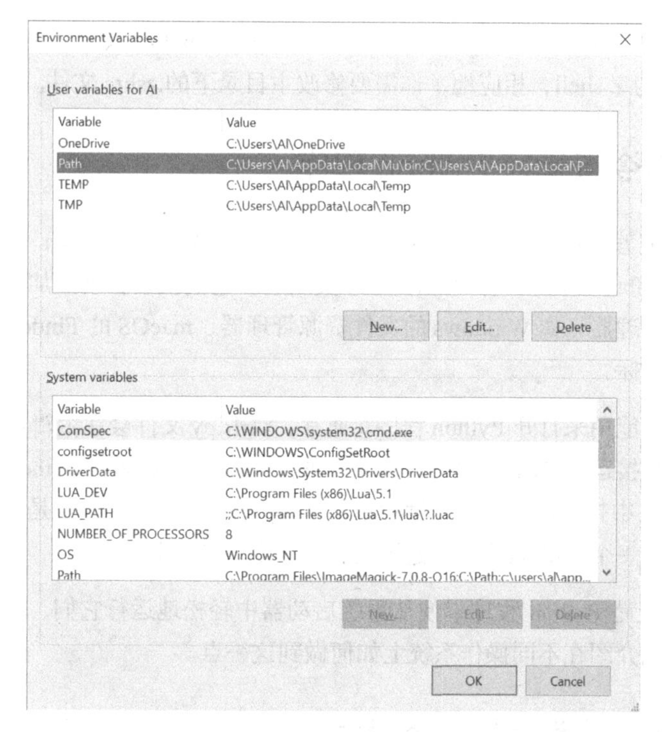

图 2-6 Windows 上的 Environment Variables 窗口

从用户变量列表中选择“Path”（注意不是系统变量列表），单击“Edit”，在出现的文本字段中添加新的文件夹名称（记得添加分号分隔符），单击“OK”即可。

这个界面并不怎么好用，如果经常在 Windows 上编辑环境变量，我建议你安装免费的 Rapid Environment Editor 软件。注意，安装后必须以管理员身份运行才能编辑系统环境变量。单击开始菜单，输入“Rapid Enviroment Editor”，右键单击软件图标，选择以管理员身份运行。

也可以使用 setx 命令在命令行下永久修改系统 PATH 变量。同样，也要以管理员身份运行命令行，才能使用 setx 命令。

```
C:\Users\Al>setx /M PATH "C:\newFolder;%PATH%"
```

2.4.5 在 macOS 和 Linux 上将文件夹永久添加到 PATH

要将文件夹添加到 macOS 和 Linux 上所有终端窗口的 PATH 环境变量中，需要修改主目录下的.bashrc 文本文件，并添加下面这行：

```
export PATH=/newFolder:$PATH
```

这行修改改变了以后所有终端窗口的 PATH。在 macOS Catalina 及后续更新的版本中，默认的 shell 程序从 bash 变为 Z shell，相应地，你需要修改主目录下的.zshrc 文件。

2.5　不借助命令行运行 Python 程序

现在你已经知道怎么从操作系统提供的启动器运行程序了，Windows 有开始菜单，macOS 有 Finder 和 Dock，Ubuntu Linux 有 Dash。程序安装后，它们就会自动添加到启动器中。另一种方法是在文件资源管理器（如 Windows 的文件资源管理器、macOS 的 Finder 和 Ubuntu Linux 的 Files）中双击程序图标。

但这些方法并不能用来打开 Python 程序。通常，双击.py 文件会在编辑器或者 IDE 中打开它而不是运行它。而直接运行 Python 只是打开了它的交互式 shell。运行 Python 程序最常用的方法有两种：一是在 IDE 中打开这个文件，然后单击菜单项中的"运行"；二是在命令行中执行。如果只是单纯为了运行一个 Python 程序，这两种办法未免过于烦琐了。

合适的方法是设置 Python 程序以便从系统启动器中轻松地运行它们，就像其他应用程序一样。下面几节会详细介绍在不同操作系统上如何做到这一点。

2.5.1　在 Windows 上运行 Python 程序

在 Windows 上有几种不使用终端窗口运行 Python 程序的方法。按 WIN-R 打开运行对话框并输入 `py C:\path\to\yourScript.py`，如图 2-7 所示。py.exe 程序的路径是 C:\Windows\py.exe，因为该目录已经在 PATH 环境变量中，所以不必输入文件扩展名.exe。

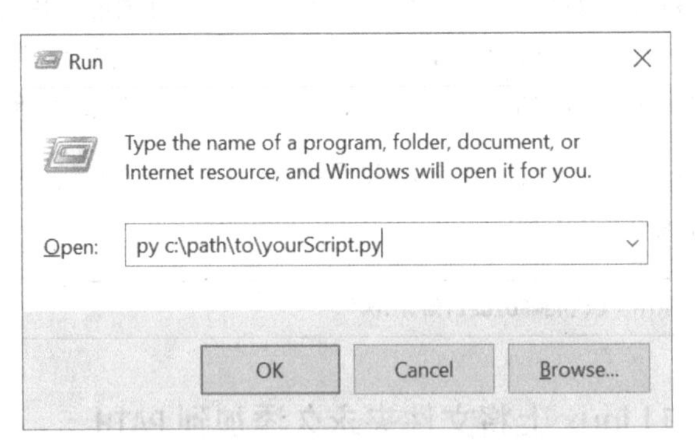

图 2-7　Windows 的运行对话框

不过，这种方法还是要输入完整的脚本路径。终端窗口会在程序结束时自动关闭，有些程序输出可能会看不到。创建批处理脚本可以解决此问题。批处理脚本是文件扩展名为.bat 的小型文本文件，它可以批量运行终端命令，跟 macOS 和 Linux 上的 shell 脚本差不多。可以使用文本编辑器（比如记事本）创建批处理脚本文件。创建一个内容为以下两行的新文本文件：

```
@py.exe C:\path\to\yourScript.py %*
@pause
```

把内容中的路径换成待运行 Python 程序的路径，并将其保存为扩展名为.bat 的文件（如 yourScript.bat）。每个命令前的@标记的作用是避免命令被展示在终端窗口中，%*则将运行批处理程序时出现在文件名后的任何命令行参数转发给 Python 脚本。Python 脚本从 `sys.argv` 列表中依次读取命令行参数。这个批处理脚本可以避免每次运行时都要输入 Python 程序的完整的绝对路径。`@pause` 命令会在 Python 脚本结束后显示 Press any key to continue...并挂起等待，避免程序运行的窗口太快关闭。

建议将所有批处理文件和.py 文件都放在一个存在于 `PATH` 环境变量的文件夹中，比如你的主目录 C:\Users\<用户名>。设置批处理文件中的路径后，只需按 WIN-R，输入批处理文件的名称（.bat 扩展名是可选的）后按回车键，即可运行 Python 脚本。

2.5.2 在 macOS 上运行 Python 程序

在 macOS 上，可以通过创建扩展名为.command 的文本文件编写 shell 脚本来运行 Python 脚本。在文本编辑器（如 TextEdit）中创建一个文件，并添加以下内容：

```
#!/usr/bin/env bash
python3 /path/to/yourScript.py
```

保存文件到主目录，在终端窗口运行 `chmod u+x yourScript.command` 赋予 shell 脚本执行权限。之后，通过点击 Spotlight 图标（或按 COMMAND-SPACE）并输入 shell 脚本的名称，就可以利用 shell 脚本运行 Python 脚本。

2.5.3 在 Ubuntu Linux 上运行 Python 程序

在 Ubuntu Linux 上没有 Windows 和 macOS 那样快速运行 Python 脚本的方法。不过，这里会提供一些减少运行步骤的方法。第一，确保.py 文件在主目录下。第二，在.py 文件的文件顶部添加下面这行：

```
#!/usr/bin/env python3
```

这叫作 shebang 行，用来告诉 Ubuntu 需要借助 `python3` 运行该文件。

第三，通过终端运行 `chmod` 命令给该文件赋予可执行权限。

```
al@al-VirtualBox:~$ chmod u+x yourScript.py
```

按照以上步骤操作后，通过 CTRL-ALT-T 打开一个新的终端窗口。由于这个终端的当前工作目录是主目录，因此只需要输入./yourScript.py 就可以运行脚本了。./是必需的，它的含义是告诉 Ubuntu，yourScript.py 存在于当前工作目录（也就是主目录）下。

2.6 小结

如果想使计算机运行程序进入理想状态，你可以利用环境设置，它包括了所需的所有步骤。你还需要了解有关计算机运行的几个底层概念，比如文件系统、文件路径、进程、命令行和环境变量。

文件系统指计算机组织所有文件的方式。文件有绝对路径和相对路径。通过命令行可以在文件系统中进行切换。命令行还有几个别名，比如终端、shell 和控制台。它们实际上都是一个东西，即可供输入命令的基于文本的程序。Windows 与 macOS/Linux 命令行和常用命令的名称略有不同，但功效一样。

在命令行中输入命令或程序名称时，命令行会检查 PATH 环境变量对应的文件夹中是否有相同名称。理解这一点至关重要，任何“找不到命令”的错误都可以借助它搞定。在 Windows 和 macOS/Linux 上向 PATH 环境变量添加新文件夹的步骤也有细微差异。

熟悉命令行不会一蹴而就，因为有太多命令和对应参数需要学习了。你可能花费了大量时间在网上搜索帮助信息，但不必为这件事忧心忡忡，因为对有经验的软件开发人员而言，这也是他们的日常操作。

第二部分

最佳实践、工具和技巧

- 第 3 章　使用 Black 进行代码格式化
- 第 4 章　选择易懂的名称
- 第 5 章　揪出代码的坏味道
- 第 6 章　编写 Python 风格的代码
- 第 7 章　编程术语
- 第 8 章　常见的 Python 陷阱
- 第 9 章　Python 的奇特难懂之处
- 第 10 章　编写高效的函数
- 第 11 章　注释、文档字符串和类型提示
- 第 12 章　通过 Git 管理项目
- 第 13 章　性能测量和大 O 算法分析
- 第 14 章　项目实战

第 3 章

使用 Black 进行代码格式化

代码格式化是指将源代码按照一组规则进行约束，使其具备某种外观。这对于计算机解析程序并无帮助，但代码格式的可读性对于维护代码至关重要。如果你的代码很难被人理解，那么修复错误和添加新功能会很困难。代码格式化并非面子工程，Python 良好的可读性是其受人欢迎的一个重要原因。

本章将介绍 Black 这一代码格式化工具，它可以自动将源代码格式化为一致、可读的样式，同时不会影响代码的运行效果。Black 的价值在于避免在文本编辑器或 IDE 中费力地手动格式化代码。本章将首先介绍 Black 选择的代码风格的合理性，之后讲解如何安装、使用和自定义这个工具。

3.1 让程序员招人烦的错误做法

我们可以用不同的方式编写出相同行为的代码。比如写列表时，在每个逗号后都插入一个空格，并使用同样的引号字符：

```
spam = ['dog', 'cat', 'moose']
```

但使用不同数量的空格和不同引号样式的 Python 代码在语法上也是有效的：

```
spam= [ 'dog' ,'cat',"moose"]
```

偏向于前者的程序员喜欢空格造成的视觉分隔效果和引号字符的统一性。但有时候，程序员会选择后者，他们懒得考虑并不会影响代码正常工作行为的细枝末节。初学者经常会忽略代码格式，因为他们的注意力集中在编程的概念和语法上。但对于他们来说，养成良好的代码格式化习惯很有意义。编程不是一件容易的事儿，为别人编写容易理解的代码是件功德事。

尽管你可能刚开始的时候是一个人写代码，但编程通常是一项协作性任务。如果几个程序员在同一个源代码文件上工作时使用各自的风格编码，即使运行起来没有报错，代码也会变得一团乱。更糟糕的是，不同的程序员总是把别人的代码重新格式化成自己的风格，这样做不仅浪费时间，还会引发争执。在逗号后放一个空格还是不放空格纯属个人喜好。这些风格上的选择就像是决定在道路的哪一侧行驶，在左边还是右边压根儿不重要，只要所有人都在同一方向就行。

3.2 风格指南和 PEP 8

编写可读代码的一种简单方法是遵循风格指南，它概述了软件项目应该遵循的一组格式化规则。Python 改进提案（Python Enhancement Proposal 8，简称 PEP 8）就是由 Python 核心开发团队编写的这样一种风格指南。一些软件公司也建立了自己的风格指南。你可以在 Python 官网上找到 PEP 8。许多 Python 程序员将 PEP 8 视作金科玉律，但 PEP 8 的创建者并不这样想。指南中“保持盲目的一致是头脑简单的表现”一章提醒用户遵循风格指南的意义是在项目中保持一致性和可读性，而非死板地遵循某一条格式化规则。

PEP 8 甚至包含以下建议：“知道什么时候应该不一致——风格指南的建议并非放之四海而皆准。如果产生困惑，请依照你自己认为最好的判断。”不过无论你遵循与否，全盘接受抑或部分吸取，PEP 8 的文档都值得一读。

既然我们使用 Black 代码格式化程序，代码就要遵循 Black 风格指南，它改编自 PEP 8 风格指南。你最好学习一下这些代码格式化指南，以免有时手头没有 Black 代码格式化工具。本章介绍的 Python 代码指南中的多数规则也适用于那些没有代码自动格式化功能的程序语言。

虽然我对 Black 格式化中的部分规则持保留态度，但它仍不失为一个能够权衡利弊的典范。Black 使用了程序员可以接受的格式化规则，能让我们把有限的时间多用在编程上，少用在扯皮上。

3.3 水平间距

对于可读性而言，空白具有跟代码相同的重要性。空格可以将代码的不同部分彼此分隔，使其更容易识别。本节将解释水平间距，即在一行代码中放置空格，包括行首的缩进。

3.3.1 使用空格进行缩进

缩进指的是代码行开头的空格。可以使用两个空格，或者一个空格，又或是 Tab 来缩进代码。虽然这几种方式都能起效，但最佳方案是使用空格，而非使用 Tab。这是因为它们的表现存在差异。空格始终在屏幕上显示为单个空格的字符串，像“ ”这样，但Tab会显示为一个转义字符或者\t，它的表现具有不确定性。Tab通常（但不总是）呈现为文本间不固定的间隔。在文本文件中，Tab的间隔宽度是8个空格。从下面的交互式shell示例中可以看到这种不同。前面是用空格分隔，后面是用Tab分隔。

```
>>> print('Hello there, friend!\nHow are you?')
Hello there, friend!
How are you?
>>> print('Hello\tthere,\tfriend!\nHow\tare\tyou?')
Hello   there,  friend!
How     are     you?
```

由于Tab表示的空白宽度不固定,因此应该避免在代码中使用它们。大多数代码编辑器和IDE在按下Tab键时会插入4个或者8个空格字符，而不是1个Tab制表符。

不能在同一个代码块中混用Tab和空格。在早期的Python程序中混用两者常常会引发错误，Python 3甚至直接拒绝运行这样缩进的代码，它会抛出错误“TabError: inconsistent use of tabs and spaces in indentation exception instead”。Black会自动把用于缩进的Tab替换为4个空格字符。

对于多层缩进，Python代码的常见做法是每一级缩进4个空格。为了使空格可见，以下示例使用句点代替空格作为标记：

```
def getCatAmount():
....numCats = input('How many cats do you have?')
....if int(numCats) < 6:
........print('You should get more cats.')
```

在实践中，4个空格的标准比其他方案更具优势。每一级缩进使用8个空格会很快使代码长度达到每行长度的限制，而使用2个空格缩进则不容易看出缩进前后的差异。其他数量的空格则一般不在程序员的考虑范围内，比如3个或者6个空格，因为程序员和使用二进制的计算机都更偏向于使用2的幂，比如2、4、8、16等。

3.3.2　行内间距

水平间距不局限于缩进。空格是使代码行的不同部分在视觉上产生分隔的一个重要手段。不使用空格的代码看起来很密集，以至于难以解读。以下几小节将提供一些需要遵循的间距规则。

1. 在运算符和标识符之间放置空格

如果不在运算符和标识符之间留出空格，那么代码运行顺序会不那么明显。举个例子，这行代码是使用空格来分隔运算符和变量的：

```
YES: blanks = blanks[:i] + secretWord[i] + blanks[i + 1 :]
```

这行是没有空格的：

```
NO:  blanks=blanks[:i]+secretWord[i]+blanks[i+1:]
```

两段代码都是通过+运算符将 3 个值相加，但如果没有空格，那么`[i+1:]`中的+看起来容易让人误以为在加第 4 个值。空格使得人们能更明显地看出+是 `blanks` 数组切片语法中的一部分。

2. 在分隔符后面而非前面添加空格

在分隔列表和字典以及函数 `def` 语句中的参数时会使用逗号分隔符。逗号前不要添加空格，逗号后添加一个空格，如下所示：

```
YES: def spam(eggs, bacon, ham):
YES:     weights = [42.0, 3.1415, 2.718]
```

否则代码会像下面这样，聚成一团，可读性不强。

```
NO:  def spam(eggs,bacon,ham):
NO:      weights = [42.0,3.1415,2.718]
```

不要在分隔符前添加空格，以免将视线引导到分隔符上。

```
NO:  def spam(eggs , bacon , ham):
NO:      weights = [42.0 , 3.1415 , 2.718]
```

Black 会自动在逗号后插入一个空格，并删除逗号前的空格。

3. 不要在句点的前后添加空格

尽管 Python 允许在标记 Python 特性的句点符号前后插入空格，但请不要这样做。不添加空格可以让对象和属性间的关系看起来更紧密。比如下面这个示例：

```
YES: 'Hello, world'.upper()
```

如果在句点前后放置空格，那么对象和属性看起来不具备关联性。

```
NO:  'Hello, world' . upper()
```

Black 会自动删除句点前后的空格。

4. 不要在函数、方法或者容器名称后添加空格

函数和方法的名称很容易识别，因为它们后面会跟着一组括号。不要在名称和左括号之间添加空格。通常，我们会这样编写函数调用：

```
YES: print('Hello, world!')
```

但是添加空格会使整个函数调用看起来像是独立的两个部分。

```
NO:  print ('Hello, world!')
```

Black会删除函数或方法名称与左括号之间的空格。

同样，不要在索引、切片或者字典的键的左中括号前添加空格。通常不会在访问容器类型（比如列表、字典或元组）中的某一项时在变量名和左中括号之间添加空格，比如：

```
YES: spam[2]
YES: spam[0:3]
YES: pet['name']
```

添加一个空格会使代码看起来像是独立的两部分：

```
NO:  spam [2]
NO:  spam    [0:3]
NO:  pet ['name']
```

Black会删除变量名和左中括号之间的任何空格。

5. 不要在左括号后或右括号前添加空格

小括号、中括号、大括号和它们的内容之间不应该有空格。比如def语句中的参数或列表中的值应该紧跟在左括号之后和右括号之前。

```
YES: def spam(eggs, bacon, ham):
YES:     weights = [42.0, 3.1415, 2.718]
```

不要像下面这样，在左括号后或右括号前添加空格：

```
NO:  def spam( eggs, bacon, ham ):
NO:      weights = [ 42.0, 3.1415, 2.718 ]
```

添加这些空格并不能提高代码的可读性，压根儿没必要这样做。如果代码中存在此类空格，那么Black会将其删除。

6. 在行末注释前添加两个空格

在代码行末尾添加注释时，请在末尾和注释前的#之间添加两个空格：

```
YES: print('Hello, world!')  # 展示欢迎信息
```

这两个空格可以使代码和注释的区分更清晰。单个空格，甚至没有空格会让人难以区分代码和注释。

```
NO:  print('Hello, world!') # 展示欢迎信息
NO:  print('Hello, world!')# 展示欢迎信息
```

Black 会在代码结尾和注释开头中间添加两个空格。

建议最好不要把注释放在代码行末，这会使代码行过长，不利于在屏幕上阅读。

3.4 垂直间距

垂直间距指代码行之间的空白行间隔。就像书中另起段落可以避免句子挤成一团一样，垂直间距可以将某些代码行组合在一起，并和其他代码块区分开。

PEP 8 提及了几个在代码中插入空行的准则：它规定应该使用两个空行分隔函数和类，用一个空行分隔类中的方法。Black 会自动遵循这些规则，在代码中插入或删除空行，比如把下面这段代码：

```
NO: class ExampleClass:
        def exampleMethod1():
            pass
        def exampleMethod2():
            pass
    def exampleFunction():
        pass
```

转换成这段代码：

```
YES: class ExampleClass:
         def exampleMethod1():
             pass

         def exampleMethod2():
             pass

     def exampleFunction():
         pass
```

3.4.1 垂直间距示例

Black 无法决定函数、方法或者全局作用域中的空行位置。哪些行应该聚合成一个整体取决于程序员的主观判断。

举个例子，看看 Django Web 应用程序框架中 validators.py 文件的 `EmailValidator` 类。你不必明白这段代码的工作原理，重点在于关注空行是如何将`__call__()`方法的代码分成4组的：

```
--snip--
    def __call__(self, value):
    ❶ if not value or '@' not in value:
            raise ValidationError(self.message, code=self.code)

    ❷ user_part, domain_part = value.rsplit('@', 1)

    ❸ if not self.user_regex.match(user_part):
            raise ValidationError(self.message, code=self.code)

    ❹ if (domain_part not in self.domain_whitelist and
                not self.validate_domain_part(domain_part)):
            # Try for possible IDN domain-part
            try:
                domain_part = punycode(domain_part)
            except UnicodeError:
                pass
            else:
                if self.validate_domain_part(domain_part):
                    return
            raise ValidationError(self.message, code=self.code)
--snip--
```

尽管没有描述这部分代码的注释，但从空白行可以判断这些组在概念上是相互独立的。第一组❶检查 `value` 参数中是否有`@`符号。第二组❷将 `value` 存储的电子邮件地址字符串拆分成 `user_part` 和 `domain_part` 两个新变量。第三组❸和第四组❹则分别使用这两个变量对电子邮件的用户名和域名部分进行校验。

虽然第四组有 11 行，远远多于其他组，但它们都是跟验证电子邮件的域名这一任务相关联的。如果你认为这个任务确实应该由多个子任务组成，那么可以通过插入空行对它们进行分隔。

编写 Django 这部分的程序员认为域名验证的代码都应该属于同一组，但其他程序员可能持不同意见。由于这种判断是主观的，因此 Black 并不会修改函数或方法中的垂直间距。

3.4.2 垂直间距的最佳实践

Python 有一个鲜为人知的特性，可以通过分号分隔一行代码中的多个语句。这意味着以下两行代码：

```
print('What is your name?')
name = input()
```

可以使用分号写在同一行：

```
print('What is your name?'); name = input()
```

跟使用逗号一样，分号前不要有空格，分号后要有一个空格。

对于那些以冒号结尾的语句，比如 if、while、for、def 或 class 语句，应使用单行块，就像下面这个例子中的 print()调用一样：

```
if name == 'Alice':
    print('Hello, Alice!')
```

可以和它的 if 语句写在同一行：

```
if name == 'Alice': print('Hello, Alice!')
```

虽然对 Python 而言在同一行包含多个语句是可行的，但并不建议这样做。原因是，这样做会导致代码行过长，而过长的内容会很难阅读。Black 会将这些语句分隔成独立的行。

同样，也可以使用一个导入语句导入多个模块：

```
import math, os, sys
```

虽然这种做法是可行的，但 PEP 8 建议将这个语句拆分成每个模块单独一个导入语句：

```
import math
import os
import sys
```

为每个模块单独编写一行导入语句的好处是，在版本控制系统的差异比对工具中比较文件修改时，可以更容易地发现导入模块的增加或删除情况。（第 12 章会介绍版本控制系统，如 Git。）

PEP 8 还建议按照以下原则和顺序将导入语句分为 3 组：

(1) Python 标准库的模块，如 math、os 和 sys；

(2) 第三方模块，如 Selenium、Requests 或 Django；

(3) 作为程序一部分的本地模块。

这些准则不是必须遵循的，且 Black 语句不会改变代码中的导入语句的格式。

3.5 Black：毫不妥协的代码格式化工具

Black 会自动格式化.py 文件中的代码。虽然你需要理解本章介绍的格式化规则，但这些规则可以借由 Black 自动实施。如果你和他人协作一个编码项目，将决定权交给 Black 可以避免你们之间关于如何格式化代码的争论。

Black 的很多规则是无法修改的，这就是它被称为“毫不妥协的代码格式化工具”的原因。实际上，Black 这个名字来源于 Henry Ford 说过的一句话。在谈到为顾客提供可选的汽车颜色时，他说：“你可以拥有任何你想要的颜色，只要它是黑色。”

3.5.1 安装 Black

使用 Python 自带的 pip 工具安装 Black。在 Windows 上，打开一个命令提示符窗口，并输入以下内容：

```
C:\Users\Al\>python -m pip install --user black
```

在 macOS 和 Linux 上，则应该打开一个终端窗口，输入 python3 而非 python（本书中所有使用 python 的指令都是如此）：

```
Als-MacBook-Pro:~ al$ python3 -m pip install --user black
```

-m 选项告诉 Python 把 pip 模块作为一个应用程序来运行。有些 Python 模块的用法就是如此。通过运行 python -m black 测试安装是否成功，如果安装成功，你应该看到提示为 No paths given. Nothing to do，而不是 No module named black。

3.5.2 在命令行中运行 Black

可以从命令提示符窗口或终端窗口对任意 Python 文件运行 Black。此外，IDE 或代码编辑器可以在后台运行 Black。也可以在 Black 的主页上找到如何在 Jupyter Notebook、Visual Studio Code、PyCharm 等编辑器中运行 Black 的说明。

如果你想自动格式化一个名为 yourScript.py 的文件，在 Windows 的命令提示符下，运行以下程序（在 macOS 和 Linux 上使用 python3 命令而非 python 命令）：

```
C:\Users\Al>python -m black yourScript.py
```

运行这行命令后，yourScript.py 的内容会按照 Black 的风格指南进行格式化。

如果 PATH 环境变量已经支持直接运行 Black，输入以下内容就可以格式化 yourScript.py 文件：

```
C:\Users\Al>black yourScript.py
```

如果为一个文件夹中的所有.py 文件运行 Black，通过指定文件夹而非单独文件就可以实现。下面这个 Windows 示例会格式化 C:\yourPythonFiles 文件夹内的每个文件，包括子文件夹中的文件：

```
C:\Users\Al>python -m black C:\yourPythonFiles
```

如果你的项目中包含多个 Python 文件，那么指定文件夹很有用，使用它可以不必为每个文件都输入一个命令。

尽管 Black 格式化代码的方式相当严格，但接下来的 3 小节还是为你提供了一些能够被修改的选项。要查看 Black 提供的全部选项，请运行 `python -m black --help`。

1. 调整 Black 行长设置

Python 代码的标准行长为 80 个字符。这个数字可以追溯到 20 世纪 30 年代的穿孔卡片计算机，当时 IBM 推出了 80 列和 12 行的穿孔卡片。在接下来的几十年内，计算机、显示器和命令行窗口都遵循了 80 列的标准。

但到了 21 世纪，高分辨率的屏幕可以显示超过 80 个字符宽的文本了。较长的文本行可以让人不必按垂直滚动条查看文件。而较短的文本行可以避免一行挤进太多代码，并且在并排比较源代码文件时不必进行水平滚动。

Black 默认每行最多 88 个字符，88 要比 80 个字符的限制多出 10%，这是一个相当随意的决定。我个人倾向于使用 120 个字符的限制。让 Black 在格式化的时候使用 120 个字符的行长限制，要使用`-l 120` 的命令行选项（l 是字母 L 的小写，而非数字 1）。在 Windows 上的命令是这样的：

```
C:\Users\Al>python -m black -l 120 yourScript.py
```

无论行长限制的数值是多少，务必保证一个项目内的所有.py 文件遵循同样的限制。

2. 禁用 Black 的双引号字符串设置

Black 会自动将代码中的所有以单引号包裹的字符串修改为使用双引号，除非这个字符串使用单引号是因为它的内容包含双引号字符。例如，假设 yourScript.py 文件包含以下内容：

```
a = 'Hello'
b = "Hello"
c = 'Al\'s cat, Zophie.'
```

```
d = 'Zophie said, "Meow"'
e = "Zophie said, \"Meow\""
f = '''Hello'''
```

为 yourScript.py 运行 Black 后，它的格式变为：

```
❶ a = "Hello"
  b = "Hello"
  c = "Al's cat, Zophie."
❷ d = 'Zophie said, "Meow"'
  e = 'Zophie said, "Meow"'
❸ f = """Hello"""
```

Black 对双引号的偏好使你的代码跟其他编程语言的代码类似，它们通常使用双引号表示字符串字面量。注意，变量 a、b、c 的字符串使用了双引号，而变量 d 的字符串则保留了原来的单引号，以避免与字符串中原有的双引号字符冲突。同时，Black 将 Python 使用 3 个单引号的多行字符串也改成了 3 个双引号。

如果你想要 Black 保留你的字符串字面量，不改变它使用的引号类型，可以给它传递-S 命令行选项。注意，S 是大写的。比如在 Windows 上为原始的 yourScript.py 文件运行 Black 会产生以下输出：

```
C:\Users\Al>python -m black -S yourScript.py
All done!
1 file left unchanged.
```

也可以在一个命令中同时使用-l 和-S 选项。

```
C:\Users\Al>python -m black -l 120 -S yourScript.py
```

3. 预览 Black 做的修改

尽管 Black 不会重命名变量或改变程序的行为，但你可能不喜欢 Black 所做的风格约束。如果想坚持使用原有格式，可以对源代码使用版本控制，或自己保存一个副本。另外，还可以通过运行 Black 的--diff 命令行选项在不改变文件内容的情况下提前预览 Black 进行的修改。在 Windows 上，命令是这样的：

```
C:\Users\Al>python -m black --diff yourScript.py
```

该命令使用版本控制软件常用的 diff 格式输出变更点，这个格式对一般人而言也是可读的。如果 yourScript.py 包括 weights=[42.0,3.1415,2.718]这一行，运行带--diff 选项的 Black 命令将显示以下结果：

```
C:\Users\Al\>python -m black --diff yourScript.py
--- yourScript.py        2020-12-07 02:04:23.141417 +0000
+++ yourScript.py        2020-12-07 02:08:13.893578 +0000
@@ -1 +1,2 @@
-weights=[42.0,3.1415,2.718]
+weights = [42.0, 3.1415, 2.718]
```

减号表示 Black 将删除 weights= [42.0,3.1415,2.718]行，并将其替换为以加号为前缀的行：weights = [42.0, 3.1415, 2.718]。注意，Black 格式化源文件所做的变更是无法撤销的。如果要撤销，要在运行 Black 前备份源代码，或使用 Git 之类的版本控制工具。

3.5.3 对部分代码禁用 Black

尽管 Black 百般好，但你也可能不希望它对代码的某部分进行格式化。比如，我喜欢在排列多个相关联的赋值语句时使用自定义的特殊间距，如下所示：

```
# 设置代表不同时长的常量：
SECONDS_PER_MINUTE = 60
SECONDS_PER_HOUR   = 60 * SECONDS_PER_MINUTE
SECONDS_PER_DAY    = 24 * SECONDS_PER_HOUR
SECONDS_PER_WEEK   = 7  * SECONDS_PER_DAY
```

Black 会删除赋值运算符=前多余的空格，但我认为这将降低代码的可读性：

```
# 设置代表不同时长的常量：
SECONDS_PER_MINUTE = 60
SECONDS_PER_HOUR = 60 * SECONDS_PER_MINUTE
SECONDS_PER_DAY = 24 * SECONDS_PER_HOUR
SECONDS_PER_WEEK = 7 * SECONDS_PER_DAY
```

通过在某些行前添加# fmt: off 注释，在其后添加# fmt: on 注释，可以使 Black 跳过对这些行的代码格式化。

```
# 设置代表不同时长的常量：
# fmt: off
SECONDS_PER_MINUTE = 60
SECONDS_PER_HOUR   = 60 * SECONDS_PER_MINUTE
SECONDS_PER_DAY    = 24 * SECONDS_PER_HOUR
SECONDS_PER_WEEK   = 7  * SECONDS_PER_DAY
# fmt: on
```

现在对该文件运行 Black 将不会影响这两个注释间的代码的独特间距，或其他代码样式。

3.6 小结

也许良好的代码格式不能让人一眼看出来，但糟糕的格式一定很明显，因为它会使阅读代码的人心情沮丧。虽然风格是一种主观选择，但软件开发领域存在着有关格式是好是坏的共识。当然，也不排除根据个人喜好进行取舍。

Python 的语法使它在风格上相当灵活。如果你写的代码不会被其他人查看，那就任由你随意发挥了。但大部分软件开发工作是协作性的。无论是跟他人协作完成项目，还是只是希望有经验的开发人员审阅你的代码，将代码进行格式化以符合普遍使用的风格指南都是有必要的。

在编辑器中格式化代码是一项枯燥的工作，可以使用 Black 等自动化工具执行这项任务。本章介绍了 Black 为提升代码可读性而遵循的一些准则，包括代码的垂直间距和水平间距，以使代码不会因为过于密集而影响阅读；对每行代码的长度设置限制等。Black 会自动执行默认的规则，避免因风格问题与合作者发生争论。

然而，代码风格的决定因素不只有间距和单引号或双引号的选择。比如，选择具有描述性的变量名也是决定代码可读性的关键因素。虽然 Black 等自动化工具可以做出语法上的决定，比如代码的间距应该是多少，但它们不能做出语义上的决定，比如什么是好的变量名称，这就是开发人员的责任了。在第 4 章中，我们将讨论命名问题。

第 4 章

选择易懂的名称

“计算机科学中有两大难题：命名、缓存失效和差一错误。”这个经典笑话是 Leon Bambrick 根据 Phil Karlton 说的话改编的，它揭示了一个真理——为变量、函数、类等编程中的元素起名（正式的说法叫作标识符）很难。简洁而有描述意义的名称能够大大提升程序代码的可读性。

但是起名字说起来容易做起来难。假如你要搬家，把粘贴在所有包装箱上的标签写成“物品”虽然很简洁，但不具备描述性。而将一本编程书起名为《用 Python 发明你自己的计算机游戏》虽然具备了描述性，但又太过啰唆。

除非编写的代码是“一次性”的，仅需运行一次，不需要长期维护，否则应该在命名这件事上花些工夫。如果只是简单地用 a、b、c 作为变量名，将来会花费不必要的心力回忆当初这些变量的作用。

命名是必须要做的一个主观选择，而自动格式化工具（比如第 3 章介绍的 Black）无法为变量起名。本章提供了一些指导原则，帮助你选择好的名字，规避糟糕的名字。当然，这些原则并非金规铁律，你可以根据自己的判断决定什么时候应用它们。

伪变量

伪变量通常用在教程或者代码片段中，用来指代通用的变量名称。在 Python 中，我们经常在代码示例中把不那么重要的变量命名为 spam、eggs、bacon、ham。本书的代码示例也是如此。它们并不适合在现实代码中当作变量名称。它们来源于巨蟒剧团的小品“Spam”。foo 和 bar 也是常见的伪变量，源自“FUBAR”一词。它是第二次世界大战时期出现的源自军事的俚语，表示“情况糟糕得一塌糊涂”。

4.1　命名风格

Python 的标识符区分大小写，且不能包含空格。当标识符中存在多个单词时，程序员可以应用以下几种命名风格。

- 蛇形命名法（`snake_case`）：用下划线分隔单词，两个单词之间的连接看起来像蛇一样。这种情况下，所有字母都是小写的，但常量名经常采用大写，类似于 `UPPER_SNAKE_CASE`。
- 驼峰命名法（`camelCase`）：从第二个单词开始，每个单词使用首字母大写进行分隔。也就是说，第一个单词首字母小写，后面的单词的大写字母看起来像驼峰。
- Pascal 命名法（`PascalCase`）：因其在 Pascal 编程语言中的使用而得名。它跟驼峰命名法类似，但第一个单词的首字母也要大写。

命名风格是代码格式问题，我们曾在第 3 章提及。最常见的是蛇形命名法和驼峰命名法。选择哪一种都无关紧要，只要不在项目中混用就好。

4.2　PEP 8 的命名风格

第 3 章中介绍的 PEP 8 文档对 Python 的命名规则提出了一些建议。

- 所有的字母应是 ASCII 字母，也就是没有重音符号的大写和小写的英文字母。
- 模块名应该简短，都是小写字母。
- 类名应使用 Pascal 命名法。
- 常量名应使用大写字母的蛇形命名法。
- 函数名、方法名和变量名应使用小写字母的蛇形命名法。
- 方法的第一个参数应总是命名为小写的 `self`。
- 类方法的第一个参数应总是命名为小写的 `cls`。
- 类中的私有属性应总是以下划线（_）开头。
- 类中的公共属性不应以下划线（_）开头。

4.3　适当的名称长度

显然，名称的长度应该适中。长的变量名输入起来很麻烦，短的变量名则可能让人产生困惑。因为代码被阅读的次数比被编写的次数要多，所以相比之下，宁愿名称偏长也不要偏短。下面将列举一些名称太短或者太长的例子。

4.3.1 太短的名称

最常见的命名错误是选择太短的名称。在刚起名的时候，你还能记得住短名称的含义，几天或者几周后可能就记不起来了。短名称有以下几种常见类型。

- 名称为一个或两个字母，像是 g，本意是用来指代以 g 开头的某个单词，但这样的单词太多了。只有一两个字母的首字母略缩词对写代码的人而言很省事，但对别人而言很难读懂。
- 缩写名称比如 mon，可以用来代表监视器、月份、怪物等单词。
- 单个词语像是 start，意思比较模糊——是什么的开始？此类名称可能是其他人在阅读时没有注意到的与上下文相关的隐含意思。

一个或两个字母、缩写、单个词语对你而言可能好理解，但请始终牢记，其他程序员（甚至是几周后的自己）很难理解它们的含义。

有些例外情况可以采用简短的变量名。例如使用 for 循环遍历数字范围或表示列表的索引时，通常会使用 i（index 的缩写，指代索引）作为变量名。如果出现嵌套循环，会依此使用 j、k（因为在字母序列中，j 和 k 排在 i 之后）：

```
>>> for i in range(10):
...     for j in range(3):
...         print(i, j)
...
0 0
0 1
0 2
1 0
--snip--
```

另一个例外是使用 x 和 y 作为笛卡儿坐标。除此之外的大多数情况下，不建议使用单字母的变量名。尽管很容易倾向使用 w 和 h 分别作为宽度（width）和高度（height）的缩写，或者 n 作为数字（number）的缩写，但这些含义对他人而言不一定明显。

DN'T DRP LTTRS FRM YR SRC CD

Don't drop letters from your source code（不要从源代码中删减某些字母）。尽管像是 memcpy（memory copy）和 strcmp（string compare）这种删减字母的写法在 20 世纪 90 年代前的 C 语言中很流行，但如今它们被视为不可读的命名风格，不该再被使用。这类不容易发音的名称很难被理解。

此外，可以大胆使用通俗易懂的英语短语作为代码文字，比如 number_of_trials 就比仅仅写成 number_trials 更具可读性。

4.3.2 太长的名称

名称越长，描述性通常也越强。像 payment 这样的短名称在单一、较短的函数中作为局部变量是不错的。但如果是作为一个长达 10 000 行的程序中的全局变量，那 payment 的描述性就不太够了，因为这样一个庞大的程序可能会处理多种支付数据。一个更具描述性的名称，比如 salesClientMonthlyPayment 或 annual_electric_bill_payment 可能更合适。名称中的附加词提供了更多的语境信息，可以避免歧义。过度描述总比不描述要好。这里提供了一些用于判断名称是否过长的准则。

1. 名称中的前缀

在名称中使用常见的前缀可能会提供不必要呈现的细节信息。对于类的特性名称而言，前缀可能会提供不需要在变量名中出现的信息。比如一个包含重量特性的猫的类，显然重量指的就是猫的体重。因此 catWeight 这个名称就显得描述性过强，且过长。

同样，一个过时的做法是使用匈牙利命名法，也就是在名称中包含数据类型缩写的做法。例如 strName 这个名称表明变量类型是字符串，而 iVacationDays 表明变量类型是整数。现代编程语言和 IDE 可以向程序员传达数据类型信息，不再需要这些前缀，这使得匈牙利命名法如今已经没有使用的必要性。所以，如果名称中有数据类型前缀，还请删除。

对于包含布尔值的变量或者返回布尔值的函数和方法，is 和 has 前缀能够增强名称的可读性。思考以下使用名为 is_vehicle 的变量和名为 has_key()的方法：

```
if item_under_repair.has_key('tires'):
  is_vehicle = True
```

has_key()方法和 is_vehicle 变量可以帮助读者对代码进行通俗的英文解读：“如果被修理的物品有一个名为轮胎的属性，那么该物品就是一辆车。”

同样，在名称中加入计量单位可以提供有用的信息。一个存储浮点数的重量变量会存在歧义：重量的单位是磅、公斤，还是吨？计量单位信息不是上文所说的数据类型，所以包含 kg、lbs、tons 的前缀或者后缀并不同于匈牙利命名法。如果没有使用包含单位信息的特定重量的数据类型，可将变量命名为 weight_kg 之类的名称，这样做可能更慎重一些。事实上，由于 1999 年洛克希德·马丁公司提供的软件使用了英制标准单位的计算结果，而 NASA 系统使用的是公制计量单位，因此数据换算错误导致了轨道错误，造成火星气候轨道飞行器丢失。据报道，该航天器的造价高达 1.25 亿美元。

2. 名称中的连续数字后缀

名称中的连续数字后缀表明可能需要改变变量的数据类型，或者在名称中添加不同的细节描述。单纯的数字往往不能提供足够的信息来区别这些名称。

像 payment1、payment2、payment3 这样的变量名称并没有告诉你这些值之间的区别。也许这 3 个变量名应该被重构为一个名为 payments 的变量，包含 3 个值的列表或者元组。

像 makePayment1(amount)、makePayment2(amount)这样的函数也许该被重构为接受整数参数的单个函数：makePayment(1, amount)、makePayment(2, amount)等。如果这些函数的行为是不同的，确实要使用不同的函数，则应该在名称中说明数字背后的意义，例如 makeLowPriorityPayment(amount)和 makeHighPriorityPayment(amount)，或 make1stQuarterPayment(amount)和 make2ndQuarterPayment(amount)。

如果有充分的理由选择带有连续数字后缀的名称，也并非不可以。但是，如果仅仅是因为偷懒，还请慎重考虑。

4.4 起易于搜索的名称

除非是非常小的程序，否则可能需要使用编辑器或者 IDE 的 CTRL-F 查找功能来定位变量或者函数被引用的位置。如果变量名较短且常见，比如 num 或 a，那么会得到很多错误的匹配。为了能快速搜索，请使用包含具体细节的较长且特殊的名称。

一些 IDE 带有重构功能，可以根据程序对变量的使用方式识别不同的名称。比如，一个常见的功能是重命名工具，它可以区分名为 num 和 number 的变量，以及局部变量 num 和全局变量 num。但起名字时不要想着依赖这些工具。

牢记这一原则可以帮助你挑选描述性强的名称，而非常见的名称。email 这个名称过于模糊，所以应该考虑更具描述性的名称，比如 emailAddress、downloadEmailAttachment、emailMessage 或 replyToAddress。这样的名称不仅更准确，而且在源代码文件中也更容易被搜到。

4.5 避免笑话、双关语和需要文化背景才能理解的词汇

在我之前的一份软件开发工作中，我们的代码库中包含一个名为 gooseDownload()的函数。我不知道它的含义，因为我们做的产品跟“鹅”或者“鹅的下载”完全没有关系。我找到最初编写这个功能的高级程序员同事，他解释说 goose 是一个动词，跟“goose the engine”中的含义一样。但我还是不理解这句话，他不得不进一步解释说，“goose the engine”是汽车行业的行话，意思是踩下油门踏板让发动机运转得更快。所以 gooseDownload 是一个加快下载速度的函数。我点点头，回到办公桌前。几年后，这位同事离开了公司，我把他的函数改名为 increaseDownloadSpeed()。

在为程序选择名称时，你可能想通过笑话、双关语或者一些需要文化背景才能理解的词汇为代码增加一些趣味性。但请不要这样做。笑话的含义在文本中很难表达，而且这个笑话在将来可

能没那么有趣。双关语也是很容易被忽视的错误。同事会把双关语当成错别字写在错误报告里，反复处理这样的错误报告可是件让人心力交瘁的事。

特定文化背景的词汇可能会妨碍清楚地传达代码的意图。互联网使得今天比以往任何时候都更容易与世界各地的陌生人分享代码，而这些人不一定能说流利的英语或者理解英语笑话。正如本章前面指出的，Python 文档中使用的名称 spam、eggs、bacon 参考了巨蟒剧团的一个小品，但它们仅是用来作为伪变量，在真实的项目中使用它们是不可取的。

最好的策略是以非英语母语者能够容易理解的方式来编写代码：礼貌、直接、不要搞怪。我的前同事可能认为 gooseDownload()是一个有趣的笑话，但需要解释的笑话根本就算不上笑话。

4.6 不要覆盖内置名称

不要为自己的变量使用 Python 的内置名称。比如，将变量命名为 list 或者 set 会覆盖 Python 的内置函数 list()和 set()，这可能导致代码出错。list()函数的作用是创建列表对象，覆盖它会导致以下错误：

```
>>> list(range(5))
[0, 1, 2, 3, 4]
❶ >>> list = ['cat', 'dog', 'moose']
❷ >>> list(range(5))
Traceback (most recent call last):
  File "<stdin>", line 1, in <module>
TypeError: 'list' object is not callable
```

如果把一个列表命名为 list❶，内置的 list()函数就会丢失。调用 list()❷会导致 TypeError。想知道 Python 是否已经使用了某个名称，可以在交互式 shell 中输入它或者尝试导入它。如果名称没被使用，那么会得到 NameError 或 ModuleNotFoundError。比如，Python 使用了 open 和 test 这两个名称，但没有使用 spam 或 eggs：

```
>>> open
<built-in function open >
>>> import test
>>> spam
Traceback (most recent call last):
  File "<stdin>", line 1, in <module>
NameError: name 'spam' is not defined
>>> import eggs
Traceback (most recent call last):
  File "<stdin>", line 1, in <module>
ModuleNotFoundError: No module named 'eggs'
```

一些常被覆盖的 Python 名称有：all、any、date、email、file、format、hash、id、input、 list、min、max、object、open、random、set、str、sum、test 和 type。不要使用这些名称作为标识符。

另一个常见的问题是把.py 文件命名为与第三方模块相同的名字，比如已经安装了第三方的 Pyperclip 模块后，又创建了 pyperclip.py，使用 import Pyperclip 语句时就会导入 pyperclip.py 而不是 Pyperclip 模块。当试图调用 Pyperclip 的 copy()函数或 paste()函数时，Python 会报错，提示它们并不存在：

```
>>> # 在当前文件夹中放置名为 pyperclip.py 的文件，再运行
>>> import pyperclip # 这会导入 pyperclip.py 文件，而非真正的 Pyperclip 模块
>>> pyperclip.copy('hello')
Traceback (most recent call last):
  File "<stdin>", line 1, in <module>
AttributeError: module 'pyperclip' has no attribute 'copy'
```

注意不要覆盖 Python 代码中已存在的名称，特别是在意外收到这类没有对应特性的错误信息时。

4.7 史上最差的变量名

data 是一个糟糕的变量名，因为所有变量都包含数据。给变量命名为 var 也是一样，这好比你给宠物狗起名叫“狗”。temp 这个名称对于临时持有数据的变量而言很常见，但这也非良选。毕竟从某种角度来看，所有的变量都是临时的。遗憾的是，尽管这些命名含糊不清，但还是经常出现。请不要在代码中使用它们了。

当需要一个变量来保存温度数据的统计方差时，请使用 temperatureVariance 这个名称。毫无疑问，tempVarData 不是一个好选择。

4.8 小结

命名与算法或者计算机科学无关，但它是能否编写可读代码的一个重要因素。代码中使用什么名称的最终决定权在你手里，但要注意现有的一些准则。PEP 8 文档推荐了几个命名规则，比如模块的名称用小写，类的名称用 Pascal 命名法。名称长度应该适中。通常情况下，宁愿提供过多描述性信息，也不要信息过少。

名称应当简洁，但要兼具描述性。能否使用 CTRL-F 搜索功能快速找到某个名称是衡量它是否具备特殊性和描述性的标志。想一想你起的名称便于搜索的程度，这可以帮助你判断是否使用了太过常见的名称。此外，还要考虑英语不流利的程序员能否理解这个名称。避免在名称中使用笑话、双关语和需要有文化背景知识才能理解的词汇，而是要选择礼貌、直接、不搞怪的名称。

尽管本章的许多建议只是推荐做法，但应该避免使用 Python 标准库已经使用过的名称，比如 `all`、`any`、`date`、`email`、`file`、`format`、`hash`、`id`、`input`、`list`、`min`、`max`、`object`、`open`、`random`、`set`、`str`、`sum`、`test` 和 `type`。使用这些名称可能导致代码中出现难以定位的错误。

计算机并不在乎名称是言简意赅还是语焉不详。名称的作用是让人更容易阅读，而不是让计算机更容易运行。如果代码的可读性很强，就很容易被理解；如果容易被理解，那就容易进行修改；如果容易修改，那就意味着容易修复错误或者增加新功能。所以，使用可理解的名称是生产高质量软件的前提。

第 5 章

揪出代码的坏味道

导致程序崩溃的代码显然是错了，但崩溃并不是衡量程序问题的唯一指标。其他迹象也会表明程序中存在着难以察觉的漏洞或者不可读的代码。就像嗅到的一股怪味儿告诉你煤气可能正在泄漏，闻到的烟味儿提示你哪里着火了一样，代码的坏味道指的是一种揭示潜在问题的代码模式。这种坏味道并不意味着一定存在问题，但它说明该是检查程序的时候了。

本章列举了几种常见的代码坏味道。预防错误花费的时间和精力要比遇到错误、理解错误然后修复错误少得多。每个程序员都曾碰上过这样的事情：花了几小时调试来调试去，最终发现只需要修改一行代码就可以修复。出于这个原因，即使遇到一点儿潜在的错误，你也应该停下来，仔细检查是否在为未来的工作“挖坑”。

当然，代码的坏味道不一定都是问题。究竟是处理还是忽略要依靠你自己的判断。

5.1 重复的代码

最常见的代码坏味道是重复的代码。重复的代码是指通过在程序中复制粘贴产生的源代码。例如下面这个简短的程序中就包含了重复的代码，它询问了 3 次用户的感觉如何：

```
print('Good morning!')
print('How are you feeling?')
feeling = input()
print('I am happy to hear that you are feeling ' + feeling + '.')
print('Good afternoon!')
print('How are you feeling?')
feeling = input()
print('I am happy to hear that you are feeling ' + feeling + '.')
print('Good evening!')
```

```
print('How are you feeling?')
feeling = input()
print('I am happy to hear that you are feeling ' + feeling + '.')
```

重复的代码之所以被认为有问题，是因为它使修改代码变得困难：对重复代码的一个副本做出修改，就必须对重复代码的每一个副本都做出修改。如果你忘了在某个地方进行修改，或者对不同副本进行了不同的修改，程序可能就会出错。

解决重复代码的方法是去重，简单地说，通过把代码放在一个函数或者循环中，使其在代码中只出现一次。在下面的示例中，重复代码被移动到一个函数中，通过反复调用函数以达到同样的效果：

```
def askFeeling():
    print('How are you feeling?')
    feeling = input()
    print('I am happy to hear that you are feeling ' + feeling + '.')

print('Good morning!')
askFeeling()
print('Good afternoon!')
askFeeling()
print('Good evening!')
askFeeling()
```

在下面的示例中，重复代码被移动到一个循环中：

```
for timeOfDay in ['morning', 'afternoon', 'evening']:
    print('Good ' + timeOfDay + '!')
    print('How are you feeling?')
    feeling = input()
    print('I am happy to hear that you are feeling ' + feeling + '.')
```

也可以结合两种方法，同时使用函数和循环：

```
def askFeeling(timeOfDay):
    print('Good ' + timeOfDay + '!')
    print('How are you feeling?')
    feeling = input()
    print('I am happy to hear that you are feeling ' + feeling + '.')

for timeOfDay in ['morning', 'afternoon', 'evening']:
    askFeeling(timeOfDay)
```

注意，发出“Good morning/afternoon/evening!”信息的代码是相似的，但并不完全相同。在对程序的第3次优化中，将代码进行了参数化处理，参数 timeOfDay 和循环变量 timeOfDay 会替换3次信息中不同的部分。通过删除额外的副本实现了代码的去重，而之后的任何修改只需要在一个地方修改即可。

跟所有的代码坏味道一样，避免重复的代码并不是一个必须遵循的硬性规定。一般来说，重复代码片段越长，或者在程序中出现的重复次数越多，就越应该删除。我并不介意复制粘贴一次甚至两次代码，但一般当代码存在三四个副本时，我就会开始考虑去重。

不过，在有些情况下并不值得花费心力去重。本节第一个代码示例和上一个示例相比较，虽然重复的代码比较长，但它的逻辑简单明了。上一个示例做了类似的事情，但多了一个循环、一个新的 timeOfDay 循环变量，以及一个带有 timeOfDay 参数的新函数。

重复代码是一种代码的坏味道，因为它使代码难以长期维护。当程序中出现几段重复代码时，把代码放在一个函数或者循环中，以使代码只出现一次。

5.2 魔数

程序包含数字很正常，但代码中出现的一些数字可能会让其他程序员（或者几周前写下这串数字的你）感到困惑。例如接下来这行代码中的数字 604800：

```
expiration = time.time() + 604800
```

time.time()函数返回一个代表当前时间的整数。猜得出来，expiration 变量代表的是未来的某个时间点。但 604800 相当神秘：这个过期日期的意义是什么？可以添加一行注释进行解释：

```
expiration = time.time() + 604800 # 一周后过期
```

这个写法是可行的，但更好的做法是使用常量代替这些“神奇”的数字。常量是一类用大写字母书写的量，其数值在初始赋值后不应该改变。通常，在源代码文件的顶部来定义作为全局变量的常量：

```
# 设置不同时间量的常量：
SECONDS_PER_MINUTE = 60
SECONDS_PER_HOUR   = 60 * SECONDS_PER_MINUTE
SECONDS_PER_DAY    = 24 * SECONDS_PER_HOUR
SECONDS_PER_WEEK   = 7  * SECONDS_PER_DAY

--snip--

expiration = time.time() + SECONDS_PER_WEEK # 一周后过期
```

即使数值相同，也应该为有着不同目的的魔数采用不同的常量。比如一副扑克牌有 52 张，一年也有 52 周。但如果程序中同时存在这两种量，那么正确的做法应该是：

```
NUM_CARDS_IN_DECK = 52
NUM_WEEKS_IN_YEAR = 52

print('This deck contains', NUM_CARDS_IN_DECK, 'cards.')
print('The 2-year contract lasts for', 2 * NUM_WEEKS_IN_YEAR, 'weeks.')
```

这段代码运行后的输出是：

```
This deck contains 52 cards.
The 2-year contract lasts for 104 weeks.
```

使用不同的常量有利于将来对它们进行独立的修改。注意，在程序运行时不应该改变常量的数值，但这不意味着程序员不能在代码中对常量进行更新。比如，当代码的未来某个版本中只有一张小丑牌[①]时，只需要改变扑克牌数量的常量，而不影响周数量的常量：

```
NUM_CARDS_IN_DECK = 53
NUM_WEEKS_IN_YEAR = 52
```

魔数这个术语也可以用来指代非数字值，比如，你也许使用字符串类型的值作为常量。下面这个程序要求用户输入一个方向，如果方向是“north”则显示一个警告。“north”被错误拼写成“nrth”导致了一个 bug，使程序无法显示警告：

```
while True:
    print('Set solar panel direction:')
    direction = input().lower()
    if direction in ('north', 'south', 'east', 'west'):
        break

print('Solar panel heading set to:', direction)
❶ if direction == 'nrth':
    print('Warning: Facing north is inefficient for this panel.')
```

这个 bug 可能很难被发现：错误的拼写“nrth”❶在 Python 语法中仍然是一个正确的字符串，程序不会崩溃，也没有警示信息，让人难以察觉。但如果我们使用常量，错误拼写就会导致程序崩溃，因为 Python 会注意到 NRTH 常量并不存在：

```
# 为每个基本方向设置常量：
NORTH = 'north'
SOUTH = 'south'
EAST = 'east'
WEST = 'west'
```

① 也叫作小王牌。——译者注

```
while True:
    print('Set solar panel direction:')
    direction = input().lower()
    if direction in (NORTH, SOUTH, EAST, WEST):
        break

print('Solar panel heading set to:', direction)
❶ if direction == NRTH:
    print('Warning: Facing north is inefficient for this panel.')
```

运行代码时，带有 NRTH 错误❶的代码行抛出了 NameError，错误会被立刻展示出来：

```
Set solar panel direction:
west
Solar panel heading set to: west
Traceback (most recent call last):
  File "panelset.py", line 14, in <module>
    if direction == NRTH:
NameError: name 'NRTH' is not defined
```

魔数是一种代码的坏味道，因为它们没有表明数字的目的，降低了代码的可读性，使其难以维护，而且容易出现难以察觉的拼写错误。解决方法是使用常量替代魔数。

5.3 注释掉的代码和死代码

用注释掉代码的方法使代码不能运行，这作为临时手段是可行的。你可能想跳过一些代码行来测试其他功能，而注释掉代码的好处在于之后容易找到并恢复它们。但如果注释掉的代码一直保留着，后面阅读代码的人就会困惑为什么要删除这段代码，什么情况下会再使用它。请看下面这个示例：

```
doSomething()
#doAnotherThing()
doSomeImportantTask()
doAnotherThing()
```

这段代码让人产生很多疑惑：为什么 doAnotherThing()被注释掉了？还能再加入它吗？为什么 doAnotherThing()的第 2 次调用没有被注释掉？是原本就有两次 doAnotherThing()调用，还是最初只有一次调用，后来被移到 doSomeImportantTask()之后了？不删除注释掉的代码是有什么原因吗？这些疑惑没有得到解答。

死代码是指无法到达或者逻辑上永远无法运行的代码。比如，函数中返回语句之后的代码，在条件永远为假的 if 语句块中的代码，或者从未被调用的函数代码。在交互式 shell 中输入以下内容看一下：

```
>>> import random
>>> def coinFlip():
...     if random.randint(0, 1):
...         return 'Heads!'
...     else:
...         return 'Tails!'
...     return 'The coin landed on its edge!'
...
>>> print(coinFlip())
Tails!
```

return 'The coin landed on its edge!'这一行是死代码，因为代码在 if 和 else 块中就已经返回了。死代码具有误导性，程序员在阅读时会认为它们是程序中的有效部分，但实际上它们和注释掉的代码无异。

桩代码是上述代码的坏味道规则的一个例外。它们是一些未来出现的代码的占位符，比如尚未实现的函数或者类。为了代替真正的代码，桩代码包含一个 pass 语句，它什么也不做（也被称为 no operation 或者 no-op）。pass 语句存在的意义是对在语法上需要有代码的地方打桩：

```
>>> def exampleFunction():
...     pass
...
```

当这个函数被调用的时候，它什么也不会做，它的目的是表明最终会有代码填充进去。另外，为了避免意外地调用未实现的函数，可以用 raise NotImplementedError 语句进行打桩。被调用时，它会立即表明该函数还未准备好：

```
>>> def exampleFunction():
...     raise NotImplementedError
...
>>> exampleFunction()
Traceback (most recent call last):
  File "<stdin>", line 1, in <module>
  File "<stdin>", line 2, in exampleFunction
NotImplementedError
```

每当程序意外地调用一个桩函数或者桩方法时，都会抛出 NotImplementedError 来警告你。

注释过的代码和死代码都是代码的坏味道，因为它们会形成误导，让程序员认为这些代码是程序的可执行部分。需要删除它们，并使用版本控制系统，比如使用 Git 或者 Subversion 来跟踪变化。第 12 章将介绍版本控制，有了版本控制，就可以放心地把代码从程序中删除，以后有需要时再轻松恢复。

5.4 打印调试

打印调试是指在程序中临时调用 print()显示变量的值，然后重新运行程序的做法。这个过程通常有以下步骤：

(1) 发现程序中有错误；

(2) 为某些变量添加 print()调用以知道变量的内容；

(3) 重新运行程序；

(4) 增加一些 print()调用，因为前面的调用没有显示足够的信息；

(5) 重新运行程序；

(6) 重复前两个步骤，最终找出错误所在；

(7) 重新运行程序；

(8) 意识到忘记删除一些 print()调用，删除它们。

很多人误认为打印调试快速简单，但实际上为了获得用以修复错误的信息，通常需要多次重复运行程序。解决方法是利用调试器或者为程序设置日志文件。使用调试器可以逐行运行程序中的代码并检查所有变量，可能看起来这么做比简单地插入 print()调用要慢，但从长远看更能节省时间。

日志文件可以记录程序的大量信息，能够用来比较一次运行产生的信息和以往运行的信息。在 Python 中，内置的日志模块提供了这一功能，只需要 3 行代码就能轻松地创建日志文件：

```
import logging
logging.basicConfig(filename='log_filename.txt', level=logging.DEBUG,
format='%(asctime)s - %(levelname)s - %(message)s')
logging.debug('This is a log message.')
```

在导入日志模块并设置基本配置后，就可以调用 logging.debug()，将信息写入文本文件，而不是用 print()显示在屏幕上。与打印调试不同，调用 logging.debug()可以明显看出哪些输出是调试结果，哪些输出是程序正常运行的结果。在《Python 编程快速上手》的第 11 章可以找到更多关于调试的信息。

5.5 带有数字后缀的变量

在编写程序时，偶尔需要存储多个相同数据类型的变量，你可能想通过添加数字后缀来重复使用一个变量名。比如在处理一个要求用户输入两次密码以防打错字的注册表单时，你可能会将这些密码字符串存储在名为 password1 和 password2 的变量中。这些数字后缀并不能很好地描述这些变量所包含的内容以及它们之间的差异。它们也没有说明这类变量究竟有多少个，是否还有

password3 或 password4？请尝试创建特殊的名称，而不是仅仅添加数字后缀。对于这两个密码命名的例子而言，更好的变量名是 password 和 confirm_password。

再来看另外一个例子，假设有一个处理起点坐标和终点坐标的函数，参数可能会被命名为 x1、x2、y1 和 y2。但数字后缀的名字并不像 start_x、start_y、end_x、end_y 这些名字那样能传达很多信息。与 x1 和 y1 相比，start_x 和 start_y 这两个变量之间的关系更明显。如果数字后缀超过了 2,可能需要使用列表或者 set 数据结构将数据存储为一个集合。比如可以将 pet1Name、pet2Name、pet3Name 的值存储在一个名为 petNames 的列表中。

这种代码的坏味道并不能简单地套用在每个以数字结尾的变量上。比如名为 enableIPv6 的变量是完全可取的，因为 6 是 IPv6 本名的一部分，而非一个数字后缀。但如果在一系列的变量中使用数字后缀，那么可以考虑用某种数据结构代替它们，比如列表或字典。

5.6 本该是函数或者模块的类

使用 Java 等语言的程序员习惯通过创建类来组织代码。例如示例中的 Dice 类，包含一个 roll() 方法：

```
>>> import random
>>> class Dice:
...     def __init__(self, sides=6):
...         self.sides = sides
...     def roll(self):
...         return random.randint(1, self.sides)
...
>>> d = Dice()
>>> print('You rolled a', d.roll())
You rolled a 1
```

这看起来是条理清晰的代码，但想想实际的需求是什么呢？给出一个 1 到 6 的随机数。其实，用一个简单的函数就可以代替整个类：

```
>>> print('You rolled a', random.randint(1, 6))
You rolled a 6
```

同其他语言相比，Python 用来组织代码的方法更加随意，它的代码不需要存在于类或者其他模板结构中。如果发现创建对象只是为了进行单一的函数调用，或者类中只包含静态方法，那么这些都是代码的坏味道，警示我们最好还是编写函数。

Python 中的函数是通过模块而非类组合在一起的，因为无论怎样，类都必须放在一个模块中，把这些代码放在类中只是给代码增加了一个不必要的壳子。第 15~17 章将详细地讨论这些面向对象的设计原则。Jack Diederich 的 PyCon 2012 演讲 “Stop Writing Classes”（停止编写类）涵盖了其他可能使你的 Python 代码过于复杂的方式。

5.7 嵌套列表解析式

列表解析式是创建复杂列表值的一种简单方法，比如要创建一个 0 到 100 之中除 5 的倍数外的其他数字字符串的列表，通常需要一个 for 循环：

```
>>> spam = []
>>> for number in range(100):
...     if number % 5 != 0:
...         spam.append(str(number))
...
>>> spam
['1', '2', '3', '4', '6', '7', '8', '9', '11', '12', '13', '14', '16', '17',
--snip--
'86', '87', '88', '89', '91', '92', '93', '94', '96', '97', '98', '99']
```

而通过列表解析式只需要一行代码就可以创建同样的列表：

```
>>> spam = [str(number) for number in range(100) if number % 5 != 0]
>>> spam
['1', '2', '3', '4', '6', '7', '8', '9', '11', '12', '13', '14', '16', '17',
--snip--
'86', '87', '88', '89', '91', '92', '93', '94', '96', '97', '98', '99']
```

Python 还有集合解析式和字典解析式的语法：

```
❶ >>> spam = {str(number) for number in range(100) if number % 5 != 0}
>>> spam
{'39', '31', '96', '76', '91', '11', '71', '24', '2', '1', '22', '14', '62',
--snip--
'4', '57', '49', '51', '9', '63', '78', '93', '6', '86', '92', '64', '37'}
❷ >>> spam = {str(number): number for number in range(100) if number % 5 != 0}
>>> spam
{'1': 1, '2': 2, '3': 3, '4': 4, '6': 6, '7': 7, '8': 8, '9': 9, '11': 11,
--snip--
'92': 92, '93': 93, '94': 94, '96': 96, '97': 97, '98': 98, '99': 99}
```

集合解析式❶使用大括号而非中括号，它会产生一个集合值。字典解析式❷产生一个字典值，使用冒号分隔解析式中的键和值。

这些解析式很简洁，有助于提升代码可读性。需要注意的是，这些解析式需要基于可迭代对象（在这个例子中是通过 range(100)调用返回的范围对象）生成列表、集合或字典。而列表、集合和字典本身又都是可迭代的对象，所以可以将解析式嵌套使用，像下面的示例一样：

```
>>> nestedIntList = [[0, 1, 2, 3], [4], [5, 6], [7, 8, 9]]
>>> nestedStrList = [[str(i) for i in sublist] for sublist in nestedIntList]
>>> nestedStrList
[['0', '1', '2', '3'], ['4'], ['5', '6'], ['7', '8', '9']]
```

但嵌套列表解析式（或者集合/字典解析式）在少量的代码中包含了大量的复杂性，降低了代码可读性。最好的办法是把列表解析式扩展到一个或者多个 for 循环中：

```
>>> nestedIntList = [[0, 1, 2, 3], [4], [5, 6], [7, 8, 9]]
>>> nestedStrList = []
>>> for sublist in nestedIntList:
...     nestedStrList.append([str(i) for i in sublist])
...
>>> nestedStrList
[['0', '1', '2', '3'], ['4'], ['5', '6'], ['7', '8', '9']]
```

解析式也可以包含多个 for 表达式，不过这往往也会产生不可读的代码。比如下面的示例，通过列表解析式将嵌套列表转换为平铺列表：

```
>>> nestedList = [[0, 1, 2, 3], [4], [5, 6], [7, 8, 9]]
>>> flatList = [num for sublist in nestedList for num in sublist]
>>> flatList
[0, 1, 2, 3, 4, 5, 6, 7, 8, 9]
```

这个列表解析式包含两个 for 表达式，即使是有经验的 Python 开发人员也很难理解。另一种扩展形式是使用两个 for 循环创建同样的平铺列表，可读性要好很多：

```
>>> nestedList = [[0, 1, 2, 3], [4], [5, 6], [7, 8, 9]]
>>> flatList = []
>>> for sublist in nestedList:
...     for num in sublist:
...         flatList.append(num)
...
>>> flatList
[0, 1, 2, 3, 4, 5, 6, 7, 8, 9]
```

解析式是一种“语法糖”，可以产生简洁的代码，但不要滥用，不要进行多层嵌套。

5.8 空的 except 块和糟糕的错误信息

捕获异常是确保程序在出现问题时也能继续运行的一种常用方法。当一个异常被抛出但没有 except 块来处理它时，Python 程序会立即崩溃。这可能导致未保存的工作丢失或者使文件处于半完成状态。

可以通过提供一个包含捕获错误代码的 except 块来防止崩溃。但决定如何处理一个错误是很困难的，程序员可能想偷懒，简单地使用 pass 语句将 except 块留空。例如在下面的代码中，用 pass 创建一个什么都不做的 except 块：

```
>>> try:
...     num = input('Enter a number: ')
...     num = int(num)
... except ValueError:
...     pass
...
Enter a number: forty two
>>> num
'forty two'
```

当 forty two 被传递给 int()时，这段代码并没有崩溃，因为 int()引发的 valueError 被 except 语句捕获了。但是对错误不做任何处理可能比崩溃还要糟糕。程序崩溃后就不会带着糟糕的数据或在不完整的状态下运行，而不做任何处理可能会导致今后出现更可怕的错误。在上面这个示例中，在输入非数字字符时程序不会崩溃，但 num 变量将包含一个字符串而非整数，这可能导致在使用 num 变量时出现问题。这条 except 语句没有处理错误，而是隐藏了错误。

用糟糕的错误信息处理异常是另一种代码的坏味道。来看下面这个示例：

```
>>> try:
...     num = input('Enter a number: ')
...     num = int(num)
... except ValueError:
...     print('An incorrect value was passed to int()')
...
Enter a number: forty two
An incorrect value was passed to int()
```

这段代码没有崩溃，虽然是件好事儿，但它没有向用户提供足够的信息以解决问题。提示错误的信息是给用户看的，而不是给程序员看的。该错误信息不仅包含了用户无法理解的技术细节，比如对 int()函数的引用，也没有告诉用户该如何解决问题。提示错误的信息应该解释发生了什么以及用户应该怎么做。

对程序员而言，快速写出一个没有任何帮助的事件描述要比为用户写出如何解决问题的详细方案简单得多。需要记住，如果程序不能处理所有可能出现的异常问题，那它就算不上是完整的程序。

5.9 代码坏味道的谬误

有些代码的坏味道根本不是真正的坏味道。在学习编程的过程中，你经常会听到一些一知半解的糟糕建议，它们或是断章取义，或是早就过时。那些试图把自己的主观意见当作最佳实践的技术书作者应该为此负责。

你可能已经了解以下这些做法是代码的坏味道，但其实大多数没什么问题，我称之为“代码坏味道的谬误”。它们是你能够且应该忽略的警告，让我们看看其中几个。

5.9.1 谬误：函数应该仅在末尾处有一个 return 语句

这种“一进一出”的想法来自对汇编语言和 Fortran 语言编程时代的误解。这些语言允许你在子例程（一种类似于函数的结构）的任何一个位置进入（包括程序中间），使得调试子例程的执行部分很困难。函数则没有这个问题（因为执行总是从函数的开头开始的），但这个建议一直被保留了下来，并改编成了“函数和方法应该只有一个 return 语句，位置在其末尾”。想要保证每个函数或方法只有一个 return 语句往往需要一系列错综复杂的 if-else 语句，这可比使用多个 return 语句要麻烦得多。在一个函数或方法中有多个 return 语句并无不妥。

5.9.2 谬误：函数最多只能有一个 try 语句

在通常情况下，“函数和方法应该只做一件事情”是个好建议，但如果把这句话理解为每个异常处理应该放在一个单独的函数中，那就过头了。来看一个函数的例子，它的功能是确认要删除的文件已经不存在：

```
>>> import os
>>> def deleteWithConfirmation(filename):
...     try:
...         if (input('Delete ' + filename + ', are you sure? Y/N') == 'Y'):
...             os.unlink(filename)
...     except FileNotFoundError:
...         print('That file already did not exist.')
...
```

这种谬误的支持者认为，由于函数应该只做一件事情，而错误处理本就是一件事情，因此应该将其分成两个函数。他们认为如果使用 try-except 语句，它应该作为函数的第一个语句，并将其他所有代码包裹起来，就像这样：

```
>>> import os
>>> def handleErrorForDeleteWithConfirmation(filename):
...     try:
...         _deleteWithConfirmation(filename)
...     except FileNotFoundError:
...         print('That file already did not exist.')
...
>>> def _deleteWithConfirmation(filename):
...     if (input('Delete ' + filename + ', are you sure? Y/N') == 'Y'):
...         os.unlink(filename)
...
```

这是不必要的复杂代码。_deleteWithConfirmation()函数使用下划线前缀将其标记为私有函数，这表明它永远不会被直接调用，只能通过 handleErrorForDeleteWithConfirmation()函数间接调用。这个新函数的名字很别扭，因为我们调用它的目的是删除一个文件，而不是处理删除文件的错误。

函数应当小而简单，但这并不意味着限制它只能做“一件事”（当然这也取决于你如何定义“一件事”）。函数有一个以上的 try-except 语句，且这些语句没有包裹函数的所有代码，这是完全可以接受的。

5.9.3 谬误：使用 flag 参数不好

函数调用或者方法调用中的布尔型参数有时被称为 flag 参数。在编程中，flag 是指一个表示二元设置的值，比如“启用”和“禁用”通常用布尔值表示。它可以表示为设置（True）或者清除（False）。

认为函数调用中的 flag 参数不好是基于这样一个想法：根据 flag 值的控制，函数包含了两种截然不同的功能，比如下面这个示例：

```
def someFunction(flagArgument):
    if flagArgument:
        # 运行代码……
    else:
        # 运行截然不同的代码……
```

事实上，如果你的函数真是这样，那应该创建两个函数，而不是让一个参数来决定运行函数的哪一部分代码。但大多数带有 flag 参数的函数并非如此。比如你可以为 sorted()函数的 reverse 参数传递一个布尔类型的值来决定是正序还是反序。把这个函数分成名为 sorted()和 reverseSorted()的两个函数并无益处，反而增加了不必要的代码量。所以，认为使用 flag 参数不好的想法是个谬误。

5.9.4 谬误：全局变量不好

函数像是程序中的“程序”：它们包含代码，有局部变量，当函数返回时局部变量就不复存在。这跟程序结束后变量就会被遗忘的情况类似。函数是相对隔离的，它们的代码执行结果正确与否仅仅取决于被调用时传递的参数。

但对使用全局变量的函数而言，这种有用的隔离性有所削弱。在函数中使用的每个全局变量都是函数的一个输入，就像参数一样。更多的参数意味着更多的复杂性，也意味着更多的潜在 bug。如果程序运行出错是由全局变量中的某个值的异常引起的，那么问题排查会很困难，因为难以确定这个异常值被设定的位置，它可能存在于程序中的任何地方。为了寻找这个异常值出现的原因，你不能只分析函数内部的代码或者函数调用的那行代码，而是必须查看整个程序的代码。出于这个原因，应该限制对全局变量的使用。

举个例子，calculateSlicesPerGuest()函数是代码长达数千行的 partyPlanner.py 程序中的一部分（下面所显示的行号可以让你了解程序的大小）：

```
1504. def calculateSlicesPerGuest(numberOfCakeSlices):
1505.     global numberOfPartyGuests
1506.     return numberOfCakeSlices / numberOfPartyGuests
```

假设我们在运行程序时遇到了以下异常：

```
Traceback (most recent call last):
  File "partyPlanner.py", line 1898, in <module>
    print(calculateSlicesPerGuest(42))
  File "partyPlanner.py", line 1506, in calculateSlicesPerGuest
    return numberOfCakeSlices / numberOfPartyGuests
ZeroDivisionError: division by zero
```

这个程序有一个以 0 为除数的错误，是由 return numberOfCakeSlices / numberOfPartyGuests 这一行引起的。显然，变量 numberOfPartyGuests 被设置为了 0，但它是在哪里被赋予了这个值？因为它是一个全局变量，所以问题可能发生在这个程序的几千行代码中的任何一个地方。从回溯信息中可以得知，calculateSlicesPerGuest()在该程序的 1898 行被调用，查看 1898 行可以得知该函数调用时所传递的参数。但 numberOfPartyGuests 是一个全局变量，它可能是在函数调用前的任何时候被设置的。

注意，使用全局常量并不被认为是糟糕的编程实践，因为全局常量的值永远不会改变，它们不会像全局变量一样增加代码的复杂度。当程序员说“全局变量不好”时，并不是指常量。

全局变量扩大了寻找异常值设定位置的调试范围，所以过度使用全局变量是件坏事。但是，认为所有全局变量都不好的想法是一个谬误。全局变量在较小的程序中可能很有用，用于记录应用于整个程序的设置。在能避免使用的情况下，应该尽量避免使用全局变量，但“全局变量不好”是一种过于笼统的观点。

5.9.5　谬误：注释是不必要的

糟糕的注释确实比没有注释更糟糕。带有过时或者误导性信息的注释不仅不能帮助理解代码，反而会增加程序员的工作量。上述这个潜在的问题有时候被拿来证明“所有注释都是不好的”这一观点。该观点认为，应该尽量使用更具可读性的代码替代注释，甚至代码中压根儿就不该有注释。

注释是用英文（或者是程序员所使用的任何语言）编写的，通过它们传递变量、函数和类等名称所不能传递的信息。但编写简明有效的注释并非易事。注释同代码一样，需要重写和多次迭代才能达到完美。在写代码时，程序员是能够同步理解代码的，所以写注释看起来像是画蛇添足。因此，他们倾向于接受“注释是不必要的”这种观点。

而通常情况是程序中的注释太少或者就没有注释，这比注释太多或者具有误导性的情况多得多。拒绝注释就如同在说：“坐飞机飞越大西洋只有 99.999991%的安全性，所以我打算游泳。”

第 11 章将为你讲解如何撰写有效的注释。

5.10 小结

代码的坏味道表明可能有更好的方法来编写代码，它们不一定必须修改，但应该促使你再多看看。最常见的代码坏味道是重复的代码，它提示我们可以将代码放在一个函数或者循环中，确保将来只需要在一处修改代码。

代码的坏味道还包括魔数，是指在代码中无法解释的数值，它们可以用具有描述性名称的常量来代替。另外，注释掉的代码和死代码永远不会被计算机运行，并且可能会误导后来阅读代码的程序员。最好删除它们并借助 Git 等源代码版本控制系统，以便日后需要时可重新将代码恢复。

打印调试是指使用 `print()`调用来显示调试信息。尽管这种调试方法简单易行，但从长远看，依靠调试器和日志来诊断错误往往更快。

带有数字后缀的变量，如 `x1`、`x2`、`x3` 等，通常最好用一个值为列表的单一变量来替代。与 Java 等语言不同，Python 使用模块而不是类来组合函数。一个只包含单一方法或者只有静态方法的类是一种代码的坏味道，应该将这些代码放在一个模块而非一个类中。虽然列表解析式是创建列表值的一种快捷方式，但是多层嵌套的列表解析式通常不具备可读性。

此外，任何用于处理异常的空 `except` 块都是代码的坏味道，因为它只是在隐藏错误而非处理错误。对用户而言，提供语焉不详的错误信息跟不提供错误信息没什么两样。

与代码的坏味道相应的是关于它们的谬误，即不再有效，甚至随时间的推移被证明有副作用的编程建议。比如每个函数中只能有一个 `return` 语句或者一个 `try-except` 语句，拒绝使用 `flag` 参数或全局变量，或是认为注释没有必要。

当然，像所有的编程建议一样，本章描述的代码的坏味道可能适用于你的项目，符合你的偏好，但也可能并不适用。最佳实践不是一个客观的衡量标准。随着经验的增加，你对何谓可读代码，何谓可信赖的代码也会得出不同的结论，而本章仅是为你概述了一些需要考虑的因素。

第 6 章

编写 Python 风格的代码

对于编程语言来说，“强大”是一个毫无意义的形容词。每一种编程语言都称自己是强大的。官方的 Python 教程一开始就说“Python 是一种易于学习、功能强大的编程语言”，但没有哪种算法只能用某种特定的语言编写，也没有哪种衡量单位来量化某种编程语言的“厉害程度”（尽管可以衡量程序员为他们最喜欢的编程语言争取地位的声音大小）。

每种语言都有自己的设计模式和缺陷，它们构成了语言的优势和劣势。要想像一个真正的 Python 大师一样编写代码，你需要懂的不仅仅是语法和标准库，还要学习它的习惯用法，或 Python 特定的编程方法。Python 语言的某些特性有助于编写 Python 风格的代码。

在本章中，我将提供几种编写 Python 风格代码的方法，以及与之对应的非 Python 风格的写法。对 Python 风格的理解可能因人而异，但通常包括本章所呈现的示例和实践。有经验的程序员都会使用这些技术，熟悉这些技术可以让你一眼看懂实际的工程代码。

6.1 Python 之禅

Tim Peters 的“Python 之禅”汇集了 Python 语言设计和 Python 编程的 20 条准则。你的 Python 代码不一定必须遵循这些准则，但它们不无裨益。“Python 之禅”也是一个复活节彩蛋，或者说是隐藏的笑话，当运行 `import this` 时就会出现。

```
>>> import this
The Zen of Python, by Tim Peters

Beautiful is better than ugly.
Explicit is better than implicit.
--snip--
```

注意 神奇的是，实际上只有 19 条准则写了出来。据 Python 之父 Guido van Rossum 所说，缺失的第 20 条箴言是 Tim Peters 的搞怪的行内笑话，Tim 留出地方让 Guido 来写，但看起来他一直没做到。

总体来说，这些准则是程序员可以支持或者反对的观点。就像一些优秀的道德准则一样，它们在一定程度上有些自相矛盾，但能提供更大的灵活性。以下是我对这些箴言的解释。

美丽胜于丑陋。美丽的代码指易于阅读和理解的代码。程序员经常快速编写代码，不考虑可读性。虽然计算机会运行可读性不强的代码，但这样的代码对于程序员而言不容易维护和调试。虽然美是主观的，但不考虑可读性的代码在别人看来往往是丑陋的。Python 之所以受欢迎，是因为它的语法不像其他语言那样充斥着神秘的标点符号，Python 很容易编写。

明确胜于隐含。如果我给这条箴言的解释是“这是不言而喻的”，那它就是一个糟糕的解释。代码应该是详细明确的，应避免把代码的功能隐匿在晦涩的、且需要对语言非常熟悉才能理解的语言特性中。

简单胜于复杂。复杂胜于更复杂。这两句箴言告诉我们，任何东西都既可以用简单的技术建造，也可以用复杂的技术建造。如果你有一个小问题用铲子就可以解决，使用 50 吨级的液压推土机就有些大材小用。但如果是个大工程，那么操作一台推土机比协调 100 名铲运工要简单得多。所以，要选择简单而非复杂，但也要知道简单方案的局限性。

扁平胜于嵌套。程序员喜欢将代码按照类别进行组织，特别是类别又包含子类别，而子类别又包含更细的子类别。这些层级结构往往并不会增强代码的组织性，而是增强了官僚性。只在一个顶层模块或者数据结构中编写代码并无不妥。如果你的代码看起来像 `spam.eggs.bacon.ham()`或 `spam['eggs']['bacon']['ham']`，那它就太过复杂了。

稀疏胜于密集。程序员经常喜欢把尽可能多的功能塞进尽可能少的代码中，就像下面这一行：`print('\n'.join("%i bytes = %i bits which has %i possiblevalues." % (j, j*8, 256**j-1) for j in (1 << i for i in range(8))))`。尽管这样的代码可以给朋友留下深刻印象，但会惹怒同事，因为他们得费尽心思理解这段代码。不要让代码一次做太多的事情。分散在多行的代码往往比密集的单行代码更容易阅读。这句箴言与“简单胜于复杂”类似。

可读性很重要。尽管对于那些从 1970 年就开始用 C 语言编程的人而言，`strcmp()` 显而易见指的是“string compare”（字符串比较）函数，但现代计算机的内存足以让你编写完整的函数名称。不要从完整的名称中删除某些字母或者写过分简洁的代码。花点时间为变量和函数想出具有描述性且具体的名称。代码各个部分之间的空行与书中起分隔作用的段落一样，可以让读者知道哪些部分应该放在一起阅读。这句箴言与“美丽胜于丑陋”类似。

特殊情况并没有特殊到打破规则的地步。不过，实用性胜于纯粹性。这两句箴言看起来相互矛盾。在编程过程中，有很多“最佳实践”值得程序员努力践行。一方面，绕过这些实践，快速实现需求的想法也许很诱人，但可能会导致一堆不一致、不可读的代码烂摊子。另一方面，妥协遵守一些规则可能会导致高度抽象、不可读的代码。比如，Java试图让所有代码都符合面向对象的范式，这往往会导致即使很小的程序也有很多模板代码。随着经验不断积累，你在这两条箴言之间取舍将会变得越来越容易。时间长了，你不仅可以学会遵循规则，而且将学会何时打破规则。

除非必要，否则错误不该被悄无声息地忽略。程序员经常忽略错误信息，但这并不意味着程序也是这样。当函数返回错误代码或None而不是提示异常时，“无声的错误”就会发生。这条箴言的意思是，程序快速失败和崩溃要比不提示错误并继续运行好。后来发生的不可避免的错误将更加难以调试，因为它们是在出现源头问题之后很久才被发现的。尽管你随时可以忽略程序引起的错误，但要确保这样做有充足的理由。

面对模棱两可的问题，不要猜测。计算机使人类变得迷信，有句话是“重启计算机，包治百病”。但计算机没有神奇的魔法。代码未能正常执行是有明确原因的，只有通过仔细、批判性的思考才能解决问题。拒绝通过盲目尝试来解决问题，这样做往往只会掩盖问题，而不能真正解决问题。

应该有一个，最好只有一个明显的方法能使用。这是对Perl编程语言的座右铭“有不止一种方法能用”的抨击。事实证明，有三四种方法完成同样的任务是一把双刃剑：坏处是为了能读懂其他人写的代码，你不得不学会所有可能的写法；好处是在编写代码时，你可以灵活地使用多种写法。不过，这种灵活性是得不偿失的，最好只有一个明显的方法能使用。

除非你是荷兰人，否则这种方法可能并不那么显而易见。这是一句玩笑话。Python的创造者Guido van Rossum是荷兰人。[①]

有总比没有好。然而不经思考就做还不如不做。[②]这两句箴言是说，运行速度慢的代码显然比不上运行速度快的代码。但是，多等待程序运行一会儿总比程序尽快运行完却发现结果是错的要好。

如果实现很难解释，它就是个坏主意；如果实现很容易解释，这可能是一个好主意。许多事情随着时间的推移变得越来越复杂，比如税法、恋爱关系、Python编程书。软件也不例外。这句箴言提醒我们，如果代码复杂到让专业人员无法理解和调试的程度，那就是坏代码。但是，很容易被解释的代码也不一定就是好代码。遗憾的是，写出尽可能

---

① 意思是只有Python之父才能一眼看出最好的方法。——译者注

② “Python之禅”有多个中文翻译版本，对于这两句话的解释有所不同，这里使用了中文维基百科中的解释。——译者注

简单的代码并非易事。

命名空间是一个很棒的主意，可以多用。 命名空间是标识符的独立容器，用来防止命名冲突。例如，内置函数 open()和 webbrowser.open()函数有相同的名字，但对应不同的函数。导入 webbrowser 不会覆盖内置的 open()函数，因为这两个 open()函数存在于不同的命名空间，分别是内置命名空间和 webbrowser 模块的命名空间。但要记住，扁平胜于嵌套。尽管命名空间确实很好，但你应该只为防止命名冲突而使用命名空间，而不是添加不必要的分类。

与所有关于编程的观点一样，你可以反驳我在这里列出的内容，或者它们压根儿与你的实际情况无关。争论该如何写代码或者什么是“Python 风格”并不像你想的那么有价值，除非你要写一整本书来阐述编程的观点。

6.2 学着喜欢强制缩进

我从已掌握其他语言并希望学习 Python 的程序员那里最常听到的担心是，对 Python 的**强制缩进**（经常被误认为是**强制空格符**）感到奇怪和陌生。在 Python 中，代码开头的缩进数量是有意义的，它决定了哪几行代码属于同一个代码块。

利用缩进将 Python 代码块分组看起来很奇怪，因为大多数语言是使用大括号{和}开始和结束代码块的。但是非 Python 程序员其实通常也会像 Python 程序员一样缩进代码块，以增强代码的可读性。比如，Java 就没有强制缩进，虽然 Java 程序员不需要缩进代码块，但他们经常为了提高可读性而缩进。下面的示例中有一个名为 main()的 Java 函数，其中包含了对 println()函数的一次调用：

```
// Java 示例
public static void main(String[] args) {
    System.out.println("Hello, world!");
}
```

即使 println()所在的行没有缩进，这段 Java 代码一样可以正常运行，因为大括号才是 Java 中块的开始和结束的标志，而非缩进。Python 中的缩进不是可有可无的，它强制代码具有前后一致的可读性。但是请注意，Python 没有强制的空格，因为 Python 并不限制你如何使用非缩进的空格（2 + 2 和 2+2 都是有效的 Python 表达式）。

一些程序员认为左括号应该跟前面的一句放在同一行，而另一些程序员则认为它应该另起一行。程序员会永不停止地争论他们喜欢的风格。而 Python 通过完全不使用大括号这种方法巧妙地回避了这个问题，让 Python 程序员专注于更有价值的工作。我期待所有的编程语言都能采用 Python 的方式来组织代码块。

但有些人仍然想用大括号，并希望在Python的未来版本中加入大括号，尽管它太不像Python风格了。Python的__future__模块在早期的Python版本中支持新的Python特性，在试图导入大括号的特性时会发现一个复活节彩蛋：

```
>>> from __future__ import braces
SyntaxError: not a chance
```

而我可不指望在短时间内将大括号添加到Python中。

6.3 使用timeit模块衡量性能

斯坦福大学的计算机科学家高德纳说过“过早优化是万恶之源”。过早优化，或者说在真正了解程序的性能前就对其进行优化往往是因为程序员试图用高超的编程技巧来节省内存，或者想编写更快的代码。

例如，一些程序员使用XOR（异或）来交换两个整数值，而不是使用额外的临时变量（为了节省内存）。

```
>>> a, b = 42, 101 # 设置两个变量
>>> print(a, b)
42 101
>>> a = a ^ b
>>> b = a ^ b
>>> a = a ^ b
>>> print(a, b) # 变量值做了交换
101 42
```

除非你已经熟悉XOR算法（使用XOR位运算符^，可在Wikipedia词条中找到相关解释），否则这段代码看起来很陌生。使用高超的编程技巧的问题是，它们会产生复杂、可读性差的代码。正如“Python之禅”的准则所说，可读性很重要。更糟糕的是，高超的技巧可能最终并没那么高超，你不能假定运用高超的技巧就一定能让程序变得更快。唯一的方法是通过测量和比较运行速度来证明哪个更快。正如“Python之禅”的另一条准则所说，面对模棱两可的问题，不要猜测。

性能分析是指系统性地分析程序的速度、内存使用情况及相关方面。Python标准库的timeit模块可以对运行速度进行分析，它可以控制常见的混淆因素，这比你简单地记录程序的开始时间和停止时间更准确。你不应该自己编写不符合Python风格的分析代码，比如：

```
import time
startTime = time.time() # 记录开始时间
for i in range(1000000): # 运行代码1 000 000次
```

```
    a, b = 42, 101
    a = a ^ b
    b = a ^ b
    a = a ^ b
print(time.time() - startTime, 'seconds') # 计算所花时间
```

在我的计算机上，运行这段代码得到的结果如下：

```
0.28080058097839355 seconds
```

相反，你应该将 Python 代码以字符串参数的形式传递给 timeit.timeit()函数。它将告诉你这行代码运行 100 万次所需时间的平均值。如果想测试多行代码，可以用分号进行分隔：

```
>>> timeit.timeit('a, b = 42, 101; a = a ^ b; b = a ^ b; a = a ^ b')
0.1947404750000324
```

在我的计算机上，运行这段代码需要的时间约为 1/5 秒。这个速度够快吗？与使用额外临时变量的整数交换代码比较一下：

```
>>> timeit.timeit('a, b = 42, 101; temp = a; a = b; b = temp')
0.09632604099999753
```

太令人惊讶了！使用额外的临时变量不仅更具备可读性，而且速度是 XOR 方法的两倍！“高超”的方法可能会节省几字节的内存，但它是以牺牲速度和代码可读性为代价的。除非你在为一个大数据中心编写软件，否则牺牲代码的可读性来节省几字节的内存或者几纳秒的 CPU 运行时间是不值得的。毕竟内存是很便宜的，而你阅读这段文字花费的时间已有数十亿纳秒。

更好的方式是，使用多重赋值的技巧来交换两个变量，也就是所谓的“迭代解包”。它的运行时间是：

```
>>> timeit.timeit('a, b = 42, 101; a, b = b, a')
0.08467035000001033
```

这不仅是可读性最好的代码，也是最快速的。这里，我们并不是拍脑袋想的，而是客观地做了测量。timeit.timeit()函数还可以接受第二个字符串类型的参数，用作初始化代码。它在第一个代码字符串运行前运行一次，以执行测试时间的代码所需要的任何设置。这段代码可以导入一些模块，将变量设置为初始值，或者执行类似的前置操作。还可以传入一个整数作为数字参数来改变默认的实验次数。例如下面的测试是衡量 Python 的 random 模块能多快地生成 1000 万个 1 到 100 的随机数（在我的计算机上大约需要 10 秒）：

```
>>> timeit.timeit('random.randint(1, 100)', 'import random', number=10000000)
10.020913950999784
```

编写代码的一个有效准则是：先让它能用，再让它更快。一旦有了一个能用的程序，就可以专注于提高它的效率了。

6.4 常被误用的语法

如果 Python 不是你的第一门编程语言，那么你可能会用其他编程语言的代码编写策略来写 Python 代码。或者因为不知道有更多既定的最佳实践，你学了一种并不常见的 Python 编写方式。这种不优雅的代码也能用，但你可以学习更多编写 Python 代码的标准方法以节省时间和精力。本节讲述了程序员常见的错误，以及该如何编写代码。

6.4.1 使用 enumerate()而不是 range()

当在一个列表或者其他序列上循环时，一些程序员使用 range()函数和 len()函数生成从 0 到序列长度−1 的索引整数。在这些 for 循环中通常使用变量 i（代表 index）。例如在交互式 shell 中输入下面这个不符合 Python 风格的示例：

```
>>> animals = ['cat', 'dog', 'moose']
>>> for i in range(len(animals)):
...     print(i, animals[i])
...
0 cat
1 dog
2 moose
```

range(len())的传统写法比较直接，但不够理想，因为它的可读性不好。更好的做法是将列表或者序列传递给内置的 enumerate()函数，它将返回索引的整数值和当前索引对应的项。比如，可以编写下面这种 Python 风格的代码：

```
>>> # Python 风格的示例
>>> animals = ['cat', 'dog', 'moose']
>>> for i, animal in enumerate(animals):
...     print(i, animal)
...
0 cat
1 dog
2 moos
```

使用 enumerate()替代 range(len())可以让你的代码整洁一点。如果你只需要列表中的项而不需要索引，可以用下面这种 Python 风格的方式迭代列表：

```
>>> # Python 风格的示例
>>> animals = ['cat', 'dog', 'moose']
```

```
>>> for animal in animals:
...     print(animal)
...
cat
dog
moose
```

调用 enumerate()并直接在一个序列上进行迭代要比使用传统的 range(len())方式好。

6.4.2 使用 with 语句代替 open()和 close()

open()函数将返回一个文件对象，该对象包含读取和写入文件的方法。当操作完成后需要调用 close()方法释放文件，以便其他程序读取和写入。你可以单独使用这些函数，但这样做不符合 Python 风格。比如，将文本“Hello, world!”写入一个名为 spam.txt 的文件中：

```
>>> # 不符合 Python 风格的示例
>>> fileObj = open('spam.txt', 'w')
>>> fileObj.write('Hello, world!')
13
>>> fileObj.close()
```

这样编写代码可能会导致文件未被关闭，比如下面这个示例，如果 try 块中出现了异常，程序就会跳过 close()调用：

```
>>> # 不符合 Python 风格的示例
>>> try:
...     fileObj = open('spam.txt', 'w')
...     eggs = 42 / 0    # 这里会产生以 0 为除数的错误
...     fileObj.close()  # 这一行永远不会被执行
... except:
...     print('Some error occurred.')
Some error occurred.
```

在遇到以 0 为除数的错误时，程序会转移到 except 块执行，跳过了 close()调用，且文件一直保持打开状态。这可能会导致文件出现损坏，而这个错误很难被追溯到 try 块上。更好的做法是使用 with 语句，它可以在执行顺序离开 with 语句块时自动调用 close()。下面的 Python 风格的示例和本节第一个示例有相同的作用：

```
>>> # Python 风格的示例
>>> with open('spam.txt', 'w') as fileObj:
...     fileObj.write('Hello, world!')
...
```

尽管没有明确地调用 close()，但当执行顺序离开这个块的时候，with 语句会自动调用它。

6.4.3　用 is 跟 None 做比较而不用==

==相等运算符是比较两个对象的值，而 is 身份运算符是比较两个对象的身份。第 7 章将解释值和身份的区别。两个对象可以存储相同的值，但它们是两个独立的对象，拥有不同的身份。将某个值跟 None 比较时，绝大多数情况下应使用 is，而非==。

在特殊情况下，如果使用了**运算符重载**，即使 spam 指向 None，表达式 spam == None 也会等于 True。spam is None 将检查 spam 变量中的值是否真的是 None，由于 None 是 NoneType 数据类型唯一的值，因此在任何 Python 程序中只有一个 None 对象。当变量指向 None 时，is None 比较表达式总是为 True。第 17 章将描述==运算符重载的具体细节，可先看看这个示例：

```
>>> class SomeClass:
...     def __eq__(self, other):
...         if other is None:
...             return True
...
>>> spam = SomeClass()
>>> spam == None
True
>>> spam is None
False
```

很少会以这种方式重载==运算符，但为了以防万一，推荐一直使用 is None 而非== None，这是 Python 的惯用写法。

而且，不应该在值为 True 和 False 的情况下使用 is 运算符。可以使用==相等运算符将值与 True 或者 False 比较，比如 spam == True 或者 spam == False。更常见的是根本不使用运算符和布尔值，把代码写成 if spam:或者 if not spam:，而不是 if spam == True 或 if spam == False。

6.5　格式化字符串

几乎每个使用不同编程语言编写的计算机程序中都有字符串。这种数据类型很常见，所以 Python 中有许多操作和格式化字符串的方法。本节将重点介绍一些最佳实践。

6.5.1　如果字符串有很多反斜杠，请使用原始字符串

转义字符允许你在字符串字面量中插入原本不能包含的文本。例如在'Zophie\'s chair'中，需要反斜杠\，这样会使第二个单引号成为字符串的一部分，而不是表示字符串到此结束。因为反斜杠具有这种特殊的转义作用，所以如果真的想在字符串中放入一个反斜杠字符，那么必须以\\的形式输入。

原始字符串是具有 r 前缀的字符串字面量，它们不把反斜杠视为转义字符，而是作为普通字符。比如下面这个 Windows 文件路径的字符串需要多个转义的反斜杠，这和 Python 风格不同：

```
>>> # 不符合 Python 风格的示例
>>> print('The file is in C:\\Users\\Al\\Desktop\\Info\\Archive\\Spam')
The file is in C:\Users\Al\Desktop\Info\Archive\Spam
```

而下面这个原始字符串（注意带有 r 前缀）提供相同的字符串值，它的可读性更好：

```
>>> # Python 风格的示例
>>> print(r'The file is in C:\Users\Al\Desktop\Info\Archive\Spam')
The file is in C:\Users\Al\Desktop\Info\Archive\Spam
```

原始字符串并不是一种不同的字符串数据类型，它只是用来输入包含多个反斜杠字符的字符串字面量的便捷方式。它常用来输入正则表达式或者 Windows 文件路径的字符串。这些字符串中经常有多个反斜杠字符，如果逐个使用\\转义会费时费力。

6.5.2 使用 f-string 格式化字符串

字符串格式化，也被称为**字符串插值**，用来创建嵌套其他字符串的字符串，此方法的发展历史很长。①最初是使用+运算符将字符串连接在一起，但这导致代码中出现很多引号和加号，比如 `'Hello, ' + name + '. Today is ' + day + ' and it is ' + weather + '.'`，而%s 转换格式符的出现则简化了语法：`'Hello, %s. Today is %s and it is %s.' % (name, day, weather)`。这两种方法都将 name、day 和 weather 变量中的字符串插入到字符串字面量中以得到一个新的字符串值，比如`'Hello, Al. Today is Sunday and it is sunny.'`。

`format()`字符串方法添加了格式规范迷你语言，它使用{}括号对，与%s 转换格式符使用方式类似。不过这个方法有些复杂，可能会产生不可读的代码，所以我不推荐使用它。

从 Python 3.6 开始，**f-string**（format string 的缩写）提供了一种更方便的方法来创建嵌套其他字符串的字符串。类似于原始字符串会在第一个引号前使用前缀 r，f-string 使用前缀 f。可以在 f-string 的大括号中加入变量名称，以插入存储在这些变量中的字符串：

```
>>> name, day, weather = 'Al', 'Sunday', 'sunny'
>>> f'Hello, {name}. Today is {day} and it is {weather}.'
'Hello, Al. Today is Sunday and it is sunny.'
```

大括号中也可以包含完整的表达式：

① 伴随着 Python 的发展，Python 提出了多种字符串格式化方法。——译者注

```
>>> width, length = 10, 12
>>> f'A {width} by {length} room has an area of {width * length}.'
'A 10 by 12 room has an area of 120.'
```

如果要在 f-string 中包含大括号字符，可以使用额外的括号来转义它：

```
>>> spam = 42
>>> f'This prints the value in spam: {spam}'
'This prints the value in spam: 42'
>>> f'This prints literal curly braces: {{spam}}'
'This prints literal curly braces: {spam}'
```

由于可以把变量名和表达式直接写在字符串内，因此代码的可读性比旧的字符串格式化方法强。

格式化字符串有这么多方法，这似乎违背了“Python 之禅”的箴言：“应该有一个，最好只有一个明显的方法能使用。”但在我看来，f-string 是对语言的一种改进，而且正如另一条准则所说，“实用性胜于纯粹性”，所以它无可厚非。如果你只用 Python 3.6 或者更高版本编写代码，请使用 f-string。如果你写的代码是由早期的 Python 版本运行，那就继续用 format()方法或者%s 转换格式符。

6.6　制作列表的浅副本

使用 slice 语法可以很容易地基于现有的字符串或者列表创建新的字符串或列表。在交互式 shell 中输入以下内容看一下：

```
>>> 'Hello, world!'[7:12] # 基于长字符串创建短字符串
'world'
>>> 'Hello, world!'[:5] # 基于长字符串创建短字符串
'Hello'
>>> ['cat', 'dog', 'rat', 'eel'][2:] # 基于长列表创建短列表
['rat', 'eel']
```

要使用冒号对开始索引位置和结束索引位置进行分隔，以使内容从旧列表复制到新列表中。当省略冒号前的起始索引时，比如'Hello, world!'[:5]，起始索引默认为 0。同理，当省略冒号后的结束索引时，比如['cat','dog','rat','eel'][2:]，结束索引默认为列表结尾。

如果两个索引都被省略，起始索引是 0（列表开头），结束索引是列表结尾，这实际上会创建一个列表的副本。

```
>>> spam = ['cat', 'dog', 'rat', 'eel']
>>> eggs = spam[:]
```

```
>>> eggs
['cat', 'dog', 'rat', 'eel']
>>> id(spam) == id(eggs)
False
```

注意，spam 和 eggs 指向的列表对象的身份是不同的。eggs = spam[:]创建了 spam 列表的浅副本。而 eggs = spam 只复制了列表的引用。[:]这种写法看起来有些奇怪，而使用 copy 模块的 copy()函数创建列表的浅副本会有更好的可读性：

```
>>> # Python 风格的示例
>>> import copy
>>> spam = ['cat', 'dog', 'rat', 'eel']
>>> eggs = copy.copy(spam)
>>> id(spam) == id(eggs)
False
```

你应该了解这个奇怪的语法，以避免在读到这样的 Python 代码时感到费解，但我不建议在代码中使用它，因为[:]和 copy.copy()都能创建浅副本。

6.7 以 Python 风格使用字典

字典的键–值对（第 7 章将进一步讨论）可以维护一份数据到另一份数据的映射，这种灵活性使其成为很多 Python 程序的常用数据类型。因此，了解 Python 代码中常用的字典用法大有益处。

如果想进一步了解字典，可以参考 Brandon Rhodes 的关于什么是字典，以及它如何工作的演讲。他在 PyCon 大会上所做的“The Mighty Dictionary”（强大的字典）和“The Dictionary Even Mightier”（更强大的字典）演讲应该对你有所帮助。

6.7.1 在字典中使用 get()和 setdefault()

试图访问一个不存在的字典键会导致 KeyError。为了避免它，程序员经常会写出一些不符合 Python 风格的代码，比如这样：

```
>>> # 不符合 Python 风格的示例
>>> numberOfPets = {'dogs': 2}
>>> if 'cats' in numberOfPets: # 检查其中是否有 cats 键
...     print('I have', numberOfPets['cats'], 'cats.')
... else:
...     print('I have 0 cats.')
...
I have 0 cats.
```

这段代码检查 numberOfPets 字典中是否存在一个为字符串“cats”的键。如果存在，print()调用会获取 numberOfPets['cats']的值作为信息的一部分展示给用户。如果不存在，另一个 print()调用不会访问 numberOfPets['cats']，而是展示其他字符串，这样就不会显示 KeyError。

由于这种代码模式很常见，因此字典提供了 get()方法，允许当键不存在的时候返回指定的默认值。下面这段 Python 风格的代码跟前面的代码功效相同：

```
>>> # Python 风格的示例
>>> numberOfPets = {'dogs': 2}
>>> print('I have', numberOfPets.get('cats', 0), 'cats.')
I have 0 cats.
```

numberOfPets.get('cats', 0)这个调用会检查 numberOfPets 字典是否存在'cats'键。如果存在，该方法返回'cats'键对应的值，如果不存在则返回第二个参数，也就是 0。使用 get()方法指定键不存在时返回的默认值，要比使用 if-else 语句简单明了。

另一种情况是，当键不存在时，为其设置默认值。如果字典 numberOfPets 没有'cats'键，numberOfPets['cats'] += 10 会导致 KeyError。你可能想预先检查键是否缺失，如果缺失则为其设置默认值：

```
>>> # 不符合 Python 风格的示例
>>> numberOfPets = {'dogs': 2}
>>> if 'cats' not in numberOfPets:
...     numberOfPets['cats'] = 0
...
>>> numberOfPets['cats'] += 10
>>> numberOfPets['cats']
10
```

这种模式也很常见，字典提供了一个符合 Python 风格的 setdefault()方法。下面这段代码与前一段等效：

```
>>> # Python 风格的示例
>>> numberOfPets = {'dogs': 2}
>>> numberOfPets.setdefault('cats', 0) # 如果'cats'键存在，则什么也不做
0
>>> workDetails['cats'] += 10
>>> workDetails['cats']
10
```

如果你还在用 if 语句检查字典中是否存在某个键，在键不存在时设置默认值，请使用 setdefault()代替。

6.7.2 使用 collections.defaultdict()设置默认值

使用 collections.defaultdict()可以彻底避免 KeyError。导入 collections 模块并调用 collections.defaultdict()，传递数据类型作为默认值，就可以创建一个默认的字典。比如，通过向 collections.defaultdict()传递 int 可以创建一个类似字典的对象，当键不存在时，使用 0 作为默认值。在交互式 shell 中输入以下内容：

```
>>> import collections
>>> scores = collections.defaultdict(int)
>>> scores
defaultdict(<class 'int'>, {})
>>> scores['Al'] += 1 # 不需要提前设置'Al'键的值
>>> scores
defaultdict(<class 'int'>, {'Al': 1})
>>> scores['Zophie'] # 不需要提前设置'Zophie'键的值
0
>>> scores['Zophie'] += 40
>>> scores
defaultdict(<class 'int'>, {'Al': 1, 'Zophie': 40})
```

注意，你是在传递 int()函数，而不是调用它，所以要省略 int()中的括号。正确的写法是 collections.defaultdict(int)。也可以传递 list，使用空列表作为默认值。在交互式 shell 中输入以下内容：

```
>>> import collections
>>> booksReadBy = collections.defaultdict(list)
>>> booksReadBy['Al'].append('Oryx and Crake')
>>> booksReadBy['Al'].append('American Gods')
>>> len(booksReadBy['Al'])
2
>>> len(booksReadBy['Zophie']) # 默认值是一个空列表
0
```

如果需要对任意一个键设置默认值，使用 collections.defaultdict()要比使用常规字典再反复调用 setdefault()方便得多。

6.7.3 使用字典代替 switch 语句

Java 之类的语言有 switch 语句，与 if-elif-else 类似，用来根据变量是多个可能值中的哪一个来执行不同的代码。Python 没有 switch 语句，所以 Python 程序员有时会写出下面这个示例中的代码。这段代码根据 season 变量的不同值来执行不同的赋值语句。

```
# 下列 if 和 elif 条件语句中都有“season ==”:
if season == 'Winter':
```

```
    holiday = 'New Year\'s Day'
elif season == 'Spring':
    holiday = 'May Day'
elif season == 'Summer':
    holiday = 'Juneteenth'
elif season == 'Fall':
    holiday = 'Halloween'
else:
    holiday = 'Personal day off'
```

这段代码符合 Python 风格，但是有点啰唆。Java 的 switch 语句默认会有 fall-through 特性，如果块不用 break 语句结束，就会继续执行下一个块。忘记添加 break 语句是个常见的错误来源。这个 Python 示例中所有 if-elif 语句的功能都比较类似，对于这种情况，一些 Python 程序员更喜欢通过字典来做这种工作。下面这段简洁的代码与上一个示例功效一致：

```
holiday = {'Winter': 'New Year\'s Day',
           'Spring': 'May Day',
           'Summer': 'Juneteenth',
           'Fall':   'Halloween'}.get(season, 'Personal day off')
```

这段代码只是一个简单的赋值语句。holiday 中存储的值是 get()方法调用的结果。如果字典中存在 season 的值对应的键，则返回对应的值，不存在时则返回'Personal day off'。使用字典会让代码更加简洁，但也可能降低可读性。所以，是否使用这种习惯用法取决于你。

6.8 条件表达式：Python“丑陋”的三元运算符

三元运算符（在 Python 中的正式说法是**条件表达式**，有时也被称为**三元选择表达式**）是根据条件将某个表达式推导为两个值中的某一个值。通常，它是使用 Python 风格的 if-else 语句实现的：

```
>>> # Python 风格的示例
>>> condition = True
>>> if condition:
...     message = 'Access granted'
... else:
...     message = 'Access denied'
...
>>> message
'Access granted'
```

“三元”的本意是运算符有 3 个输入，但它在编程中的含义类似于条件表达式。条件表达式也能为这种模式提供一个更简洁的一行代码版本。在 Python 中，它们是通过关键字 if 和 else 的奇特组合实现的：

```
>>> valueIfTrue = 'Access granted'
>>> valueIfFalse = 'Access denied'
>>> condition = True
❶ >>> message = valueIfTrue if condition else valueIfFalse
>>> message
'Access granted'
❷ >>> print(valueIfTrue if condition else valueIfFalse)
'Access granted'
>>> condition = False
>>> message = valueIfTrue if condition else valueIfFalse
>>> message
'Access denied'
```

`valueIfTrue if condition else valueIfFalse`❶这段表达式在 `condition` 值为 `True` 时结果为 `valueIfTrue`，在 `condition` 值为 `False` 时值为 `valueIfFalse`。Guido van Rossum 开玩笑地将这种语法设计称作“故意的丑陋”。大多数语言的三元运算符是先列出条件，之后再是条件为真时的值和条件为假时的值。任何使用表达式或者值的地方都可以使用条件表达式，包括作为函数调用的参数❷。

为什么 Python 会在 2.5 版本中引入这种语法，即使违背了“美丽胜于丑陋”这条准则？因为虽然这种写法可读性不强，但很多程序员使用三元运算符，并希望 Python 也支持这种语法。巧用布尔运算符的短路运算可以创建一种三元运算符。表达式 `condition and valueIfTrue or valueIfFalse`，在 `condition` 为 `True` 时结果为 `valueIfTrue`，反之为 `valueIfFalse`（实际上有一重要的例外，下面会讲到）。在交互式 shell 中输入以下内容：

```
>>> # 不符合 Python 风格的示例
>>> valueIfTrue = 'Access granted'
>>> valueIfFalse = 'Access denied'
>>> condition = True
>>> condition and valueIfTrue or valueIfFalse
'Access granted'
```

这种 `condition and valueIfTrue or valueIfFalse` 风格的伪三元运算符有一个不易察觉的错误：如果 `valueIfTrue` 是一个假值（如 `0`、`False`、`None` 或空白字符串），即使条件为 `True`，表达式的结果还是会为 `valueIfFalse`。但这种伪三元运算符还在被程序员使用。“为什么 Python 没有三元运算符？”这是 Python 核心开发者经常被问到的问题。条件表达式的出现就是为了响应程序员想要三元运算符的呼声，避免程序员继续使用容易出错的伪三元运算符。但程序员也不愿意使用“丑陋”的条件运算符。尽管“美丽胜于丑陋”，但“实用性胜于纯粹性”，这就是 Python“丑陋的三元运算符”体现的价值。

而条件运算符很难说算不算是 Python 风格的，如果你真的要使用，记住不要嵌套使用。请看下面的示例：

```
>>> # 不符合 Python 风格的示例
>>> age = 30
>>> ageRange = 'child' if age < 13 else 'teenager' if age >= 13 and age < 18 else 'adult'
>>> ageRange
'adult'
```

一行很长的代码尽管从技术角度看完全正确，但读它时真令人抓狂。嵌套表达式就是一个例子。

6.9 处理变量的值

你会经常需要检查和修改变量所存储的值。Python 有多种实现方式，来看几个示例。

6.9.1 链式赋值和比较运算符

当需要检查一个数字是否在某个范围内时，你可能会像这样使用布尔运算符 and：

```
# 不符合 Python 风格的示例
if 42 < spam and spam < 99:
```

Python 可以使用链式比较运算符，没必要使用 and 运算符。下面这段代码与上面的示例等效：

```
# Python 风格的示例
if 42 < spam < 99:
```

=赋值运算符同样可以用于链式操作。可以在一行代码中为多个变量赋予同一个值：

```
>>> # Python 风格的示例
>>> spam = eggs = bacon = 'string'
>>> print(spam, eggs, bacon)
string string string
```

为了检查这 3 个变量是否相等，你可以使用 and 连接多个==运算符，但更简单的办法是使用链式==比较运算符：

```
>>> # Python 风格的示例
>>> spam = eggs = bacon = 'string'
>>> spam == eggs == bacon == 'string'
True
```

在 Python 中，链式运算符虽然小但是有用、便捷。不过，如果使用不当也会反受其害。我将在第 8 章说明在哪些情况下使用它们会在代码中引出意外的错误。

6.9.2 验证变量是否为多个值中的一个

有时候我们会遇到跟上一节相反的情况：验证一个变量是否为多个值中的某一个。用 or 运算符可以做到，比如使用表达式 spam == 'cat' or spam == 'dog' or spam == 'moose'，但其中多次出现的 spam ==让这个表达式看起来有些笨重。

替换方式是把多个值放在一个元组中，再使用 in 运算符检查变量的值是否存在于元组中，比如下面这个示例：

```
>>> # Python 风格的示例
>>> spam = 'cat'
>>> spam in ('cat', 'dog', 'moose')
True
```

这种习惯用法不仅让人更容易理解，通过 timeit()方法可以得知其速度还略胜一筹。

6.10 小结

所有编程语言都有自己的习惯用法和最佳实践。本章重点讨论了 Python 程序员编写 Python 风格的代码的特殊方式，以求最大限度地利用 Python 语法。

Python 风格的灵魂在于"Python 之禅"的 20 条箴言，它们是编写 Python 代码的通用指南。这些箴言仅是观点，而非编写 Python 代码必须严格遵守的条件，但牢记它们不无裨益。

Python 的强制缩进（不要跟强制空格混淆）备受新 Python 程序员的反对。尽管几乎所有编程语言都通过大量使用缩进来提升代码可读性，但缩进在其他语言中不是一种严格的语法，只是可选的编码风格，而 Python 则强制使用缩进以替代其他语言使用的经典大括号来标识代码块。

使用 Python 的 timeit 模块可以快速分析代码的运行时间，这比拍脑门儿假设某些代码运行更快要好得多。

尽管许多 Python 程序员在 for 循环中使用 range(len())这一习惯用法，但为了在遍历序列时获取索引和对应值，enumerate()函数提供了一种更简洁的方式。同样，与手动调用 open()和 close()相比，with 语句是一种更整洁、更不易出错的文件处理方法。with 语句可以确保当程序执行到 with 语句块之外时，会自动调用 close()。

Python 有多种字符串插值方法。最早的方法是使用%s 转换格式符标记字符串中子串的位置。Python 3.6 引入的现代方法是使用 f-string。f-string 在字符串前加上字母 f 前缀，并使用大括号标记在字符串中放置子串（或表达式）的位置。

通过[:]语法制作列表的浅副本看起来有些奇怪，也不太符合 Python 风格，但它是快速创建浅副本列表的常用方法。

字典有 get()和 setdefault()方法用来处理不存在的键，也可以使用 collections.defaultdict()对不存在的键返回默认值。此外，虽然 Python 中没有 switch 语句，但使用字典可以更简便地达到相同的目的。在两个值中做选择时不要使用多个 if-elif-else 语句，更好的方式是使用三元运算符。

链式==运算符可以用来检查多个变量是否相等，in 运算符可以用来检查一个变量的值是否是多个可能值中的一个。

本章介绍了 Python 语言的几个常用写法，讲解了如何编写更有 Python 风格的代码。在第 7 章中，你将了解一些编程术语。

第 7 章

编程术语

在 XKCD 漫画“Up Goer Five”中，漫画作家 Randall Munroe 只用了 1000 个常用单词就创作了土星五号运载火箭的一张技术原理图。这幅漫画将所有术语分解成小孩子也能理解的句子，但它也强调了为什么我们不能用简单的术语解释所有事物。比如“如果出现故障导致大火，在放弃太空计划时帮助人们快速逃离的工具”要比“发射逃逸系统”更容易让非专业读者理解，但这对在日常工作中要经常说这句话的 NASA 工程师而言太过啰唆了。他们甚至连“发射逃逸系统”都懒得说，而是喜欢用缩写词 LES。

尽管新程序员会觉得计算机术语令人困惑，让人心生畏惧，但它们是需要记住的简约表达法。Python 乃至软件开发领域的一些术语在含义上仅有细微差别，就算是有经验的开发人员在不经意间也会混用。

本章介绍了一些与 Python 相关的术语，它们在其他编程语言中的技术定义可能略有差异。通过学习，你将对这些术语背后的编程语言概念有大致的理解。

我假设你还不太熟悉类和面向对象编程（object-oriented programming，OOP），所以本章不会对类和其他 OOP 术语进行说明。第 15 ~ 17 章将对这些术语进行更详细的解释。

7.1 定义

有人说只要一个房间内有两个以上的程序员，发生关于语义的争论就是板上钉钉的事情。语言不断发展和变化，是人驾驭文字，而非文字驾驭人。不同的开发人员对于一些术语的理解可能略有差异，但了解它们仍然是有价值的。本章探讨了这些术语并做了相互比较。如果你想要的是按照字母顺序排列的术语表，可以查阅 Python 官方提供的术语表，它提供了规范的定义。

毫无疑问，一些程序员在读完本章的定义后会提出一些特殊情况和例外，可能会不断找碴儿。本章并非权威指南，它旨在提供易于理解的定义，即便并不那么全面。要知道编程中的一切都是无止境的，总有更多知识需要学习。

7.1.1　作为语言的 Python 和作为解释器的 Python

Python 这个词有很多含义。Python 编程语言的名字来自于英国喜剧团体 Monty Python，而不是“蟒蛇”（尽管市面上的 Python 教程和文档有用“蟒蛇”来进行解释的）。同样，Python 在计算机编程方面也有两种含义。

当我们说“Python 运行一个程序”或者“Python 将抛出一个异常”时，我们是在谈论 Python 解释器——它是真实存在的软件，用来读取.py 文件的文本并执行指令。当我们说“Python 解释器”时，绝大多数情况下是指 CPython，它是由 Python 软件基金会维护的 Python 解释器，可以在 Python 官网上找到。CPython 是 Python 语言的一个实现，换言之，它是按照 Python 语言规范实现的软件，但 Python 并非仅此一种实现。CPython 是用 C 语言编写的，Jython 则是用 Java 编写的，用于运行和 Java 程序交互的 Python 脚本。PyPy 是用 Python 语言编写的[①]，它是在程序执行时进行即时编译的编译器。

所有这些实现都能运行用 Python 编程语言编写的源代码。当提及“这是一个 Python 程序”或者“我正在学习 Python”时，其中的 Python 就是指 Python 编程语言。理想情况下，用 Python 语言编写的任何源代码都应该能被任何 Python 解释器运行，但实际上，解释器之间会有一些小的不兼容问题和细微差异。CPython 被称为 Python 语言的参考实现，如果其他解释器在解释 Python 代码时跟 CPython 存在差异，那么一般认为 CPython 的行为是合规和正确的。

7.1.2　垃圾回收

在早期的许多编程语言中，程序员必须显式指明程序在何时为数据结构分配内存和取消分配内存。手动的内存分配是许多错误的根源，如内存泄漏（程序员忘记释放内存）或重复释放错误（程序员两次释放同一块内存，导致数据损坏）。

Python 使用**垃圾回收**机制避免此类错误，这是一种内存自动管理方式，它持续跟踪和判断内存应该何时分配和释放，程序员不再为此费力。垃圾回收就是内存的回收，它的作用是释放内存，让新数据使用。比如，在交互式 shell 中输入以下内容：

```
>>> def someFunction():
...     print('someFunction() called.')
```

① 用一种语言本身编写该语言的解释器或编译器称为自举。——译者注

```
...     spam = ['cat', 'dog', 'moose']
...
>>> someFunction()
someFunction() called.
```

当调用 someFunction()时，Python 为列表['cat', 'dog', 'moose']分配内存。程序员不必搞懂到底要申请多少字节的内存，Python 会自动计算。当函数调用返回时，Python 的垃圾回收器将释放局部变量，以便这些内存用来存储其他数据。垃圾回收器的出现使编程变得更简单，而且更不容易出错。

7.1.3 字面量

字面量是源代码中显式存在的，表示一个固定值的文本。以如下代码为例：

```
>>> age = 42 + len('Zophie')
```

42 和'Zophie'分别是整数字面量和字符串字面量。可以将字面量理解为在源代码文本中出现的值。只有内置的数据类型才会在 Python 源代码中存在字面量，所以变量 age 不是字面量。表 7-1 列举了一些 Python 字面量的例子。

表 7-1 Python 中的字面量例子

字 面 量	数据类型
42	Integer
3.14	Float
1.4886191506362924e+36	Float
"""Howdy!"""	String
r'Green\Blue'	String
[]	List
{'name': 'Zophie'}	Dictionary
b'\x41'	Bytes
True	Boolean
None	NoneType

吹毛求疵的人会争论说我挑选的一些例子与 Python 官方语言文档中关于字面量的定义不一致。从技术角度讲，-5 在 Python 中不是字面量，因为 Python 语言将负号定义为对字面量 5 进行操作的运算符。此外，True、False 和 None 被视为 Python 的关键字而非字面量，而[]和{}在官方文档的不同位置被称为**表示**或**原子**。但无论怎样，字面量是软件专家在上述这些例子中都会使用的一个常用术语。

7.1.4 关键字

每种编程语言都有自己的**关键字**。Python 的关键字是一组被语言本身使用的保留字，它们不能作为变量名（也就是标识符）使用。例如，不能存在一个名为 while 的变量，因为 while 是一个保留给 while 循环使用的关键字。下面是截至 Python 3.9 版本的 Python 关键字。

and	continue	finally	is	raise
as	def	for	lambda	return
assert	del	from	None	True
async	elif	global	nonlocal	try
await	else	if	not	while
break	except	import	or	with
class	False	in	pass	yield

注意，Python 关键字都是英文的，不可能是其他语言。比如下面这个函数的标识符是用西班牙语写的，但关键字 def 和 return 仍然是英文。

```
def agregarDosNúmeros(primerNúmero, segundoNúmero):
    return primerNúmero + segundoNúmero
```

虽然有数十亿人不讲英语，但很遗憾，在编程领域所用的语言中，英语占据主导地位。

7.1.5 对象、值、实例和身份

对象是一条数据的呈现，比如数字、文本，或者更复杂的数据结构，比如列表或字典。所有对象都可以存储在变量中，作为参数传递给函数调用并作为函数调用的返回内容。

每个对象都有自己的值、身份和数据类型。**值**是对象所代表的数据，比如整数 42 或者字符串'hello'。虽然这有些令人困惑，但有些程序员使用术语“值”当作“对象”的同义词，特别是对于简单的数据类型，比如整数或字符串。例如，一个对应值为 42 的变量，既可以被解释为包含整数值 42 的变量，也可以被解释为包含一个值为 42 的整数对象的变量。

对象创建时会带有一个身份，它是一个唯一的整数，可以通过调用 id()函数查看。比如在交互式 shell 中输入以下代码：

```
>>> spam = ['cat', 'dog', 'moose']
>>> id(spam)
33805656
```

变量 spam 存储了一个列表数据类型的对象，其值为['cat', 'dog', 'moose']。它的身份是 33805656，每次运行程序得到的整数 ID 都是不同的，所以你在计算机上得到的 ID 应该跟示例中的 ID 不同。一旦被创建，对象的身份在程序运行周期内就不会变更。虽然数据类型和对象的身份永远不会改

变，但对象的值可以改变，比如下面这个示例：

```
>>> spam.append('snake')
>>> spam
['cat', 'dog', 'moose', 'snake']
>>> id(spam)
33805656
```

注意，现在这个列表也包含了'snake'，但从 id(spam)的调用结果可以看出，它的身份并没有改变，变化后的列表和之前仍然是同一个。但当输入下面的代码时又会发生什么呢？

```
>>> spam = [1, 2, 3]
>>> id(spam)
33838544
```

spam 中的值已经被一个新的列表对象覆盖，这个对象的 ID 为 33838544，不同于之前的 33805656。spam 这个标识符跟身份并不是强绑定的，因为多个标识符可以用来指代同一个对象，就像下面这个示例中的两个变量被赋值了同一个字典：

```
>>> spam = {'name': 'Zophie'}
>>> id(spam)
33861824
>>> eggs = spam
>>> id(eggs)
33861824
```

spam 和 eggs 的身份都是 33861824，因为它们指向同一个字典对象。在交互式 shell 中改变一下 spam 的值：

```
  >>> spam = {'name': 'Zophie'}
  >>> eggs = spam
❶ >>> spam['name'] = 'Al'
  >>> spam
  {'name': 'Al'}
  >>> eggs
❷ {'name': 'Al'}
```

可以看到对 spam 的修改❶也神奇地体现在 eggs 中❷，这是因为它们指向了相同的对象。

变量的比喻：盒子还是标签

许多入门书将变量比喻为一个盒子，这种比喻实际上过分简化了问题。把变量看作存储数值的盒子很容易理解，如图 7-1 所示，但这种比喻并不能阐述清楚变量和值的引用关系。以前面的 spam 和 eggs 为例，它们并不存储不同的字典，而是计算机内存中同一个字典的引用。

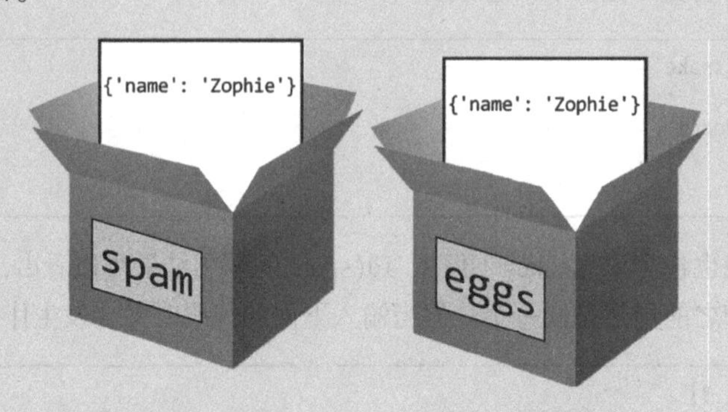

图 7-1 许多书认为可以把变量视为包含数值的盒子

在 Python 中，无论哪种数据类型的变量从技术角度上讲都是对值的引用，而非值的容器。盒子的比喻很简单易懂，但不完美。与其把变量想象成盒子，不如把它想象成内存中对象的标签。图 7-2 显示了之前例子中 spam 和 eggs 的标签示意。

图 7-2 变量可以被视为值的标签

多个变量可以引用同一个对象，反过来说，这个对象被“存储”在多个变量中。而用盒子做比喻，没法表现多个盒子存储同一个对象的情况。因此，标签的比喻可能更容易理解。如想了解更多内容，可参阅 Ned Batchelder 在 PyCon 2015 上的演讲“Facts and Myths about Python Names and Values”（关于 Python 名称和值的事实与谬误）。

如果不理解=赋值运算符是在复制引用而非对象本身，你可能会因此而犯错。幸运的是，整数、字符串和元组不存在这个问题，具体原因详见 7.1.7 节。

你可以使用 `is` 运算符比较两个对象的身份是否相同，而`==`运算符只检查它们的值是否相同。`x is y` 可被视为 `id(x) == id(y)`的简写。在交互式 shell 中，可以输入以下内容查看 `is` 和`==`的不同之处：

```
>>> spam = {'name': 'Zophie'}
❶ >>> eggs = spam
>>> spam is eggs
True
>>> spam == eggs
True
❷ >>> bacon = {'name': 'Zophie'}
>>> spam == bacon
True
>>> spam is bacon
False
```

变量 spam 和 eggs 指向相同的字典对象❶，所以它们的身份和值都是相同的。而 bacon 指向另一个字典对象❷，尽管它的数据内容与前两者相同。相同的数据意味着它们的值相同，但它们是有着不同身份的两个对象。

7.1.6 项

在 Python 中，容器对象（比如列表或字典）中的子对象被称为“项”或者“元素”。比如列表['dog', 'cat', 'moose']中的字符串对象，也被称作“项”。

7.1.7 可变和不可变

如前所述，Python 中的对象都有自己的值、数据类型和身份，其中只有值可能被改变。如果对象的值可以改变，它就是可变对象；如果对象的值不能改变，它就是不可变对象。表 7-2 列举了 Python 中的一些可变数据类型和不可变数据类型。

表 7-2 Python 中的可变数据类型和不可变数据类型

可变数据类型	不可变数据类型
列表	整数
字典	浮点数
集合	布尔值
字节数组	字符串
数组	不可变集合
	字节
	元组

当你覆盖一个变量时，看起来很像是改变了对象的值，比如下面这个交互式 shell 示例：

```
>>> spam = 'hello'
>>> spam
```

```
'hello'
>>> spam = 'goodbye'
>>> spam
'goodbye'
```

但在这段代码中，'hello'对象的值并没有从'hello'变为'goodbye'，它们是不同的对象。你只是把 spam 从引用'hello'对象换成了引用'goodbye'对象。通过使用 id()函数查看两个对象的身份可以证实这一点：

```
>>> spam = 'hello'
>>> id(spam)
40718944
>>> spam = 'goodbye'
>>> id(spam)
40719224
```

这两个字符串对象有不同的身份（分别是 40718944 和 40719224），因为它们根本就是不同的对象。但可变对象的值是可以原地改变的。在交互式 shell 中输入以下内容：

```
>>> spam = ['cat', 'dog']
>>> id(spam)
33805576
❶ >>> spam.append('moose')
❷ >>> spam[0] = 'snake'
>>> spam
['snake', 'dog', 'moose']
>>> id(spam)
33805576
```

append()方法❶和通过索引对对应项进行重新赋值❷都是对列表值的原地修改。虽然列表的值发生了变化，但身份仍然不变（33805576）。不过，使用+运算符连接对象会创建新的对象（拥有新的身份），这个新对象覆盖了旧列表。

```
>>> spam = spam + ['rat']
>>> spam
['snake', 'dog', 'moose', 'rat']
>>> id(spam)
33840064
```

列表连接会创建一个拥有新身份的列表，旧的列表最终会被垃圾回收器从内存中释放。请认真查阅 Python 文档以了解哪些方法和操作会原地修改对象，哪些则会覆盖对象。一个值得记住的规则是，如果源代码中有字面量，比如上个示例中的['rat']，那么 Python 很可能会创建一个新对象。在对象上调用的方法，比如 append()，则通常会原地修改对象。

对于整数、字符串、元组等不可变数据类型的对象，赋值要简单一些。比如，在交互式 shell

中输入以下内容：

```
>>> bacon = 'Goodbye'
>>> id(bacon)
33827584
❶ >>> bacon = 'Hello'
>>> id(bacon)
33863820
❷ >>> bacon = bacon + ', world!'
>>> bacon
'Hello, world!'
>>> id(bacon)
33870056
❸ >>> bacon[0] = 'J'
Traceback (most recent call last):
  File "<stdin>", line 1, in <module>
TypeError: 'str' object does not support item assignment
```

因为字符串是不可变的，所以它的值不能被改变。虽然 bacon 中的字符串的值看起来像是从'Goodbye'变成了'Hello'❶，但实际上它是被一个具有新身份的字符串对象覆盖了。同样，字符串连接表达式也会创建具有新身份的字符串对象❷。Python 不允许通过对字符串中的某一个字符进行重新赋值来原地修改字符串❸。

元组的值被定义为它所包含的对象及其顺序。元组是不可变的序列对象，它的值使用小括号包裹。元组中的项不能被改写。

```
>>> eggs = ('cat', 'dog', [2, 4, 6])
>>> id(eggs)
39560896
>>> id(eggs[2])
40654152
>>> eggs[2] = eggs[2] + [8, 10]
Traceback (most recent call last):
  File "<stdin>", line 1, in <module>
TypeError: 'tuple' object does not support item assignment
```

但是，如果不可变的元组包含一个可变的列表，那么这个列表仍然可以被原地修改：

```
>>> eggs[2].append(8)
>>> eggs[2].append(10)
>>> eggs
('cat', 'dog', [2, 4, 6, 8, 10])
>>> id(eggs)
39560896
>>> id(eggs[2])
40654152
```

虽然这是一个少见的特例，但有必要记住。如图 7-3 所示，元组仍然指向同一个对象。如果元组包含的可变对象的值发生了变化，也就是说这个可变对象变了，那么元组的值也一同发生改变。

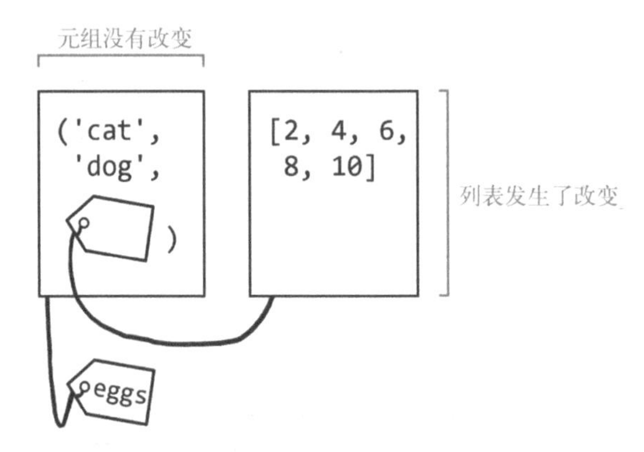

图 7-3　尽管元组中的对象是不能改变的，对象本身却是可以改变的

几乎所有 Python 专家和我都把元组视为不可变的。但实际上，有些元组是否可以算是可变的取决于你的定义。我在 PyCascades 2019 的演讲 “The Amazing Mutable, Immutable Tuple”（可变又不可变的神奇元组）中进一步讨论了这个问题。你也可以在 Luciano Ramalho 的《流畅的 Python》一书中的第 2 章读到相关解释。[①]

7.1.8　索引、键和哈希值

Python 的列表和字典是一类可以包含多个其他值的值。为了访问这些子值，你可以使用**索引运算符**，它由一对中括号（[ ]）和一个被称为**索引**的整数组成。索引用于指定要访问哪个值。在交互式 shell 中输入以下内容，查看索引是如何在列表中工作的：

```
>>> spam = ['cat', 'dog', 'moose']
>>> spam[0]
'cat'
>>> spam[-2]
'dog'
```

在这个例子中，0 是索引。最小的索引是 0 而不是 1，因为 Python（以及绝大多数编程语言）使用基于 0 的索引机制。使用基于 1 的索引机制的语言很少，其中最著名的是 Lua 和 R 语言。Python 还支持负数索引，比如-1 指的是列表的最后一项，-2 指的是列表的倒数第二项，以此类推。你可以把负数索引 spam[-n]看作 spam[len(spam)-n]。

① 《流畅的 Python》由人民邮电出版社出版，详见 ituring.cn/book/1564。——编者注

注意 计算机科学家、歌手、词曲作者 Stan Kelly-Bootle 曾开玩笑说："数组索引应该从 0 开始还是从 1 开始呢？我提议的妥协方案是 0.5，可惜他们未予认真考虑便一口回绝了。"

你也可以在列表字面量上使用索引运算符，不过这些中括号在实际的代码中令人困惑，看起来也没有必要：

```
>>> ['cat', 'dog', 'moose'][2]
'moose'
```

索引也可以被用于除列表之外的其他值，比如在字符串上获取某个字符：

```
>>> 'Hello, world'[0]
'H'
```

Python 的字典是键-值对，如下所示：

```
>>> spam = {'name': 'Zophie'}
>>> spam['name']
'Zophie'
```

虽然 Python 的列表索引只能是一个整数，但字典的索引运算符是一个**键**，可以是任何可哈希的对象。**哈希值**是一个整数，它就像是某个值的"指纹"。一个对象的哈希值在这个对象的生命周期内永远不会改变，且具有相同值的对象必须有相同的哈希值。在上述示例中，字符串`'name'`是值`'Zophie'`对应的键。`hash()`函数可以返回可哈希对象的哈希值。字符串、整数、浮点数和元组等不可变对象都是可哈希的，而列表等可变对象是不可哈希的。在交互式 shell 中输入以下内容：

```
>>> hash('hello')
-1734230105925061914
>>> hash(42)
42
>>> hash(3.14)
322818021289917443
>>> hash((1, 2, 3))
2528502973977326415
>>> hash([1, 2, 3])
Traceback (most recent call last):
  File "<stdin>", line 1, in <module>
TypeError: unhashable type: 'list'
```

键的哈希值会被用来寻找存储在字典和集合数据类型中的项，具体细节不在本书讲述范围之内。因为列表是可变类型，不能被哈希，所以不能被当作字典的键：

```
>>> d = {}
>>> d[[1, 2, 3]] = 'some value'
Traceback (most recent call last):
  File "<stdin>", line 1, in <module>
TypeError: unhashable type: 'list'
```

哈希值不同于身份。两个具有相同值的不同对象的身份是不同的，但它们的哈希值是相同的。在交互式 shell 中输入以下内容：

```
>>> a = ('cat', 'dog', 'moose')
>>> b = ('cat', 'dog', 'moose')
>>> id(a), id(b)
(37111992, 37112136)
❶ >>> id(a) == id(b)
False
❷ >>> hash(a), hash(b)
(-3478972040190420094, -3478972040190420094)
>>> hash(a) == hash(b)
True
```

a 和 b 所指向的元组有不同的身份❶，但它们的值相同，所以有相同的哈希值❷。注意，如果元组只包含可哈希的项，这个元组就是可哈希的，否则就是不可哈希的。因为字典中的键必须是可哈希的，所以不能将包含不可哈希列表的元组当作键。在交互式 shell 中输入以下内容：

```
>>> tuple1 = ('cat', 'dog')
>>> tuple2 = ('cat', ['apple', 'orange'])
>>> spam = {}
❶ >>> spam[tuple1] = 'a value'
❷ >>> spam[tuple2] = 'another value'
Traceback (most recent call last):
  File "<stdin>", line 1, in <module>
TypeError: unhashable type: 'list'
```

注意，tuple1 是可哈希的❶，但 tuple2 含有不可哈希的列表❷，所以它是不可哈希的。

7.1.9　容器、序列、映射和集合类型

容器、**序列**、**映射**这几个词在 Python 中的含义不一定等同于在其他编程语言中的含义。在 Python 中，容器是可以包含多个任意类型对象的对象。常见的容器类型包括列表和字典。

序列是容器数据类型的对象，它的元素有序且可以通过整数索引访问。字符串、元组、列表和字节对象都属于序列。这几种类型的对象可以通过索引访问对应数值，也可以作为参数传递给 len()函数。有序指的是序列中有第一个值、第二个值，以此类推。比如，下面两个列表被认为是不相等的，因为它们的值的顺序不同：

```
>>> [1, 2, 3] == [3, 2, 1]
False
```

映射也是容器数据类型的对象，它使用键而非索引访问。映射既可以是有序的，也可以是无序的。在 Python 3.4 和更早的版本中，字典是无序的，因为它没有所谓的第一个键–值对和最后一个键–值对：

```
>>> spam = {'a': 1, 'b': 2, 'c': 3, 'd': 4} # 这是在 CPython 3.5 中运行的
>>> list(spam.keys())
['a', 'c', 'd', 'b']
>>> spam['e'] = 5
>>> list(spam.keys())
['e', 'a', 'c', 'd', 'b']
```

Python 的早期版本不能保证从字典中获取项的顺序。由于字典的无序性，两个键–值对顺序不同的字典字面量仍然被认为是相等的：

```
>>> {'a': 1, 'b': 2, 'c': 3} == {'c': 3, 'a': 1, 'b': 2}
True
```

但是从 Cpython 3.6 开始，字典保留了键–值对的插入顺序：

```
>>> spam = {'a': 1, 'b': 2, 'c': 3, 'd': 4} # 该代码需要在 Cpython 3.6 中运行
>>> list(spam)
['a', 'b', 'c', 'd']
>>> spam['e'] = 5
>>> list(spam)
['a', 'b', 'c', 'd', 'e']
```

这是 CPython 3.6 解释器的一个特性，它不存在于其他 Python 3.6 解释器中。但从 Python 3.7 开始，这一特性成为 Python 语言标准，所有 Python 3.7 解释器都支持了有序字典。但字典的有序性并不意味着它的项可以通过数字索引获取：`spam[0]`并不会返回有序字典中的第一项（除非凑巧第一项的键正好为 0）。如果两个有序字典包含相同的键–值对，但键–值对的顺序不同，那么也会被认为是相等的。

`collections` 模块包含很多其他映射类型，比如 `OrderedDict`、`ChainMap`、`Counter` 和 `UserDict`。在 Python 官网上可以找到以上映射类型的介绍。

7.1.10 特殊方法

特殊方法（dunder method）也被称为**魔术方法**，是指 Python 中名称以两个下划线开头和结尾的特殊方法。这些方法用于运算符重载。dunder 是 double underscore（双下划线）的缩写。最

为人熟知的特殊方法是__init__（读作 dunder init dunder，也可以直接读作 init），其作用是初始化对象。Python 有几十个特殊方法，第 17 章将详细解释。

7.1.11 模块和包

模块是可以被其他 Python 程序导入，将代码提供给导入者使用的程序。Python 自带的模块被统称为 Python 标准库，你也可以创建自己的模块。如果一个程序被保存为 spam.py，那么其他程序可以运行 import spam 来访问 spam.py 程序的函数、类和最上层的变量。

包是模块的集合，通过在文件夹中放置一个名为__init__.py 的文件就可以形成一个包。这个文件夹的名称就是包的名称。包可以包含多个模块（也就是.py 文件）或其他包（包含__init__.py 文件的其他文件夹）。

关于模块和包的更多解释和细节，请查看 Python 官网上的相关文档。

7.1.12 可调用对象和头等对象

在 Python 中可调用的不只有函数和方法。**可调用对象**是指实现了可调用运算符（一对括号()）的对象。假设你有一条 def hello():语句，可以把这段代码视为有一个名为 hello 的变量，它的值为一个函数对象，在这个变量上使用可调用运算符会调用 hello 变量对应的函数。

类是一个 OOP 概念。类就是可调用对象的例子，它并非函数或方法。例如，datetime 模块中的 date 类，在 datetime.date(2020, 1, 1)中通过可调用运算符调用。当类对象被调用时，这个类的__init__方法中的代码会被运行。第 15 章将介绍类的更多细节。

函数是 Python 中的头等对象，这意味着你可以把它们存储在变量中，在函数调用中作为参数传递，作为函数调用的返回值，也可以做任何能对对象做的事情。可以把 def 语句看作将一个函数对象赋值给变量。比如，可以创建一个 spam()函数，然后调用它：

```
>>> def spam():
...     print('Spam! Spam! Spam!')
...
>>> spam()
Spam! Spam! Spam!
```

也可以将 spam()函数赋值给其他变量。当调用这个变量时，Python 将执行 spam()函数：

```
>>> eggs = spam
>>> eggs()
Spam! Spam! Spam!
```

这些被称为**别名**，是为已存在的函数起的其他名称。通常在重命名函数时会用到别名。但如果旧的名字被大量已有代码使用，那么修改名字的工作量很大。

头等对象最常见的用途是把函数作为参数传递给其他函数。比如，我们可以定义一个callTwice()函数，它可以接受一个需要被调用两次的函数作为参数：

```
>>> def callTwice(func):
...     func()
...     func()
...
>>> callTwice(spam)
Spam! Spam! Spam!
Spam! Spam! Spam!
```

当然，你也可以直接在代码中写两次 spam()。使用这种方式的好处是可以将 callTwice()函数传递给任何一个在运行的函数，而不必在源代码中预先输入两次函数调用语句。

7.2 经常被混淆的术语

术语本就够让人困惑的了，特别是那些含义上有关联但又不同的定义。更糟糕的是，编程语言、操作系统、计算机领域这三者可能会使用不同的术语来表示同一个事物，或者用相同的术语表示不同的事物。为了能与其他专业人员清楚地交流，你需要学习以下术语的区别。

7.2.1 语句和表达式

表达式是由运算符和值组成的指令，可以推导出单一的值。这个值可以是变量（包含值）或者函数调用（返回值）。按照这个定义，2 + 2 是一个表达式，它的结果是 4。len(myName) > 4、myName.isupper()、myName == 'Zophie'也是表达式。一个值本身也是一个表达式，它的结果就是它自己。

语句实际上是 Python 中的所有其他指令，包括 if 语句、for 语句、def 语句和 return 语句等。语句并不能推导得到一个值。一些语句可能包含表达式，比如赋值语句 spam = 2 + 2，或者 if 语句 if myName == 'Zophie':。

Python 3 使用 print()函数，Python 2 则使用 print 语句。看起来只是加了一对括号，但更重要的区别在于 Python 3 的 print()函数具有返回值（虽然总是 None），可以作为参数传递给其他函数，也可以被赋值给一个变量。语句是不能做这些操作的。不过在 Python 2 中也可以在 print 后添加一对括号，就像下面这个交互式 shell 示例：

```
>>> print 'Hello, world!' # 在 Python 2 中运行
Hello, world!
❶ >>> print('Hello, world!') # 在 Python 2 中运行
Hello, world!
```

尽管它看起来像是函数调用❶，但实际上还是一个用括号包裹着字符串值的 print 语句，就像赋值语句 spam = (2 + 2)实际上等效于 spam = 2 + 2 一样。在 Python 2 和 Python 3 中，可以将多个值传递给 print 语句或者 print()函数，就像下面这样：

```
>>> print('Hello', 'world') # 在 Python 3 中运行
Hello world
```

但在 Python 2 中使用同样的代码会被解释为在 print 语句中传递一个包含两个字符串值的元组，输出如下：

```
>>> print('Hello', 'world') # 在 Python 2 中运行
('Hello', 'world')
```

语句和由函数调用组成的表达式之间的差异虽然微妙，但切实存在。

7.2.2　块、子句和主体

术语**块**、**子句**、**主体**经常混用，用来指代一组 Python 指令。块以缩进开始，当缩进回退时结束，比如在 if 语句或 for 语句后的代码被称为该语句的块。以冒号结尾的语句后会跟着一个新块，比如 if、else、for、while、def、class 等。

Python 也支持单行块，虽然是有效的，但并不推荐。语法如下：

```
if name == 'Zophie': print('Hello, kitty!')
```

通过使用分号，以下这条 if 语句的块中还可以有多条指令：

```
if name == 'Zophie': print('Hello, kitty!'); print('Do you want a treat?')
```

但在单行块中不能出现其他需要新块的语句。以下是无效的 Python 代码：

```
if name == 'Zophie': if age < 2: print('Hello, kitten!')
```

这之所以是无效的，是因为下一行的 else 语句无法准确地对应到 if 语句。Python 官方文档更倾向使用术语“子句”而非“块”，下面的代码就是一个子句：

```
if name == 'Zophie':
    print('Hello, kitty!')
    print('Do you want a treat?')
```

if 语句是子句的头，if 语句内的两个 print()调用是子句的内容，也被称为“主体”。Python 官方文档使用“块”来指以单元形式执行的一段代码，比如一个模块、一个函数，或者一个类的定义。

7.2.3 变量和特性

变量是指向对象的一个名字。援引官方文档，特性则是指“.（点）后面的任何名字”。特性是跟对象（点之前的名字）相关联的。例如，在交互式 shell 中输入以下内容：

```
>>> import datetime
>>> spam = datetime.datetime.now()
>>> spam.year
2018
>>> spam.month
1
```

在这个代码示例中，spam 是一个值为 datetime 对象（datetime.datetime.now()的返回值）的变量，year 和 month 都是这个对象的特性。再举个例子，sys.exit()中的 exit()函数也被视为是 sys 模块对象的一个特性。

在其他语言中，特性也被叫作字段、属性或成员变量。

7.2.4 函数和方法

函数是在调用时被执行的代码的集合。方法是与类相关联的函数（或者叫作一个可调用的函数，第 8 章将对此说明），就像特性是与对象相关联的变量。函数包括内置函数和模块内的函数。在交互式 shell 中输入以下内容：

```
>>> len('Hello')
5
>>> 'Hello'.upper()
'HELLO'
>>> import math
>>> math.sqrt(25)
5.0
```

在这个示例中，len()是一个函数，而 upper()是一个字符串方法。方法也被视为它们所绑定的对象的一个特性。注意，出现句点并不意味着使用的就一定是方法而非函数。sqrt()函数处于 math

模块中，而 math 并不是一个类，所以 sqrt()自然也不是类的方法。

7.2.5 可迭代对象和迭代器

Python 的 for 循环是个多面手。语句 for i in range(3):会将块内的代码执行 3 次。range(3)调用不仅仅是 Python 告诉 for 循环“重复执行代码 3 次”。调用 range(3)会返回一个范围对象，就像调用 list('cat')会返回一个列表对象一样，两者都是**可迭代对象**。

for 循环会使用可迭代对象。在交互式 shell 中输入以下内容，查看 for 循环如何对范围对象和列表对象进行迭代：

```
>>> for i in range(3):
...   print(i) # for 循环的内容
...
0
1
2
>>> for i in ['c', 'a', 't']:
...   print(i) # for 循环的内容
...
c
a
t
```

所有的序列类型都是迭代器，比如范围、列表、元组、字符串对象。一些容器对象也是迭代器，比如字典、集合和文件对象。

for 循环的背后实际上有很多技术细节。在幕后，for 循环会调用 Python 内置的 iter()函数和 next()函数。当 for 循环运行时，可迭代对象被传递给内置的 iter()函数，作为迭代器对象被返回。迭代器对象会一直跟踪循环中使用的可迭代对象的下一项。在循环的每一次迭代中，将迭代器对象传递给内置的 next()就可以返回迭代器中的下一项。我们可以手动调用 iter()函数和 next()函数直观地查看 for 循环的工作原理。在交互式 shell 中输入以下内容，执行与上个循环示例相同的指令：

```
>>> iterableObj = range(3)
>>> iterableObj
range(0, 3)
>>> iteratorObj = iter(iterableObj)
>>> i = next(iteratorObj)
>>> print(i) # 循环的内容
0
>>> i = next(iteratorObj)
>>> print(i) # 循环的内容
1
>>> i = next(iteratorObj)
```

```
>>> print(i) # 循环的内容
2
>>> i = next(iteratorObj)
Traceback (most recent call last):
  File "<stdin>", line 1, in <module>
❶ StopIteration
```

注意，当迭代器返回了最后一项后还继续调用 next()，Python 会抛出 StopIteration 异常❶。不过程序并不会崩溃并显示错误信息。它是 Python 内置用来使 for 循环判断何时停止循环的条件。

一个迭代器只能在一个可迭代项上迭代一次。类似于只能用 open()和 readlines()读取一次文件的内容，如果想再次读取，需要重新打开文件。如果想再次遍历可迭代对象，必须再次调用 iter()，以创建一个新的迭代器。只要你愿意，可以创建多个迭代器对象，每个迭代器对象会独立地追踪下一个返回的项。在交互式 shell 中输入以下内容，观察运行情况：

```
>>> iterableObj = list('cat')
>>> iterableObj
['c', 'a', 't']
>>> iteratorObj1 = iter(iterableObj)
>>> iteratorObj2 = iter(iterableObj)
>>> next(iteratorObj1)
'c'
>>> next(iteratorObj1)
'a'
>>> next(iteratorObj2)
'c'
```

要点在于可迭代对象作为参数传递给 iter()函数，并返回一个迭代器对象。迭代器对象作为参数传递给 next()函数。当你使用 class 语句创建自定义的数据类型时，只要实现__iter__和__next__这两个特殊方法，就能使用 for 循环遍历对象。

7.2.6 语法错误、运行时错误和语义错误

错误的分类方式数不胜数。但大体上看，所有的编程错误都可以被分为 3 类：语法错误、运行时错误和语义错误。

语法是某种编程语言中有效指令的规则集。缺少小括号、用句点错误地代替了逗号或者拼写错误都是**语法错误**，程序会在运行时即刻抛出 SyntaxError。

语法错误也被称为**解析错误**，当 Python 指令不能将源代码的文本解析成有效的指令时，就会发生语法错误。拿人类语言打比方的话，语法错误相当于语法不正确或者将一连串没有意义的词组拼凑成句子，比如“未受污染的奶酪肯定它是”。[①]

① 正确的语句是“它肯定是未受污染的奶酪”。——译者注

计算机不能读懂程序员的内心想法，它需要具体的指令，而存在语法错误时，计算机无法明确要做什么，所以程序根本不会运行。

运行时错误是指运行中的程序不能执行某些任务，比如试图打开一个不存在的文件或者将一个数字除以 0。拿人类语言打比方的话，运行时错误相当于给出一个不可能的指令，像是“画一个有三条边的正方形”。运行时错误如果没有被处理，程序就会崩溃并显示回溯信息。可以使用 `try-except` 语句捕获运行时错误并进行错误处理。在交互式 shell 中输入以下内容：

```
>>> slices = 8
>>> eaters = 0
>>> print('Each person eats', slices / eaters, 'slices.')
```

这段代码在运行时会展示以下回溯信息：

```
Traceback (most recent call last):
  File "<pyshell#4>", line 1, in <module>
    print('Each person eats', slices / eaters, 'slices.')
ZeroDivisionError: division by zero
```

要知道回溯信息中提到的行号只是 Python 解释器检查到错误的地方，造成错误的真正原因可能是在前一行代码，甚至是更靠前的地方。明白这一点非常重要。

一般而言，源代码中的语法错误会在程序运行前被解释器捕获，但语法错误也有可能在运行时发生。`eval()`函数可以接受一串 Python 代码并运行，这就可能导致运行时产生 `SyntaxError`。例如，`eval('print("Hello, world)')`缺少了标记字符串结束的双引号，而程序在调用 `eval()`之前不会察觉到错误。

语义错误（也称为**逻辑错误**）是一种更为微妙的错误。语义错误并不会显示错误信息或者导致崩溃，但计算机执行指令的方式会跟程序员预想的不同。拿人类语言打比方的话，语义错误相当于告诉计算机：“从商店买一盒牛奶，如果有鸡蛋，买一打。”结果是计算机会买 13 盒牛奶。（计算机理解的是，先买一盒牛奶，因为商店有鸡蛋，所以又买一打牛奶，一共 13 盒。）计算机无法判断对错，只会原原本本地按照你的指示去做。在交互式 shell 中输入以下内容：

```
>>> print('The sum of 4 and 2 is', '4' + '2')
```

你会得到以下输出：

```
The sum of 4 and 2 is 42
```

显然 42 是个错误答案。但请注意，程序并没有崩溃。Python 的+运算符既可以计算整数之和，也可以用来连接字符串。错误地使用字符串`'4'`和`'2'`而非整数类型的 `4` 和 `2` 导致了这一错误。

7.2.7 形参和实参

形参是 def 语句中括号内的变量名称。**实参**是函数调用中实际传递的值，会被赋给形参。在交互式 shell 中输入以下内容：

```
❶ >>> def greeting(name, species):
   ...     print(name + ' is a ' + description)
   ...
❷ >> greeting('Zophie', 'cat')
   Zophie is a cat
```

在 def 语句中，name 和 species 都是形参❶。在函数调用语句中，'Zophie'和'cat'是实参❷。这两个术语经常被混用，统称为**参数**。在这个示例中，形参对应的就是变量，实参对应的就是值。

7.2.8 显式类型转换和隐式类型转换

你可以将一个类型的对象转换为另一个类型。比如，int('42')会把字符串'42'转换成整数 42。实际上，并非是字符串对象'42'本身被转换了，而是 int()函数基于原对象创建了一个新的整数对象。虽然程序员都将这个过程称为对象转换，但实际上这种转换的原理是基于一个模子创建新的对象。

Python 经常隐含地进行类型转换，比如在计算表达式 2 + 3.0 = 5.0 时，数值 2 和 3.0 被强制转换成了+运算符可以处理的相同数据类型。这种转换被称为**隐式转换**。

隐式转换有时可能导致意想不到的结果。Python 中的布尔值 True 和 False 可以分别被强制转换成整数值 1 和 0。这意味着表达式 True + False + True 等效于 1 + 0 + 1，结果为 2，不过实际的代码一般不会这样写。在学到这个知识点后，你可能会有一个有趣的想法：把布尔列表传递给 sum()可以计算出列表中真值的数量。不过，调用列表的 count()方法速度会更快。

7.2.9 属性和特性

在许多语言中，术语**属性**和**特性**是同义词，但在 Python 中是有区别的。7.2.3 节将“特性”解释为与对象绑定的一个名字。特性包括对象的成员变量和方法。

有些语言（如 Java）的类有 getter 方法和 setter 方法，程序不能直接对某个属性赋值（为了避免被赋予无效值），而是需要调用 setter 方法设置属性。setter 方法可以确保成员变量不会被分配到无效值。getter 方法读取特性的值。如果一个特性的名称为 accountBalance，那么它的 setter 方法和 getter 方法通常被分别命名为 setAcccountBalance()和 getAccountBalance()。

Python中的属性允许程序员通过更简洁的语法使用getter和setter。第17章将对Python的属性进行详细的探讨。

7.2.10 字节码和机器码

源代码被编译成一种叫作**机器码**的指令形式，由CPU直接执行。机器码由CPU**指令集**（机器内置的指令集合）的指令组成。由机器码组成的编译程序被称为**二进制程序**。像C这样经典的语言有可以将C源代码编译成几乎所有CPU都可以使用的二进制文件的编译器软件。如果像Python这样的语言也想在同样的CPU上运行，就必须为每一个CPU编写一个Python编译器，而这工作量太大了。

除了创建直接由CPU硬件执行的机器码，还有另外一种将源代码转化为机器可使用的代码的方法，那就是创建**字节码**，也叫作**可移植代码**。字节码由解释器程序执行，而非直接由CPU执行。Python的字节码是由一个指令集中的指令组成的，但它并非是真的CPU的指令集。Python的字节码与.py文件存放在同一个文件夹中，文件扩展名为.pyc。CPython解释器是用C语言编写的，它可以将Python源代码编译成Python字节码，然后执行这些指令。（Java虚拟机也是这样，它执行的是Java字节码。）因为它是用C语言编写的，所以可以为C语言已经适配的任何CPU编译。

可以看看Scott Sanderson和Joe Jevnik在PyCon 2016上发表的演讲“Playing with Python Bytecode”（和Python字节码的游戏），这是学习这一知识点的优秀资源。

7.2.11 脚本和程序，以及脚本语言和编程语言

脚本和程序，以及脚本语言和编程语言的区别一向是模糊的，具有随意性。应该说，所有的脚本都是程序，所有的脚本语言都是编程语言。但是脚本语言一般被视为更容易的或者“不太够资格”的编程语言。区分脚本和程序的一个方法是根据代码的执行方式。脚本语言编写的脚本是直接从源代码解释运行的，而编程语言编写的程序则要被编译成二进制文件再执行。尽管Python程序运行时会有编译字节码的步骤，但它通常被认为是一种脚本语言。而Java跟Python一样生成字节码而非机器码二进制文件，但它一般不被视为脚本语言。从技术角度来讲，语言本身并不存在编译型或者解释型的区别，而是有编译器或者解释器的实现。实际上，任何语言都可以有解释器或者编译器。

这种差异可以拿来争论，但并无太大意义。脚本语言不一定不够强大，编程语言也不一定就更难运用。

7.2.12 库、框架、SDK、引擎、API

使用别人的代码可以节省大量时间。你可能经常会找打包好的库、框架、SDK、引擎或 API 来使用。它们的区别很微妙但很重要。

库是一个通用术语，用来指第三方制作的代码集合。库可以包含供开发人员使用的函数、类或者其他代码片段。Python 库可能包含一个或一组包，甚至只是一个模块。库通常是限于特定语言的。开发人员不需要知道库的代码如何工作，只需要知道如何调用或者接入库中的代码。标准库（比如 Python 标准库）是指适用于该语言的所有实现的代码库。

框架是代码的集合，通过**控制反转**的方式运行。框架会根据需要调用开发人员创建的函数，而不是开发人员调用框架中的函数。控制反转的一种通俗描述是："不要给我们打电话，我们会给你打电话。" 举例来说，使用 Web 应用框架编写代码时需要为网页创建函数，以便 Web 请求进入时框架会调用这些函数。

软件开发套件（software development kit，SDK）包括代码库、文档和软件工具，它们用来协助为特定的操作系统或平台创建应用程序。比如 Android SDK 和 iOS SDK 分别用于为 Android 和 iOS 创建移动应用程序，Java 开发工具包（JDK）是 Java 虚拟机创建应用程序的 SDK。

引擎是一个大型、独立的系统，开发人员的软件可以对其进行外部控制。开发人员通常调用引擎中的函数执行大型的复杂任务。引擎包括游戏引擎、物理引擎、推荐引擎、数据库引擎、国际象棋引擎和搜索引擎等。

应用程序接口（application programming interface，API）是库、SDK、框架或引擎的对外接口。API 规定了如何调用函数或向库提出访问资源的请求。库的作者会提供（希望如此）API 文档。许多流行的社交类或其他类型的网站提供了 HTTP API，允许程序访问它们的服务，而不是由人使用浏览器访问。使用这些 API，你可以编写出能够自动发布 Facebook 信息或者阅读 Twitter 的最新消息的程序。

7.3 小结

即使是拥有多年编程经验的程序员，也可能仍不熟悉本章中的编程术语。因为大多数的大型软件程序是由软件开发团队创建的，而非单枪匹马开发的，所以和他人合作时，清楚有效的沟通至关重要。

本章解释了 Python 程序是由标识符、变量、字面量、关键字和对象组成的，每个 Python 对象都有自己的值、数据类型和身份。对象的类型细分起来有很多，但可以被笼统地分为几大类，比如容器、序列、映射、集合、内置对象和自定义对象。

有些术语（比如值、变量和函数）在不同语境下有不同的名称，比如项、形参、实参、方法。

有些术语容易混淆。在日常编程中，混用一些术语其实并无大碍，比如特性和属性、块和主体，以及异常和错误。弄不清库、框架、SDK、引擎、API之间的差异也不是什么大事。有些混淆虽然不会让代码出错，但容易让人觉得你不够专业，比如语句和表达式、函数和方法、形参和实参，这些都是初学者经常混淆的术语。

而有些术语，比如可迭代对象和迭代器、语法错误和语义错误、字节码和机器码，它们的含义存在明显的差异，混用它们真的会让你的同事一头雾水。

你会发现在不同语言中术语的含义不同，甚至每个程序员对术语的理解都不一样。随着时间的推移，你会逐渐地积累经验，并通过频繁地在网上搜索信息，你会对这些行话越来越熟悉。

第8章

常见的 Python 陷阱

尽管 Python 是我最喜欢的编程语言，但它并不是没有瑕疵。每一种语言都有缺陷（有些语言相对而言会更多），Python 也不例外。Python 初学者必须学会避免一些常见的“陷阱”。通常，程序员会在编程过程中随机地了解到这些知识，但本章为你归纳总结了这些知识。了解这些“陷阱”背后的编程知识可以帮助你理解 Python 有时会出现的“奇怪”行为。

本章解释了在修改可变对象（比如列表和字典）时为什么会出现意外；sort()方法为什么不按确定的字母顺序对元素排序；浮点数为什么会产生舍入误差；在链式使用不等运算符!=时的意外行为，以及当元组只包含一项时，必须在末尾添加一个逗号的做法。你将从本章了解如何避免这些常见问题。

8.1 循环列表的同时不要增删其中的元素

使用 for 或 while 在列表上进行循环（也就是迭代）的同时增删其中的元素很可能会导致错误。想想这种情况：你要迭代一个包含各种描述衣服的字符串的列表，希望每次发现'sock'时插入另一个'sock'，从而保证列表中的'sock'数是偶数。这个任务看起来很简单：遍历列表中的字符串，当发现某个字符串包含'sock'时（比如'red sock'），在列表后添加另外一个'red sock'字符串。

但以下这段代码并不奏效。它陷入了死循环，必须使用 CTRL-C 才能中断：

```
>>> clothes = ['skirt', 'red sock']
>>> for clothing in clothes: # 迭代列表
...     if 'sock' in clothing: # 寻找含有'sock'的字符串
...         clothes.append(clothing) # 添加'sock'
```

```
...         print('Added a sock:', clothing) # 告知用户
...
Added a sock: red sock
Added a sock: red sock
Added a sock: red sock
--snip--
Added a sock: red sock
Traceback (most recent call last):
  File "<stdin>", line 3, in <module>
KeyboardInterrupt
```

上述代码的执行演示过程见 https://autbor.com/addingloop/。

问题在于，当你把'red sock'追加到 clothes 列表中时，列表多出了第 3 项，需要被迭代的列表变成了['skirt', 'red sock', 'red sock']。在下一次迭代中，for 循环遍历到了第 2 个'red sock'，同样的故事继续重演，它又追加了一个'red sock'字符串，列表变为['skirt', 'red sock', 'red sock', 'red sock']。这样一来，Python 又需要多遍历一个字符串，如图 8-1 所示。这就是为什么我们看到控制台总是输出"Added a sock: red sock"。这种循环只有在计算机内存耗尽以至于程序崩溃或者按 CTRL-C 中断时才会停止。

```
clothing
   ↓
['skirt', 'red sock']

            clothing
               ↓
['skirt', 'red sock']

            clothing
               ↓
['skirt', 'red sock', 'red sock']

                        clothing
                           ↓
['skirt', 'red sock', 'red sock']

                        clothing
                           ↓
['skirt', 'red sock', 'red sock', 'red sock']

                                    clothing
                                       ↓
['skirt', 'red sock', 'red sock', 'red sock']

                                    clothing
                                       ↓
['skirt', 'red sock', 'red sock', 'red sock', 'red sock']
     ⋮
```

图 8-1　在 for 循环的每一次迭代中，都有一个新的'red sock'被追加到列表中，作为下一次迭代的指向，形成死循环

要点是不要在迭代列表的时候将元素添加进列表。应该使用一个单独的列表作为修改后的列表，比如这个例子中的 newClothes：

```
>>> clothes = ['skirt', 'red sock', 'blue sock']
>>> newClothes = []
>>> for clothing in clothes:
...     if 'sock' in clothing:
...         print('Appending:', clothing)
...         newClothes.append(clothing) # 我们修改 newClothes 列表，而非 clothes 列表
...
Appending: red sock
Appending: blue sock
>>> print(newClothes)
['red sock', 'blue sock']
>>> clothes.extend(newClothes) # 将 newClothes 中的项添加到 clothes 中
>>> print(clothes)
['skirt', 'red sock', 'blue sock', 'red sock', 'blue sock']
```

上述代码的执行演示过程见 https://autbor.com/addingloopfixed/。

for 循环遍历了 clothes 列表中的元素，但没有在循环过程中修改 clothes，而是修改了另一个列表 newClothes。之后再按照 newClothes 的内容修改 clothes，这样就得到一个带有成对'sock'的 clothes 列表了。

同样，也不应该在迭代一个列表的时候删除元素。思考这样的代码：从列表中删除任何不是'hello'的字符串。一种幼稚的做法是迭代列表，删除其中不是'hello'的元素：

```
>>> greetings = ['hello', 'hello', 'mello', 'yello', 'hello']
>>> for i, word in enumerate(greetings):
...     if word != 'hello': # 删除其中不为'hello'的项
...         del greetings[i]
...
>>> print(greetings)
['hello', 'hello', 'yello', 'hello']
```

上述代码的执行演示过程见 https://autbor.com/deletingloop/。

看起来'yello'并没有从列表中删除。原因在于，当 for 循环检查到索引 2 时，从列表中删除了'mello'，这使得列表中所有剩余项的索引都减 1。'yello'的索引从 3 变成了 2。循环的下一次迭代会检查索引 3，实际上是最后一项，即'hello'。如图 8-2 所示，字符串'yello'绕过了检查。所以，迭代列表时请不要从列表中删除元素。

图 8-2　当循环删除'mello'时，列表中的元素索引减 1，导致索引 i 跳过了'yello'

正确的做法是复制不想删除的项到一个新的列表，再用它替换原来的列表。在交互式 shell 中输入以下代码，可以得到前一个例子的正确版本：

```
>>> greetings = ['hello', 'hello', 'mello', 'yello', 'hello']
>>> newGreetings = []
>>> for word in greetings:
...     if word == 'hello': # 复制是'hello'的每一项
...         newGreetings.append(word)
...
>>> greetings = newGreetings # 替换原来的列表
>>> print(greetings)
['hello', 'hello', 'hello']
```

上述代码的执行演示过程见 https://autbor.com/deletingloopfixed/。

这段代码只是一个用来创建列表的简单循环，通过列表推导式也可以做到。列表推导式在运行速度和内存使用上并不占优势，但可以在不损失可读性的前提下尽可能缩短打字时间。在交互式 shell 中输入上一个示例的等效代码：

```
>>> greetings = ['hello', 'hello', 'mello', 'yello', 'hello']
>>> greetings = [word for word in greetings if word == 'hello']
>>> print(greetings)
['hello', 'hello', 'hello']
```

列表推导式不仅更简洁，还避免了在迭代时修改列表所引发的“陷阱”。

引用、内存使用和 sys.getsizeof()

创建一个新列表看起来比修改原有列表更消耗内存。但是，正如变量包含的只是值的引用而非实际值，列表包含的也是值的引用。在前面的代码中，newGreetings.append(word)并没有复制 word 变量中的字符串，而只是复制了对该字符串的引用。相比之下，这个引用比实际的字符串小很多。

使用 sys.getsizeof()函数可以证实这一点。该函数的返回值是参数对象在内存中占用的字节数。在这个交互式 shell 示例中，可以看到短字符串'cat'占用了 52 字节，而长字符串占用了 85 字节：

```
>>> import sys
>>> sys.getsizeof('cat')
52
>>> sys.getsizeof('a much longer string than just "cat"')
85
```

在我使用的 Python 版本中，字符串对象固有的开销占 49 字节，而字符串中每个实际字符再占用 1 字节。但包含了任意字符串的列表只占用 72 字节，无论字符串有多长。

```
>>> sys.getsizeof(['cat'])
72
>>> sys.getsizeof(['a much longer string than just "cat"'])
72
```

原因在于，从技术原理上讲，列表并不包含字符串，而只包含对字符串的引用。无论引用的数据有多大，引用本身的大小是一样的。像 newGreetings.append(word)这样的代码并不是在复制 word 中的字符串，而是复制对字符串的引用。Python 核心开发者 Raymond Hettinger 编写了一个函数，可以用来了解一个对象及其引用的全部对象占用的内存。

所以你不必觉得与迭代列表时对其进行修改相比，创建新列表会浪费内存。即使在修改迭代列表时不出错，它也可能隐藏着某些不易察觉的 bug，需要很长时间才能排查和修复。程序员的时间要比计算机的内存值钱得多。

虽然在迭代列表（或者任何可迭代对象）时不应该从中增删元素，但修改列表的某项内容是被允许的。比如有一个字符串形式的数字列表['1', '2', '3', '4', '5']，我们可以在迭代列表的同时将其转换成整数列表：

```
>>> numbers = ['1', '2', '3', '4', '5']
>>> for i, number in enumerate(numbers):
...     numbers[i] = int(number)
...
>>> numbers
[1, 2, 3, 4, 5]
```

上述代码的执行演示过程见 https://autbor.com/convertstringnumbers。

修改列表中的元素是可以的，改变列表中的元素个数才容易导致问题。

另外一种安全地增删列表中元素的可行方案是从列表尾部开始从后向前迭代。这样，你就可以在迭代过程中从列表删除项，或者添加新项（不过必须添加在末尾）。例如，输入以下这段代码可以从 someInts 列表中删除偶数：

```
>>> someInts = [1, 7, 4, 5]
>>> for i in range(len(someInts)):
...
...     if someInts[i] % 2 == 0:
...         del someInts[i]
...
Traceback (most recent call last):
  File "<stdin>", line 2, in <module>
IndexError: list index out of range
>>> someInts = [1, 7, 4, 5]
>>> for i in range(len(someInts) - 1, -1, -1):
...     if someInts[i] % 2 == 0:
...         del someInts[i]
...
>>> someInts
[1, 7, 5]
```

这段代码之所以有效，是因为循环要继续遍历的项的索引没有发生变化。但是，由于要在被删除的值后重复移动值的位置，因此这个方法对于长列表而言效率较低。上述代码的执行演示过程见 https://autbor.com/iteratebackwards1。图 8-3 说明了向前迭代和向后迭代的区别。

向前迭代
i
↓
[1, 7, 4, 5]
i从索引0一直递增到索引3
i
↓
[1, 7, 4, 5]
i指向spam[2]
i
↓
[1, 7, 5]
spam[2]被删除，其他值向前移动
i
↓
[1, 7, 5]
i增加为索引3，超出了数组的界限
向后迭代
i
↓
[1, 7, 4, 5]
i从索引3一直递减到索引0
i
↓
[1, 7, 4, 5]
i指向spam[2]
i
↓
[1, 7, 5]
spam[2]被删除，其他值向前移动
i
↓
[1, 7, 5]
i减为索引0，到此结束

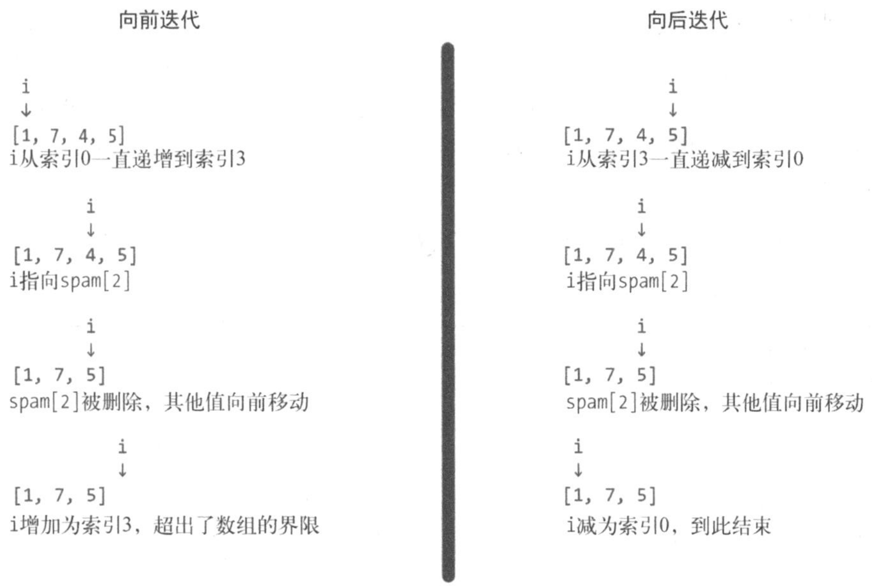

图 8-3 在向前（左）迭代和向后（右）迭代时分别从列表中删除偶数

同样，可以在列表进行反向迭代时将新项添加到末尾。在交互式 shell 中输入以下内容，将 someInts 列表中的偶数复制一份并添加到列表的末尾：

```
>>> someInts = [1, 7, 4, 5]
>>> for i in range(len(someInts) - 1, -1, -1):
...     if someInts[i] % 2 == 0:
...         someInts.append(someInts[i])
...
>>> someInts
[1, 7, 4, 5, 4]
```

上述代码的执行演示过程见 https://autbor.com/iteratebackwards2。

通过使用反向迭代，我们可以在迭代时在列表中追加或者删除元素。但要正确地做到这一点并不容易，对这种基本方法的细微变更可能会导致错误。创建新的列表要比修改原始列表简单得多。正如 Python 核心开发者 Raymond Hettinger 所说：

问：“在循环列表时修改列表的最佳实践是什么？”
答：“是别改。”

8.2 复制可变值时务必使用 copy.copy()和 copy.deepcopy()

最好把变量看作指向对象的标签或者代号，而不是包含对象的盒子。这种模型在涉及修改可变对象时特别有用，比如列表、字典和集合等对象的值是可以改变的。一个常见的错误是复制指向某个对象的变量到另一个变量时，误以为是在复制实际的对象。在 Python 中，赋值语句从来都不会复制对象，而只会复制对象的引用。关于这个问题，Python 开发者 Ned Batchelder 在 PyCon 2015 上发表了一场精彩的演讲，题为“Facts and Myths about Python Names and Values”（关于 Python 名称和值的事实与谬误）。

来看一个示例。在交互式 shell 中输入以下代码，需要注意的是，尽管我们只改变了 spam 变量，但 cheese 变量也发生了变化：

```
>>> spam = ['cat', 'dog', 'eel']
>>> cheese = spam
>>> spam
['cat', 'dog', 'eel']
>>> cheese
['cat', 'dog', 'eel']
>>> spam[2] = 'MOOSE'
>>> spam
['cat', 'dog', 'MOOSE']
>>> cheese
['cat', 'dog', 'MOOSE']
>>> id(cheese), id(spam)
2356896337288, 2356896337288
```

上述代码的执行演示过程见 https://autbor.com/listcopygotcha1。

如果误认为 cheese = spam 复制了 list 对象，那么你可能会惊讶于尽管只修改了 spam，但 cheese 也发生了变化。赋值语句从来不复制对象，而只复制对象的引用。赋值语句 cheese = spam 使 cheese 在计算机内存中引用了与 spam 相同的列表对象，而非复制了列表对象。这就是改变了 spam，cheese 也随之改变的原因：两个变量指向了同一个列表对象。

同样的原则也适用于作为函数调用参数的可变对象。在交互式 shell 中输入以下内容，注意全局变量 spam 和局部变量，参数（参数是在函数的 def 语句中定义的变量）theList 指向同一个对象：

```
>>> def printIdOfParam(theList):
...     print(id(theList))
...
>>> eggs = ['cat', 'dog', 'eel']
>>> print(id(eggs))
2356893256136
>>> printIdOfParam(eggs)
2356893256136
```

上述代码的执行演示过程见 https://autbor.com/listcopygotcha2。

注意 id(eggs)和 id(theList)返回的身份是一样的，意味着这两个变量指向同一个列表对象。

eggs 变量对应的列表对象并没有被复制到 theList 中，而是复制了对象的引用。一个引用只有几字节大小。假设 Python 复制了列表而非引用，会如何呢？如果 eggs 不止 3 项，而有 10 亿项，那么把它传递给 printIdOfParam()时需要复制这个巨大的列表。仅仅是一个简单的函数调用，就将消耗几千兆字节的内存。这就是 Python 赋值只复制引用而不复制对象的原因。

如果你真的想复制这个列表对象（而不仅仅是引用），那么一个可行的方案是使用 copy.copy()函数复制对象。在交互式 shell 中输入以下内容：

```
>>> import copy
>>> bacon = [2, 4, 8, 16]
>>> ham = copy.copy(bacon)
>>> id(bacon), id(ham)
(2356896337352, 2356896337480)
>>> bacon[0] = 'CHANGED'
>>> bacon
['CHANGED', 4, 8, 16]
>>> ham
[2, 4, 8, 16]
>>> id(bacon), id(ham)
(2356896337352, 2356896337480)
```

上述代码的执行演示过程见 https://autbor.com/copycopy1。

ham 变量指向了复制的列表对象，而非 bacon 所指向的原始列表对象，所以不会因为复制引用而导致错误。

但正如之前的比喻所解释的，变量像是标签而非包含对象的盒子，列表包含的也是指向对象的标签而非实际的对象。如果列表中嵌套了其他列表，那么 copy.copy()只会复制被嵌套列表项的引用。在交互式 shell 中输入以下内容：

```
>>> import copy
>>> bacon = [[1, 2], [3, 4]]
>>> ham = copy.copy(bacon)
>>> id(bacon), id(ham)
(2356896466248, 2356896375368)
>>> bacon.append('APPENDED')
>>> bacon
[[1, 2], [3, 4], 'APPENDED']
>>> ham
[[1, 2], [3, 4]]
>>> bacon[0][0] = 'CHANGED'
>>> bacon
[['CHANGED', 2], [3, 4], 'APPENDED']
>>> ham
[['CHANGED', 2], [3, 4]]
>>> id(bacon[0]), id(ham[0])
(2356896337480, 2356896337480)
```

上述代码的执行演示过程见 https://autbor.com/copycopy2。

虽然 bacon 和 ham 是不同的列表对象，但它们都包含了两个同样的内部列表[1, 2]和[3, 4]。使用 copy.copy()并不能处理这种情况①，正确的方法是使用 copy.deepcopy()，它将复制列表对象内部的子列表对象（假如子列表还有子列表，也会层层递归）。在交互式 shell 中输入以下内容：

```
>>> import copy
>>> bacon = [[1, 2], [3, 4]]
>>> ham = copy.deepcopy(bacon)
>>> id(bacon[0]), id(ham[0])
(2356896337352, 2356896466184)
>>> bacon[0][0] = 'CHANGED'
>>> bacon
[['CHANGED', 2], [3, 4]]
>>> ham
[[1, 2], [3, 4]]
```

上述代码的执行演示过程见 https://autbor.com/copydeepcopy。

尽管 copy.deepcopy()比 copy.copy()速度稍慢一些，但如果不确定被复制的列表中是否包含子列表（或其他可变对象，比如字典或集合），那么使用它会更安全。我建议总是使用 copy.deepcopy()，因为它可以避免一些难以察觉的错误，且代码的速度没有那么重要。

8.3　不要用可变值作为默认参数

Python 允许为函数设置默认参数。当用户没有明确设定参数时，函数将使用默认参数执行。当函数的大多数调用使用相同的参数时，默认参数很有用，因为用户在某些情况下可以不必填写参数。比如在 split()方法中传递 None 会使它在遇到空白字符时进行分割。None 也是 split()函数的默认参数：调用'cat dog'.split()等效于调用'cat dog'.split(None)。如果调用者不传入参数，函数就会使用对应的默认参数。

但永远不要把一个可变对象（比如列表或者字典）设置为默认参数，因为它很容易导致错误。下面的例子进行了说明。这段代码定义了一个 addIngredient()函数，它的作用是为一个代表三明治的列表添加某种调料字符串。因为这个列表的最前和最后一项通常是'bread'，所以它使用了可变列表['bread', 'bread']作为默认参数：

```
>>> def addIngredient(ingredient, sandwich=['bread', 'bread']):
...     sandwich.insert(1, ingredient)
...     return sandwich
...
```

① 它只能返回最外层对象的副本。——译者注

```
>>> mySandwich = addIngredient('avocado')
>>> mySandwich
['bread', 'avocado', 'bread']
```

但使用像['bread', 'bread']列表这种可变对象作为默认参数会导致一个不易察觉的问题：这个列表是在函数的 def 语句执行时被创建的①，而不是在每次函数调用时被创建的。这意味着只有一个['bread', 'bread']列表对象被创建，因为我们只定义了一次 addIngredient()函数。每次调用函数都会重复使用同一个列表，这就导致了意想不到的行为，比如下面这种情况：

```
>>> mySandwich = addIngredient('avocado')
>>> mySandwich
['bread', 'avocado', 'bread']
>>> anotherSandwich = addIngredient('lettuce')
>>> anotherSandwich
['bread', 'lettuce', 'avocado', 'bread']
```

因为 addIngredient('lettuce')使用了与之前调用相同的默认参数列表，而这个默认参数已经加入了'avocado'，所以这个函数返回的并不是预想的['bread', 'lettuce', 'bread']，而是['bread', 'lettuce', 'avocado', 'bread']。'avocado'字符串在新的调用结果中又出现了，因为 sandwich 参数的列表与上一次调用时是同一个。由于 def 语句只执行了一次，所以['bread', 'bread']列表只被创建了一次，而非每次函数调用时都会创建一个新的列表。上述代码的执行演示过程见 https://autbor.com/sandwich。

当需要列表或者字典作为默认参数时，Python 的解决方法是将默认参数设置为 None，然后通过代码检查参数是否为 None，如果是，则在函数每次调用时提供一个新的列表或者字典。这么做可以确保每次调用函数时都创建一个新的可变对象，而不是只在定义时创建一次，比如下面这个示例：

```
>>> def addIngredient(ingredient,sandwich=None):
...     if sandwich is None:
...         sandwich = ['bread','bread']
...     sandwich.insert(1,ingredient)
...     return sandwich
...
>>> firstSandwich = addIngredient('cranberries')
>>> firstSandwich
['bread', 'cranberries', 'bread']
>>> secondSandwich = addIngredient('lettuce')
>>> secondSandwich
['bread', 'lettuce', 'bread']
>>> id(firstSandwich) == id(secondSandwich)
❶ False
```

① 也就是在函数定义时被创建的。——译者注

注意，firstSandwich 和 secondSandwich 并不共享相同的列表引用❶，这是因为 sandwich = ['bread', 'bread']这行代码在每次调用 addIngredient()时都会创建一个新的列表对象，而不是仅在函数定义时创建一次。

可变数据类型包括列表、字典、集合，以及由类语句创建的对象，不要把这些类型的对象作为 def 语句中的默认参数。

8.4　不要通过字符串连接创建字符串

在 Python 中，字符串是不可变的对象。这意味着字符串值不能被改变，那些看起来像是修改字符串的代码实际上都是在创建一个新的字符串对象。比如，下面的操作改变了 spam 变量的内容，并非是通过改变字符串的值，而是用一个新的具有不同身份的字符串值替换了它：

```
>>> spam = 'Hello'
>>> id(spam), spam
(38330864, 'Hello')
>>> spam = spam + ' world!'
>>> id(spam), spam
(38329712, 'Hello world!')
>>> spam = spam.upper()
>>> id(spam), spam
(38329648, 'HELLO WORLD!')
>>> spam = 'Hi'
>>> id(spam), spam
(38395568, 'Hi')
>>> spam = f'{spam} world!'
>>> id(spam), spam
(38330864, 'Hi world!')
```

注意，每次调用 id(spam)都返回了一个不同的身份，因为 spam 中的字符串对象并不是被修改了，而是被一个全新的、拥有不同身份的字符串对象取代了。通过使用 f-string、字符串的 format()方法或者%s 格式标识符跟使用+进行字符串拼接一样，都会创建新的字符串对象。这一点通常无关紧要。Python 是一种高级程序语言，它处理了许多类似的细节，以便你专注程序开发而非技术细节。

但使用大量的字符串连接构建字符串会使你的程序变慢。循环的每一次迭代都会创建一个新的字符串对象，并丢弃旧的字符串对象。这种代码一般是 for 或 while 循环内的字符串连接，如下所示：

```
>>> finalString = ''
>>> for i in range(100000):
...     finalString += 'spam '
...
```

```
>>> finalString
spam spam spam spam spam spam spam spam spam spam spam spam --snip--
```

因为 finalString += 'spam'在循环中重复执行了 100 000 次，所以 Python 进行了 100 000 次字符串连接。CPU 需要做的工作是：连接当前 finalString 和'spam'以创建一个临时字符串，将其放在内存里，在下一个迭代中又立即丢掉它。这做了大量的无用功，因为我们只关心最终的字符串，并不关心临时字符串。

Python 风格的字符串构建方法是将较小的字符串添加到一个列表中，然后将列表连接成一个字符串。这种办法虽然还是创建了 100 000 个字符串对象，但只在调用 join()时进行了一次字符串连接。例如，下面的代码生成了相同的 finalString，但没有中间的字符串连接过程：

```
>>> finalString = []
>>> for i in range(100000):
...     finalString.append('spam ')
...
>>> finalString = ''.join(finalString)
>>> finalString
spam spam spam spam spam spam spam spam spam spam spam spam --snip--
```

我在机器上测量了两段代码的运行时间，通过 append 形成列表的方法要比字符串连接的方法快 10 倍（第 13 章介绍了如何测量程序的运行速度）。for 循环的迭代次数越多，两者的速度差异就越大。当 range(100000)改为 range(100)测量时，尽管字符串连接法还是比列表添加法慢，但差异微乎其微。不必每次都坚决避免使用字符串连接、f-string、字符串 format()方法或%s 格式标识符。只有在进行大量的字符串连接时，使用它们才会明显变慢。

Python 能够让程序员不必考虑底层细节，从而能更快地编写软件。正如前面提到的，程序员的时间比 CPU 的时间宝贵得多。但在有些情况下，了解一些细节（比如了解不可变的字符串和可变的列表之间的区别）是有必要的，它可以避免你坠入“陷阱”，比如使用连接方法来创建字符串这种并不聪明的做法。

8.5 不要指望 sort()按照字母顺序排序

理解**排序算法**——按照某种给定顺序有组织地排列数值的算法——是计算机科学教育中的一个重要基础。这不是一本计算机科学书，我们不需要深入了解这些算法，而且 Python 提供了可以直接调用的 sort()方法进行排序。但是，sort()的排序行为有一些奇怪，它会把大写的“Z”放在小写的“a”之前：

```
>>> letters = ['z', 'A', 'a', 'Z']
>>> letters.sort()
```

```
>>> letters
['A', 'Z', 'a', 'z']
```

美国信息交换标准代码（ASCII，发音为 ask-ee）是文本字符与数字代码（被称为**码位**或序号）之间的映射。sort()方法采用 ASCII-betical 排序方法（一个常见术语，意为按照序号排序）而非字母序。在 ASCII 系统中，“A”用码位 65 表示，“B”用 66 表示，以此类推，直到“Z”用 90 表示。小写字母“a”则由码位 97 表示，“b”由 98 表示，以此类推，直到“z”由 122 表示。当按 ASCII 进行排序时，大写字母“Z”（码位 90）排在小写字母“a”（码位 97）之前。

尽管在 20 世纪 90 年代之前，ASCII 在计算机领域几乎是通用的，但它只是一个美国标准：美元符号“$”有对应的码位（36），但英镑符号“£”没有。在很大程度上，ASCII 已经被 Unicode 替代，因为 Unicode 在囊括 ASCII 所有码位的基础上还包含了 10 万多个码位。

你可以通过将字符传递给 ord()函数来获取该字符的码位（或者说序号），也可以反过来，把一个序号整数传递给 chr()函数，获取对应字符的字符串。在交互式 shell 中输入以下内容：

```
>>> ord('a')
97
>>> chr(97)
'a'
```

如果希望按照字母顺序排序，请将 str.lower()方法作为参数 key 传递给 sort()方法，结果列表的顺序与先调用 lower()方法再排序所得到的顺序一致：

```
>>> letters = ['z', 'A', 'a', 'Z']
>>> letters.sort(key=str.lower)
>>> letters
['A', 'a', 'z', 'Z']
```

注意，列表中的字符串并没有被转换为小写字母，它们只是按照小写字母的顺序做了排序。Ned Batchelder 在他的演讲“Pragmatic Unicode, or, How Do I Stop the Pain?”（实用的 Unicode，我该如何逃脱 Unicode 的苦海？）中提供了关于 Unicode 和码位的更多信息。

顺便一提，Python 的 sort()方法使用的排序算法是 TimSort，它是 Python 核心开发者即“Python 之禅”的作者 Tim Peters 设计的。TimSort 是合并排序算法和插入排序算法的混合体。

8.6 不要假设浮点数是完全准确的

计算机只能存储二进制数字，也就是 1 和 0。为了表示人类熟悉的十进制数字，我们需要将 3.14 这类数字转换成二进制的 0 和 1 的序列。根据电气电子工程师学会（IEEE，发音为 eye triple-ee）发布的 IEEE 754 标准，计算机将做这样的转换。为了方便使用，这些细节对程序员是隐藏的，可以直接输入带有小数点的十进制数字，不必关心十进制数字到二进制数字的转换过程：

```
>>> 0.3
0.3
```

浮点数的 IEEE 754 表示法并不总是与十进制的数字完全等同。虽然对具体示例进行详细讲解超出了本书的范围，但还是在这里举一个经典示例——0.1 问题：

```
>>> 0.1 + 0.1 + 0.1
0.30000000000000004
>>> 0.3 == (0.1 + 0.1 + 0.1)
False
```

这个和正确结果存在细微差异的奇怪的结果是计算机表示和处理浮点数的方式存在舍入误差造成的。这不是 Python 的问题，而是 IEEE 754 标准的问题，它是一个在 CPU 浮点电路中实现的硬件标准，而非某种语言的软件标准。使用 C++或 JavaScript，甚至所有在使用 IEEE 754 标准的 CPU 上运行的语言（实际上世界上所有的 CPU 都遵循这一标准），都会得到相同的结果。

出于技术原因，IEEE 754 标准不在本书的内容范围内。除了浮点数问题，IEEE 754 标准也不能表示比 2^{53} 大的数字，比如 2^{53} 和 2^{53}+1 作为浮点数时都会被四舍五入为 `9007199254740992.0`：

```
>>> float(2**53) == float(2**53) + 1
True
```

只要使用浮点数数据类型，这些舍入错误就是无法避免的。但不要担心，除非是为银行或核反应堆编写软件，否则舍入误差很小，不会成为影响程序的重要问题。通常你可以用更小单位的整数来代替浮点数，比如用 133 美分代替 1.33 美元，或者用 200 毫秒代替 0.2 秒。这样一来，`10 + 10 + 10` 就是 30 美分或者 30 毫秒，而非 `0.1 + 0.1 + 0.1` 等于 0.300 000 000 000 000 04 美元或 0.300 000 000 000 000 04 秒。

如果需要做到准确，例如进行科学计算或者金融计算，那么可以使用 Python 内置的 `decimal` 模块。尽管十进制对象的计算速度比较慢，但好处是能够精确地替代浮点值。比如 `decimal.Decimal('0.1')`可以创建一个精确表示数字 0.1 的值，不会存在浮点数的舍入错误。

直接将浮点数 0.1 传递给 `decimal.Decimal()`会创建一个精度同样不准确的 `Decimal` 对象，得到的 `Decimal` 对象与 `Decimal('0.1')`并不相等。正确的做法是传递表示浮点数的字符串给 `decimal.Decimal()`。为了说明这一点，在交互式 shell 中输入以下内容：

```
>>> import decimal
>>> d = decimal.Decimal(0.1)
>>> d
Decimal('0.1000000000000000055511151231257827021181583404541015625')
```

```
>>> d = decimal.Decimal('0.1')
>>> d
Decimal('0.1')
>>> d + d + d
Decimal('0.3')
```

因为整数没有舍入错误，所以把它们传递给 decimal.Decimal()是安全的。在交互式 shell 中输入以下内容：

```
>>> 10 + d
Decimal('10.1')
>>> d * 3
Decimal('0.3')
>>> 1 - d
Decimal('0.9')
>>> d + 0.1
Traceback (most recent call last):
  File "<stdin>", line 1, in <module>
TypeError: unsupported operand type(s) for +: 'decimal.Decimal' and 'float'
```

但 decimal 对象并不具有无限的精度，它们只是有着公认的精度水平。思考以下操作：

```
>>> import decimal
>>> d = decimal.Decimal(1) / 3
>>> d
Decimal('0.3333333333333333333333333333')
>>> d * 3
Decimal('0.9999999999999999999999999999')
>>> (d * 3) == 1 # d 并不正好等于 1/3
False
```

表达式 decimal.Decimal(1) / 3 的结果并不正好等于 1/3。在默认情况下，它将精确到 28 位有效数字。访问 decimal.getcontext().prec 特性可以得知 decimal 模块使用了多少位有效数字。（从技术角度讲，prec 是 getcontext()返回的 Context 对象的一个特性，写在一行并不能很好地表示这一点，这么写是为了方便。）这个特性也可以被修改，修改后新创建的十进制对象都会使用新的精度。下面的交互式 shell 例子将精度从一开始的 28 位有效数字降低到 2 位：

```
>>> import decimal
>>> decimal.getcontext().prec
28
>>> decimal.getcontext().prec = 2
>>> decimal.Decimal(1) / 3
Decimal('0.33')
```

可见，decimal 模块实现了对数字运算的精确控制。关于 decimal 模块的说明文档可以在 Python 官网上查到。

8.7 不要使用链式!=运算符

链式比较运算符，如 18 < age < 35，或链式赋值运算符，比如 six = halfDozen = 6，分别是(18 < age) and (age < 35)以及 six = 6; halfDozen = 6 的简写。

但不要使用链式比较运算符!=。你也许以为下面这段代码是在检查 3 个变量是否有不同的值，因为它的结果为 True：

```
>>> a = 'cat'
>>> b = 'dog'
>>> c = 'moose'
>>> a != b != c
True
```

但实际上，它相当于(a != b) and (b != c)，这意味着即使 a 等于 c，表达式 a != b != c 的结果仍然为 True：

```
>>> a = 'cat'
>>> b = 'dog'
>>> c = 'cat'
>>> a != b != c
True
```

这个错误很难排查，代码也很误导人，所以最好彻底避免使用链式!=运算符。

8.8 不要忘记在仅有一项的元组中添加逗号

在代码中写元组字面量时要记住，务必为仅有一项的元组添加拖尾逗号。(42,)是一个包含整数 42 的元组，而(42)只是整数 42。(42)中的括号类似于表达式(20 + 1) * 2 中的括号，是一个添加了括号的表达式，它的值为整数 42。忘记逗号会造成以下问题：

```
>>> spam = ('cat', 'dog', 'moose')
>>> spam[0]
'cat'
>>> spam = ('cat')
❶ >>> spam[0]
'c'
❷ >>> spam = ('cat', )
>>> spam[0]
'cat'
```

如果没有逗号，('cat')会被当作字符串值，所以 spam[0]的结果是该字符串的第一个字符“c”❶。将拖尾逗号和括号结合起来才会被视为一个元组❷。在 Python 中，逗号比小括号更能表明这是一个元组。

8.9　小结

每一种语言都可能产生误解，编程语言也不例外。Python 有一些让粗心的人掉入“陷阱”的小问题。虽然它们并不常见，但最好还是要了解它们，这样才能快速识别问题，并避免由它们造成的错误。

尽管在列表迭代的同时可以增删元素，但这样做可能会产生问题。在列表的副本上进行迭代，并对原始列表进行修改，这样做要安全得多。在复制列表（或者其他可变对象）时要注意赋值语句只复制对象的引用，而不是实际的对象。可以使用 copy.deepcopy()得到对象的副本以及对象所引用的其他对象的副本。

不要在 def 语句中使用可变对象作为默认参数，因为它们仅在 def 语句运行时被创建一次，而非每次调用函数时都被创建一次。推荐做法是将默认参数设置为 None，然后通过代码检查参数是否为 None，如果是 None 则创建一个新的可变对象。

一个容易掉入的“陷阱”是在循环中使用+运算符将较小的字符串连接起来。如果迭代次数较少，这种语法是可行的。但是在幕后，Python 需要在每次迭代时不断地创建和销毁字符串对象。更好的做法是将小的字符串添加到列表中，然后调用 join()创建最终需要的字符串。

sort()方法按照码位排序，而非按照字母顺序排序：大写字母“Z”排在小写字母“a”之前。要解决这个问题，可以调用 sort(key=str.lower)。

浮点数的细微舍入误差是使用浮点数表示数字的一个副作用。对于大多数程序而言，这一点无关紧要。但如果精确度对程序来说非常重要，那么可以使用 decimal 模块。

不要使用链式!=运算符，因为像'cat' != 'dog' != 'cat'这样的表达式的结果是 True，这会让人困惑。

尽管本章收纳了最常见的 Python 问题，但实际上，在大多数的工程代码中，它们出现的频率并不高。在尽量减少与预期不符这一方面，Python 做得不错。第 9 章将介绍一些更罕见的“奇特”问题。如果不是主动地构造问题，几乎不可能遇到 Python 语言的这些“怪事儿”，但探究这些问题背后的原因是一件有意思的事儿。

第9章

Python 的奇特难懂之处

编程语言的规则系统很复杂，有时候代码虽然没有抛出异常，但结果相当令人意外。本章将探讨 Python 语言的一些晦涩难懂的“古怪”技巧。你不太可能在实际的工程代码中遇到这些情况，但它们是对语法的巧用（或者说是滥用，就看你如何看待了）。

通过学习本章的例子，你将对 Python 幕后的工作原理有更深入的了解。让我们一起在探索深奥问题的过程中发现乐趣吧。

9.1 为什么 256 是 256，而 257 不是 257

`==`运算符比较两个对象的值是否相等，`is` 运算符则比较它们的身份是否相同。尽管整数 `42` 和浮点数 `42.0` 的值是相等的，但它们是不同的对象，保存在计算机内存的不同位置。通过 `id()` 函数检查它们的 ID 是否相同可以确认这一点：

```
>>> a = 42
>>> b = 42.0
>>> a == b
True
>>> a is b
False
>>> id(a), id(b)
(140718571382896, 2526629638888)
```

Python 在内存中创建新的整数对象所花费的时间是很少的。CPython（指 Python 解释器，可在 Python 官网下载）做了一个小优化，在程序运行前，提前创建-5 到 256 的整数对象，它们被称为预分配的整数。CPython 自动创建这些对象是因为它们相当常见：相比于 1729，程序更可能使用整数 0 或者 2。在内存中创建一个新的整数对象时，CPython 首先会检查它是否在-5 和 256

之间。如果是，CPython 就会直接返回现有的整数对象，而不必浪费时间创建新的对象。由于不需要存储重复的小整数，这种预分配行为还可以节省内存，如图 9-1 所示。

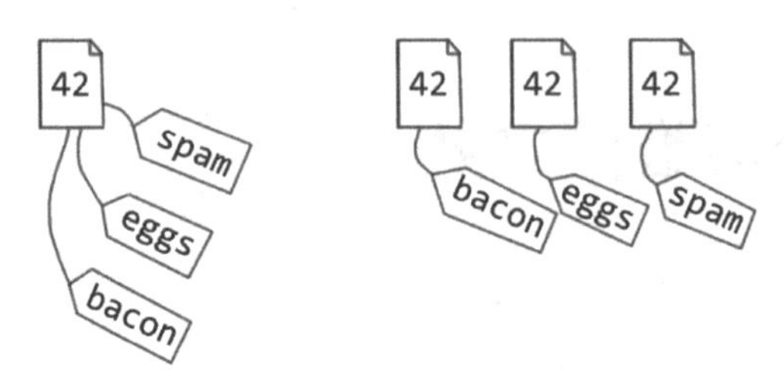

图 9-1 Python 通过使用对单个整数对象的多个引用来节省内存（左），而不是创建多个重复的整数对象，持有它们各自的引用（右）

由于存在这种优化机制，因此 Python 程序在某些特殊情况下会产生奇怪的结果。在交互式 shell 中输入以下内容，看下这个示例：

```
>>> a = 256
>>> b = 256
❶ >>> a is b
True
>>> c = 257
>>> d = 257
❷ >>> c is d
False
```

所有值为 256 的对象实际上都是同一个对象，所以 is 运算符在比较 a 和 b 时返回 True❶。但 Python 为 c 和 d 创建了不同的值为 257 的对象，所以 is 运算符返回了 False❷。

但表达式 257 is 257 的结果是 True，这是因为 CPython 对于同一条语句中相同的字面量会重用同一个整数对象：

```
>>> 257 is 257
True
```

当然，现实中的程序一般只会用到整数的值，不会在乎它的身份，根本不会使用 is 运算符比较整数、浮点数、字符串、布尔型或者其他简单数据类型的值。有个例外：当判断 None 时要使用 is None 而非== None，正如 6.4.3 节所提到的。除此之外，你几乎不会遇到这个问题。

9.2 字符串驻留

在遇到相同的字符串字面量时，Python 会重用同一个对象而非创建相同字符串的不同副本。为了实践这一点，在交互式 shell 中输入以下内容：

```
>>> spam = 'cat'
>>> eggs = 'cat'
>>> spam is eggs
True
>>> id(spam), id(eggs)
(1285806577904, 1285806577904)
```

Python 注意到分配给 eggs 和 spam 的字符串都是'cat'，所以它没有创建第 2 个多余的字符串对象，而是只给 eggs 分配了 spam 所指向的同一个字符串对象的引用，这解释了为什么两个字符串的 ID 是一样的。

这种优化被称为**字符串驻留**，与预分配整数一样，它也是 CPython 的实现细节。你不应该写那种只有依赖 CPython 才能正确执行的代码。另外，这种优化并不会捕捉到所有相同的字符串。试图找到每一个可以优化的示例往往要比优化所省下来的时间还多。例如，尝试在交互式 shell 中用'c'和'at'创建'cat'字符串，会发现 CPython 把最终形成的'cat'字符串作为一个新的字符串对象创建，而不是重用 spam 对应的字符串对象：

```
>>> bacon = 'c'
>>> bacon += 'at'
>>> spam is bacon
False
>>> id(spam), id(bacon)
(1285806577904, 1285808207384)
```

字符串驻留是很多编程语言的解释器和编译器中会用到的优化技术。

9.3 假的 Python 增量运算符和减量运算符

在 Python 中，你可以使用复合赋值运算符将一个变量的值加 1 或者减 1。spam += 1 和 spam -= 1 分别将 spam 中的数值加 1 和减 1。

C++和 JavaScript 等其他语言也有++和--运算符，用于增量和减量。（看到 C++这个名字，你就应该知道它有++操作。不过这是一个用来调侃的笑话，++实际上是说明它是 C 语言的增强版。）C++和 JavaScript 可以有类似++spam 或者 spam++的操作。Python 很明智地不支持这种写法，因为它们很容易导致不易察觉的错误。

但下面的 Python 代码是完全合法的：

```
>>> spam = --spam
>>> spam
42
```

其中需要关注的第一个细节是，Python 运算符++和--实际上并不会增加或者减少 spam 的值。实际上，前面的-被视为 Python 的一元否定运算符，它允许你编写这样的代码：

```
>>> spam = 42
>>> -spam
-42
```

允许在一个值前面有多个一元否定运算符，而两个一元否定运算符相当于求否定的否定，对于整数值而言这就相当于它本身：

```
>>> spam = 42
>>> -(-spam)
42
```

这是一个非常愚蠢的操作，实际项目中几乎不可能存在连续使用两次一元否定运算符的代码。（如果有，可能是因为程序员学习了另外一种编程语言，受其影响写出了错误的 Python 代码。）

除了-，还有一元运算符+，它将得到与原值符号相同的整数值，也就是说，没有任何作用：

```
>>> spam = 42
>>> +spam
42
>>> spam = -42
>>> +spam
-42
```

编写+42（或者++42）跟编写--42 一样看起来压根儿没什么意义，那为什么 Python 还要有这个一元运算符？它存在的目的是为自定义的类重载运算符（这里有你可能不熟悉的一些术语，你将在第 17 章中学到更多关于运算符重载的知识）。

一元运算符+和-只有放在 Python 的值前面才有效，放在后面是无效的。虽然 spam++和 spam--在 C++和 JavaScript 中都是合法的代码，但在 Python 中会产生语法错误：

```
>>> spam++
  File "<stdin>", line 1
    spam++
         ^
SyntaxError: invalid syntax
```

Python 并没有增量运算符和减量运算符，只是语法上的奇怪用法让它们看起来像是存在一样。

9.4 传递空列表给 all()

内置函数 all()接受一个序列值，比如列表。如果该序列中的所有值都是真值，则返回 True，如果其中存在假值，则返回 False。可以认为 all([False, True, True])等效于表达式 False and True and True。

你可以将 all()和列表推导式结合起来使用。首先基于列表创建一个布尔值的列表，然后使用 all()计算。比如，在交互式 shell 中输入以下内容：

```
>>> spam = [67, 39, 20, 55, 13, 45, 44]
>>> [i > 42 for i in spam]
[True, False, False, True, False, True, True]
>>> all([i > 42 for i in spam])
False
>>> eggs = [43, 44, 45, 46]
>>> all([i > 42 for i in eggs])
True
```

如果 spam 或者 eggs 中的所有数字都大于 42，那么 all()函数将返回 True。

如果传递给 all()一个空序列，那么它总会返回 True。在交互式 shell 中输入以下内容：

```
>>> all([])
True
```

最好把 all([])看作在计算“这个列表中不存在假值”，而不是“这个列表中都是真值”，否则会得到一些奇怪的结果。在交互式 shell 中输入以下内容：

```
>>> spam = []
>>> all([i > 42 for i in spam])
True
>>> all([i < 42 for i in spam])
True
>>> all([i == 42 for i in spam])
True
```

依照逻辑，这段代码的 3 个结果是不可能的：spam 中的所有值都大于 42，都小于 42，都等于 42。因为 3 个列表推导式的结果都是空列表，其中没有任何假值，所以 all()函数返回 True。

9.5 布尔值是整数值

Python 认为浮点数 42.0 等于整数值 42，同时也认为布尔值 True 和 False 分别等于 1 和 0。在 Python 中，bool 数据类型是 int 数据类型的一个子类（第 16 章将讨论类和子类）。你可以使用 int()将布尔值转换为整数：

```
>>> int(False)
0
>>> int(True)
1
>>> True == 1
True
>>> False == 0
True
```

也可以使用 isinstance()以查看布尔值是否是一种整数类型的值：

```
>>> isinstance(True, bool)
True
>>> isinstance(True, int)
True
```

值 True 属于 bool 数据类型，而 bool 是 int 的子类，所以 True 也是一个 int 值。这意味着几乎所有能使用整数的地方都能使用 True 和 False。这可能会导致一些看起来奇怪的代码：

```
>>> True + False + True + True  # 等效于 1 + 0 + 1 + 1
3
>>> -True             # 等效于-1
-1
>>> 42 * True         # 等效于 42 * 1
42
>>> 'hello' * False   # 等效于字符串复制'hello' * 0
''
>>> 'hello'[False]    # 等效于'hello'[0]
'h'
>>> 'hello'[True]     # 等效于'hello'[1]
'e'
>>> 'hello'[-True]    # 等效于'hello'[-1]
'o'
```

当然，能够把布尔值当数字用不代表你应该这样做。上面的示例是不可读的，不应该用在实际的工程代码中。直到 Python 2.3 才出现布尔数据类型，而在 Python 2.3 实现的时候，为了节省工夫，bool 是作为 int 的子类实现的。在 PEP 285 提案中可以查阅 bool 数据类型的历史。顺便提一下，True 和 False 在 Python 3 中才成为关键字，这意味着在 Python 2 中可以使用 True 和 False 作为变量名，从而产生这种看似自相矛盾的代码：

```
Python 2.7.14 (v2.7.14:84471935ed, Sep 16 2017, 20:25:58) [MSC v.1500 64 bit (AMD64)] on win32
Type "help", "copyright", "credits" or "license" for more information.
>>> True is False
False
>>> True = False
```

```
>>> True is False
True
```

好在这种令人困扰的代码不可能在 Python 3 中出现，因为试图使用关键字 True 或 False 作为变量名将引发语法错误。

9.6 链式使用多种运算符

在一个表达式中链式使用不同种类的运算符会导致意想不到的错误。比如，这个示例（确实现实中并不存在）在同一个表达式中同时使用了运算符==和 in：

```
>>> False == False in [False]
True
```

结果为 True，你没想到吧？你预期的结果应该是以下两者之一：

- 被视为(False == False) in [False]，结果为 False；
- 被视为 False == (False in [False])，结果还是 False。

然而实际上 False == False in [False]并不等效于两个表达式中的任何一个。它实际上等效于(False == False) and (False in [False])，就像 42 < spam < 99 等效于(42 < spam) and (spam < 99)一样。这个表达式的具体计算过程如图 9-2 所示：

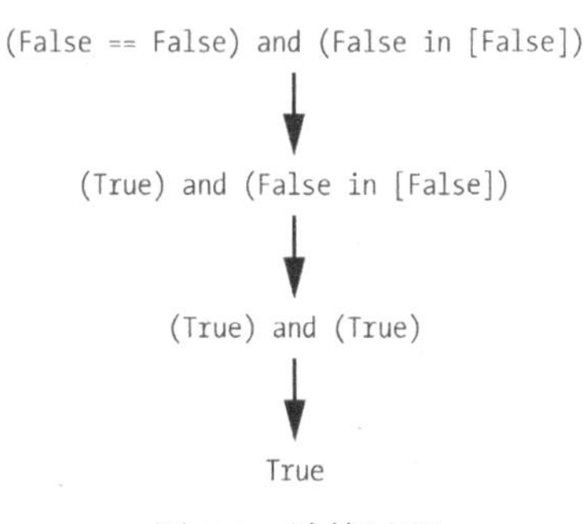
(False == False) and (False in [False])
(True) and (False in [False])
(True) and (True)
True

图 9-2 计算过程

False == False in [False]是一个有趣的 Python 谜题，但它不太可能出现在真实的代码中。

9.7 Python 的反重力特性

要启动 Python 的反重力特性，请在交互式 shell 中输入以下内容：

```
>>> import antigravity
```

这是一个有趣的复活节彩蛋，它会打开网页浏览器，让你看到有关 Python 的经典 XKCD 漫画。惊讶吧？Python 居然能打开网页浏览器。这是 Python 内置的 webbrowser 模块提供的功能。该模块包含 open()函数，可以使用当前操作系统默认的网页浏览器打开浏览器窗口，并指向特定的 URL。在交互式 shell 中输入以下内容：

```
>>> import webbrowser
>>> webbrowser.open('http://www.ituring.cn/')
```

webbrowser 模块的功能并不多，但它可以引导用户在互联网上进一步获取信息，这一点还是挺有用的。

9.8　小结

有时候，人们很容易迷信计算机，忘记计算机和编程语言都是人类设计的，有自己的局限性。大多数软件基于语言设计者和硬件工程师的创造力。他们非常努力地工作，以保障程序不会因为解释器软件或者 CPU 硬件出错而出现问题，程序如果出错只是因为程序员所编写的程序本身出错。所以，我们总是把这些软硬件的正确性视为理所当然。

而这就是了解计算机和软件方方面面的“古怪”之处的价值。当你的代码出现错误或崩溃时（或者只是行为不符合预期，让你觉得匪夷所思），如果你了解这些常见的“陷阱”，就可以进行调试。

虽然你几乎不会遇到本章提到的任何问题，但对这些细节的了解将促使你成为有经验的 Python 编程老手。

第10章

编写高效的函数

函数就像是程序中的程序，通过拆分函数可以将代码分解成更小的单元。它能让我们不必编写重复的代码，减少错误的发生。但编写高效的函数要求我们在命名、大小、参数和复杂性等方面做出很多决策。本章将讲解编写函数的不同方法，分析各种取舍的利弊，深入探讨如何在函数的大小之间进行权衡，参数数量如何影响函数的复杂度，以及如何使用运算符*和**编写可变参数函数。本章还将讨论函数式编程范式以及按这种范式编写函数有何益处。

10.1 函数名

函数名称应该遵循一般标识符遵循的惯例，正如第4章所述。它通常包括一个动词，因为函数经常被用来执行某些动作。它也可以包含一个名词，用来描述被操作的事物，比如 `refreshConnection()`、`setPassword()`和 `extract_version()`，这些名字说明了函数的作用和目的。

对于类和模块中的方法而言，名称可能不需要名词。`SatelliteConnection` 中的 `reset()`方法和 `webbrowser` 模块中的 `open()`函数都已经提供了必要的信息，能让人明白 reset 的对象是卫星连接，open 的对象是网页浏览器。

尽量使用长的、具有描述性的名字，而不是缩写或者太短的名字。一个数学家也许能够立刻知道名为 `gcd()`的函数会返回两个数字的最大公分母，但其他人会觉得 `getGreatestCommonDenominator()`更容易理解。记住，不要使用 Python 内置的任何函数名或模块名，例如 `all`、`any`、`date`、`email`、`file`、`format`、`hash`、`id`、`input`、`list`、`min`、`max`、`object`、`open`、`random`、`set`、`str`、`sum`、`test` 和 `type`。

10.2　函数大小的权衡

有些程序员说，函数应该尽可能简短，不要超过屏幕能容纳的长度。与长达几百行的函数相比，只有十几行的函数确实比较容易理解，但将大函数拆分成多个小函数也有缺点。

让我们先看看小函数的优点：

- 函数的代码更容易理解；
- 函数可能需要较少的参数；
- 函数不太可能有副作用，如 10.4.1 节所述；
- 函数更容易测试和调试；
- 函数引发的不同种类的异常数量要少。

但小函数也有缺点：

- 编写简短的函数往往意味着程序中会有更多的函数；
- 拥有更多的函数意味着程序更加复杂；
- 拥有更多的函数也意味着必须想出更多的具有描述性的、准确的名称，这是一个难题；
- 使用更多的函数需要写更多的文档进行说明；
- 函数之间的关系会更复杂。

有些人把“越短越好”的准则发挥到了极致，他们声称所有的函数最多只能有三四行代码。这太疯狂了。举个例子，下面是第 14 章提及的汉诺塔游戏中的 getPlayerMove()函数。这段代码的运行细节无关紧要，只需要关注它的整体结构：

```
def getPlayerMove(towers):
    """询问玩家移动方向，返回 (fromTower, toTower)"""

    while True: # 持续询问玩家，直到输入有效的移动方向
        print('Enter the letters of "from" and "to" towers, or QUIT.')
        print("(e.g. AB to moves a disk from tower A to tower B.)")
        print()
        response = input("> ").upper().strip()

        if response == "QUIT":
            print("Thanks for playing!")
            sys.exit()

        # 确保用户输入了表示塔的有效字母对：
        if response not in ("AB", "AC", "BA", "BC", "CA", "CB"):
            print("Enter one of AB, AC, BA, BC, CA, or CB.")
            continue # 再次询问玩家移动方向

        # 使用更具描述性的变量名称：
        fromTower, toTower = response[0], response[1]
```

```
        if len(towers[fromTower]) == 0:
            # from 塔不能是一座空塔:
            print("You selected a tower with no disks.")
            continue # 再次询问玩家移动方向
        elif len(towers[toTower]) == 0:
            # 任何盘子都可以被移动到空的 to 塔上:
            return fromTower, toTower
        elif towers[toTower][-1] < towers[fromTower][-1]:
            print("Can't put larger disks on top of smaller ones.")
            continue # 再次询问玩家移动方向
        else:
            # 这是有效的移动，返回选中的塔:
            return fromTower, toTower
```

这个函数长达 34 行，尽管它包含了多项功能，包括允许玩家输入移动方向、检查移动的有效性、在移动无效的情况下再次要求玩家输入，但这些任务都属于获取玩家的移动方向这一范畴。如果我们致力于编写简短的函数，还可以给出另外一种写法，将 getPlayerMove()中的代码分解成更小的函数，像这样：

```
def getPlayerMove(towers):
    """询问玩家移动方向，返回(fromTower, toTower)"""

    while True: # 持续询问玩家，直到输入有效的移动方向
        response = askForPlayerMove()
        terminateIfResponseIsQuit(response)
        if not isValidTowerLetters(response):
            continue # 再次询问玩家移动方向

        # 使用更具描述性的变量名称:
        fromTower, toTower = response[0], response[1]

        if towerWithNoDisksSelected(towers, fromTower):
            continue # 再次询问玩家移动方向
        elif len(towers[toTower]) == 0:
            # 任何盘子都可以被移动到空的 to 塔上:
            return fromTower, toTower
        elif largerDiskIsOnSmallerDisk(towers, fromTower, toTower):
            continue # 再次询问玩家移动方向
        else:
            # 这是有效的移动，返回选中的塔:
            return fromTower, toTower

def askForPlayerMove():
    """提示玩家输入，并返回玩家选中的塔"""
    print('Enter the letters of "from" and "to" towers, or QUIT.')
    print("(e.g. AB to moves a disk from tower A to tower B.)")
    print()
    return input("> ").upper().strip()

def terminateIfResponseIsQuit(response):
```

```
    """如果 response 是'QUIT'，中断程序"""
    if response == "QUIT":
        print("Thanks for playing!")
        sys.exit()

def isValidTowerLetters(towerLetters):
    """如果 towerLetters 有效，返回 True"""
    if towerLetters not in ("AB", "AC", "BA", "BC", "CA", "CB"):
        print("Enter one of AB, AC, BA, BC, CA, or CB.")
        return False
    return True

def towerWithNoDisksSelected(towers, selectedTower):
    """如果 selectedTower 没有盘子，返回 True"""
    if len(towers[selectedTower]) == 0:
        print("You selected a tower with no disks.")
        return True
    return False

def largerDiskIsOnSmallerDisk(towers, fromTower, toTower):
    """如果大盘子被移动到小盘子上，返回 True"""
    if towers[toTower][-1] < towers[fromTower][-1]:
        print("Can't put larger disks on top of smaller ones.")
        return True
    return False
```

这 6 个函数共 56 行，几乎是原代码行数的 2 倍，但功能是相同的。尽管每个函数都比原来的 getPlayerMove()函数更容易理解，但函数的组合使用增加了复杂性。阅读代码的人可能很难理解它们是怎样组合在一起使用的。getPlayerMove()函数是唯一会被程序其他部分调用的函数，其他 5 个函数仅被 getPlayerMove()调用。由于函数数量比较多，因此这个事实并不那么明显。

此外，我还得为每个新函数起新的名字和文档字符串（每个 def 语句下用 3 个引号包裹的字符串，第 11 章对此将有进一步的解释）。这导致了一些函数的名字易被混淆，比如 getPlayerMove()和 askForPlayerMove()。而且 getPlayerMove()仍然不止三四行长，如果遵循“越短越好”的准则，那么它还需要被细分成更小的函数。由此可见，只允许极短的函数可能会导致函数更简单，但程序的整体复杂性会急剧上升。在我看来，函数最好少于 30 行，至多不超过 200 行。应该让函数在合理范围内尽可能短，但不要过分短。

10.3　函数的形参和实参

函数的形参是 def 语句括号中的变量名称，实参则是函数调用括号中的数值。函数的参数越多，代码的可配置性和通用性就越强，但更多的参数也意味着函数更复杂。

一个合适的准则是保持 0～3 个参数，参数超过 6 个可能就偏多了。当函数过于复杂时，最好考虑将其拆分成参数较少的多个小函数。

10.3.1 默认参数

降低参数复杂性的一个方法是为函数提供默认参数。默认参数是指在函数调用时如果没有指定参数，会用来代替参数的默认值。将大多数函数调用时使用的参数值作为默认参数可以避免在函数调用时重复输入。

默认参数的设定位置是在def语句中的参数名称和等号后。例如，在下面的introduction()函数中，如果函数调用时没有指定greeting参数的值，它的值就是默认参数值'Hello'：

```
>>> def introduction(name, greeting='Hello'):
...     print(greeting + ', ' + name)
...
>>> introduction('Alice')
Hello, Alice
>>> introduction('Hiro', 'Ohiyo gozaimasu')
Ohiyo gozaimasu, Hiro
```

在调用 introduction()时，如果不指定第 2 个参数，那么函数会默认使用字符串'Hello'。注意，带有默认值的参数需要排列在其他没有默认值的参数之后。

第 8 章讲解了应该避免使用可变对象（比如空列表[]或者空字典{}）作为默认值，其中 8.3 节解释了这种做法导致的问题及其解决方案。

10.3.2 使用*和**向函数传参

可以使用*和**语法（通常读作 star 和 star star）向函数传递一组参数。*语法允许你将一个可迭代对象（比如列表或元组）中的项作为参数逐个传入，**语法允许你将映射对象（如字典）中的键-值对作为参数逐个传入。

比如，print()函数接受多个参数。默认情况下，它会在参数中间展示一个空格，如下所示：

```
>>> print('cat', 'dog', 'moose')
cat dog moose
```

这些参数被称为位置参数，因为它们在函数调用中出现的位置决定了哪个实参被分配给哪个形参。如果把这些字符串存储在一个列表中并传入这个列表，那么print()函数会认为你想把这个列表作为单个值打印出来：

```
>>> args = ['cat', 'dog', 'moose']
>>> print(args)
['cat', 'dog', 'moose']
```

将列表传递给 print()可以展示列表的内容，除了列表项，还包括括号、引号和逗号在内。

要逐个打印列表中的项，一种方法是将列表通过指定每个项的索引分成多个参数传入，但这导致了代码更难以读懂：

```
>>> # 一个可读性较低的代码示例：
>>> args = ['cat', 'dog', 'moose']
>>> print(args[0], args[1], args[2])
cat dog moose
```

更简单的方法是使用*语法将列表（或者任何其他可迭代的数据类型）中的项拆解成独立的位置参数。在交互式 shell 中输入下面这个示例：

```
>>> args = ['cat', 'dog', 'moose']
>>> print(*args)
cat dog moose
```

*语法允许你将列表项逐个传递给函数，无论列表项的数量是多少。

使用**语法可以将映射数据类型（比如字典）作为关键字参数逐个传入。前面有参数名称和等号的就是关键字参数。例如，print()函数包含一个 sep 关键字参数，用来指定用哪个字符作为其他参数拼接起来的字符串的分隔符。它的默认值为空字符串" "，使用赋值语句或**语法可以为关键字参数赋值。在交互式 shell 中输入以下内容：

```
>>> print('cat', 'dog', 'moose', sep='-')
cat-dog-moose
>>> kwargsForPrint = {'sep': '-'}
>>> print('cat', 'dog', 'moose', **kwargsForPrint)
cat-dog-moose
```

注意这两种指令的输出是一样的。在这个示例中，我们只用了一行代码设置 kwargsForPrint 字典。但对于更复杂的情况，你可能需要更多代码设置关键字参数字典。**语法允许传递自定义配置字典给函数调用。对需要接受大量关键字参数的函数和方法而言，这是很有用的技巧。

通过在运行中修改列表和字典，就可以为含有*和**语法的函数提供可变数量的参数。

10.3.3　使用*创建可变参数函数

在 def 语句中使用*语法可以创建可变参数函数，它可以接受不定数量的位置参数。举例来说，print()就是一个可变参数函数，因为你可以向它传递任意数量的字符串，比如 print('Hello!')或 print('My name is', name)。注意，10.3.2 节是在函数调用中使用*语法，而本节是在函数定义中使用*语法。

来看一个示例，我们创建一个 product()函数，它接受任意数量的参数，需要返回它们的乘积：

```
>>> def product(*args):
...     result = 1
...     for num in args:
...         result *= num
...     return result
...
>>> product(3, 3)
9
>>> product(2, 1, 2, 3)
12
```

在函数内部，args 只是一个包含所有位置参数的普通 Python 元组。从技术角度讲，这个参数可以叫任何名字，只要以*开头即可，但惯例是将其命名为 args。

什么时候使用*语法是需要思考的，毕竟创建可变参数函数还有另一个替代方案，即接受一个列表类型（或者其他可迭代数据类型）作为单一参数，列表内部包含数量不定的项。内置的 sum()函数就是这样一个例子：

```
>>> sum([2, 1, 2, 3])
8
```

sum()函数接受一个可迭代参数，传递多个参数时会出现异常：

```
>>> sum(2, 1, 2, 3)
Traceback (most recent call last):
  File "<stdin>", line 1, in <module>
TypeError: sum() takes at most 2 arguments (4 given)
```

而内置函数 min()和 max()（分别用来寻找多个值中的最小值和最大值）既可以接受一个可迭代参数，也可以接受多个独立的参数：

```
>>> min([2, 1, 3, 5, 8])
1
>>> min(2, 1, 3, 5, 8)
1
>>> max([2, 1, 3, 5, 8])
8
>>> max(2, 1, 3, 5, 8)
8
```

这些函数都接受不定数量的参数，为什么它们的参数设计成不同的模式？什么时候应该把函数设计成只接受一个可迭代参数，什么时候又该使用*语法接受多个独立参数呢？

如何设计参数取决于我们预测程序员会如何使用我们的代码。print()函数之所以需要多个参数，是因为程序员经常向它传递一连串的字符串或包含字符串的变量，比如 print('My name is', name)。把这些字符串归纳成一个列表，再将列表传递给 print()的做法并不常见。print()已经被设计成在接受列表作为参数时完整地打印该列表的值，所以不能把它设计成逐个打印列表中的单个值。

sum()函数没理由接受独立的参数，因为 Python 提供的+运算符可以达到同样的目的。你可以直接写 2 + 4 + 8 这样的代码，而不必写 sum(2, 4, 8)。不定数量的参数只能作为列表传递给 sum()是合理的。

min()函数和 max()函数允许两种风格的传参。如果只传递了一个参数，该函数会假定它是一个待检查的列表或元组；如果传递了多个参数，则假定它们是待检查的值。这两个函数既需要用于程序运行时处理值的列表，如函数调用 min(allExpenses)，也需要处理程序员挑选的多个参数，比如 max(0, someNumber)。所以这些函数被设计成接受两种参数。下面的 myMinFunction()是我对 min()函数的另一种实现，它展示了如何同时处理两种风格的传参：

```
def myMinFunction(*args):
    if len(args) == 1:
    ❶ values = args[0]
    else:
    ❷ values = args

    if len(values) == 0:
    ❸ raise ValueError('myMinFunction() args is an empty sequence')

❹  for i, value in enumerate(values):
        if i == 0 or value < smallestValue:
            smallestValue = value
    return smallestValue
```

myMinFunction()使用*语法接受元组形式且数量不定的参数。如果这个元组只有一个值，那么我们假定这个值是待检查的值的序列❶。否则，假定 args 是待检查的元组❷。无论何种情况，values 变量都将包含一个值序列，供后续代码检查。与真实的 min()函数一样，如果调用者没有传递任何参数或者传递了空序列，函数就会抛出 ValueError❸。剩余代码的作用是遍历序列并返回找到的最小值❹。简单地说，myMinFunction()只接受列表或元组这两类序列，而不接受任何可迭代的值。

你可能会疑惑为什么我们不总是将函数设计为接受两种传递不定参数的方式。我的回答是，函数应该尽量简单。除非两种调用方式都很常见，否则应该只支持一种而放弃另一种。如果函数通常接受的是程序运行时创建的数据结构，那么最好设计成接受单个参数。如果通常接受的是程序员在编写代码时指定的参数，那么最好使用*语法接受不定数量的参数。

10.3.4 使用**创建可变参数函数

语法也可用于创建可变参数函数。def 语句中的*语法表示不定数量的位置参数，而语法表示不定数量的可选关键字参数。如果不使用**语法定义接受多个关键字参数（其中有多个参数是可选的）的函数，就很难编写 def 语句。假设有一个 formMolecule()函数，它接受已经发现的 118 种化学元素作为参数：

```
>>> def formMolecule(hydrogen, helium, lithium, beryllium, boron, --snip--
```

如果指定 hydrogen 的参数为 2，oxygen 的参数为 1 以返回 water，按照这种写法会比较麻烦，可读性差，因为其他的无关元素必须被设置为 0：

```
>>> formMolecule(2, 0, 0, 0, 0, 0, 0, 1, 0, 0, 0, 0, 0, 0, 0, 0, 0 --snip--
'water'
```

使用命名的关键字参数可以更容易管理函数，每个参数都可以设置默认值，而不必在函数调用中传递参数。

注意 尽管术语“实参”和“形参”的定义很清楚，但程序员更倾向于将“关键字形参”和“关键字实参”统称为“关键字参数”。

比如，这条 def 语句的每个关键字形参的默认参数都是 0：

```
>>> def formMolecule(hydrogen=0, helium=0, lithium=0, beryllium=0, --snip--
```

这使得调用 formMolecule()更加容易，因为你只需要指定那些不同于默认参数的参数。关键字参数的顺序也不必与定义时保持一致：

```
>>> formMolecule(hydrogen=2, oxygen=1)
'water'
>>> formMolecule(oxygen=1, hydrogen=2)
'water'
>>> formMolecule(carbon=8, hydrogen=10, nitrogen=4, oxygen=2)
'caffeine'
```

但这条 def 语句仍然不灵便，它有 118 个参数名称。如果发现了新的元素，该怎么办呢？你必须更新函数的 def 语句和关于函数参数的文档。

更好的方法是将所有形参和对应的实参收集在一个字典中，使用**语法传递关键字参数。从技术角度讲，参数**可以叫任何名字，但惯例是称之为 kwargs：

```
>>> def formMolecules(**kwargs):
...     if len(kwargs) == 2 and kwargs['hydrogen'] == 2 and
                                kwargs['oxygen'] == 1:
...         return 'water'
...     # (在这里填充函数的剩余代码)
...
>>> formMolecules(hydrogen=2, oxygen=1)
'water'
```

**语法表示 kwargs 参数中包含所有传递给函数调用的关键字参数，它们作为键-值对存储在 kwargs 参数对应的字典中。发现新的化学元素时，只需要更新函数的代码，而不必更新 def 语句，因为所有的关键字参数都被打包在 kwargs 中了：

```
❶ >>> def formMolecules(**kwargs):
❷ ...     if len(kwargs) == 1 and kwargs.get('unobtanium') == 12:
  ...         return 'aether'
  ...     # (在这里填充函数的剩余代码)
  ...
  >>> formMolecules(unobtanium=12)
  'aether'
```

正如你看到的，def 语句❶和以前无异，只有函数的代码❷需要修改。使用**语法简化了 def 语句和函数调用的编写，也保证了代码的可读性。

10.3.5 使用*和**创建包装函数

在 def 语句中，*和**语法的一个常见用途是创建包装函数。包装函数用来将接受的参数传递给另一个函数并返回该函数的结果。使用*和**语法可以向被包装的函数转发任何参数。比如，创建一个 printLowercase()函数来包装内置的 print()函数。printLowercase()函数依靠 print()完成实际工作，但会先将字符串参数转换为小写形式：

```
❶ >>> def printLower(*args, **kwargs):
❷ ...     args = list(args)
  ...     for i, value in enumerate(args):
  ...         args[i] = str(value).lower()
❸ ...     return print(*args, **kwargs)
  ...
  >>> name = 'Albert'
  >>> printLower('Hello,', name)
  hello, albert
  >>> printLower('DOG', 'CAT', 'MOOSE', sep=', ')
  dog, cat, moose
```

printLower()函数通过*语法接受 args 参数对应的元组❶，其中包含了不定数量的位置参数。**语法则将所有关键字参数整理成一个字典分配给 kwargs 参数。如果一个函数同时使用*args 和

kwargs，那么*args 参数必须位于kwargs 参数之前。我们创建的函数需要首先修改一些参数，再将参数传递给被包装的 print()函数，所以 args 元组可以转换为列表形式❷。

在将 args 中的字符串改为小写后，使用*和**语法将 args 中的项和 kwargs 中的键-值对作为不同参数逐个传递给 print()❸。printLower()会将 print()的返回值作为自己的返回值。这些步骤有效地包装了 print()函数。

10.4 函数式编程

函数式编程是一种编程范式，它强调在不修改全局变量和任何外界状态（如硬盘上的文件、互联网连接或数据库）的情况下编写函数进行计算。Erlang、Lisp、Haskell 等编程语言在很大程度上是围绕着函数式编程的概念设计的。尽管 Python 并不完全遵循函数式编程范式，但也有一些函数式编程的特性。Python 程序能使用的主要特性有：无副作用的函数、高阶函数和 lambda 函数。

10.4.1 副作用

副作用是指函数对自身代码和局部变量之外的其他部分所做的任何改变。为了说明白这一点，我们创建一个 subtract()函数，实现 Python 减法运算符的功能：

```
>>> def subtract(number1, number2):
...     return number1 - number2
...
>>> subtract(123, 987)
-864
```

这个 subtract()函数没有副作用。换言之，它不会影响程序中任何该函数代码之外的部分。从程序或者计算机的状态中没办法推测出 subtract()是被调用了 1 次、2 次还是 100 万次。无副作用的函数是可以修改其内部的局部变量的，因为这些变化与程序中的其他部分是隔离的。

假设有一个 addToTotal()函数，它的功能是将数字参数添加到名为 TOTAL 的全局变量中：

```
>>> TOTAL = 0
>>> def addToTotal(amount):
...     global TOTAL
...     TOTAL += amount
...     return TOTAL
...
>>> addToTotal(10)
10
>>> addToTotal(10)
20
```

```
>>> addToTotal(9999)
10019
>>> TOTAL
10019
```

addToTotal()函数有一个副作用，它修改了存在于函数之外的元素，即 TOTAL 这个全局变量。副作用不仅仅指对全局变量的修改，还包括更新或删除文件、在屏幕上显示文本、打开数据库连接、服务器鉴权或者对函数本身以外做的任何修改。函数调用在返回后留下的任何痕迹都是副作用。

副作用也可以包括对函数外使用的可变对象进行的原地改变。比如，下面的 removeLastCatFromList()函数原地修改了列表参数：

```
>>> def removeLastCatFromList(petSpecies):
...     if len(petSpecies) > 0 and petSpecies[-1] == 'cat':
...         petSpecies.pop()
...
>>> myPets = ['dog', 'cat', 'bird', 'cat']
>>> removeLastCatFromList(myPets)
>>> myPets
['dog', 'cat', 'bird']
```

在这个例子中，myPets 变量和 petSpecies 参数持有对同一个列表的引用。在函数中对列表对象所做的任何原地修改也会存在于函数外，所以这种修改会产生副作用。

一个相关概念是**确定性函数**，指在给定相同参数的情况下总是返回相同值的函数。比如 subtract(123, 987)函数调用总是返回-864，Python 内置的 round()函数在传递 3.14 作为参数时总是返回 3。

非确定性函数则在传递相同参数时不会总是返回相同的值。例如，调用 random.randint(1, 10)会返回一个 1 和 10 之间的随机整数。time.time()函数虽然没有参数，但它的返回值取决于调用函数时所在计算机的时钟设置。时钟是一种外部资源，跟参数一样都属于函数的输入。依赖于函数外部资源（包括全局变量、硬盘上的文件、数据库和互联网连接）的函数，都被认为是非确定性函数。

确定性函数的一个好处是它们的值可以被缓存。如果 subtract()能够记住第一次调用时的返回值，那就没必要重复计算 123 和 987 的差值。因此，确定性函数允许我们牺牲空间换取时间，即通过使用内存空间缓存之前的结果来缩短函数运行时间。

无副作用的确定性函数被称为**纯函数**。函数式程序员尽量在程序中只编写纯函数。除了上文提到的，纯函数还有以下好处：

- 适合单元测试，因为不需要设置任何外部资源；

- 通过相同参数调用纯函数，很容易复现纯函数中的错误；
- 纯函数内调用其他纯函数，仍然保持为纯函数；
- 在多线程程序中，纯函数式线程是安全的，可以安全地同时运行（多线程不在本书讨论范畴内）；
- 对纯函数的多次调用可以同时在并行的 CPU 核或者在多线程程序上运行，因为它们不依赖于对其运行顺序有要求的外部资源。

你可以在 Python 中编写纯函数，而且应该尽量这样做。在 Python 中编写纯函数仅是一个习惯做法，没有任何设置让 Python 解释器强制要求程序员编写纯函数。编写纯函数的最常见的方法是避免在函数内部使用全局变量，并确保不与文件、互联网、系统时钟、随机数或其他外部资源交互。

10.4.2 高阶函数

高阶函数可以接受函数作为参数或者使用参数作为返回值。例如，定义一个名为 callItTwice() 的函数，它将两次调用给定的函数：

```
>>> def callItTwice(func, *args, **kwargs):
...     func(*args, **kwargs)
...     func(*args, **kwargs)
...
>>> callItTwice(print, 'Hello, world!')
Hello, world!
Hello, world!
```

callItTwice()可以接受任何传递进来的函数。在 Python 中，函数是头等对象，这意味着它具备其他任何对象都有的功能：可以把函数存储在变量中，作为参数传递，或者把它作为返回值使用。

10.4.3 lambda 函数

lambda 函数也被称为**匿名函数**或者**无名函数**，是没有名字的简化版函数，其代码仅包含一条返回语句。在将函数作为参数传递给其他函数时，我们经常会用到 lambda 函数。

比如，我们可以创建一个常规函数，它接受由矩形的宽高组成的列表，具体来说，矩形规格为 4 乘 10：

```
>>> def rectanglePerimeter(rect):
...     return (rect[0] * 2) + (rect[1] * 2)
...
>>> myRectangle = [4, 10]
```

```
>>> rectanglePerimeter(myRectangle)
28
```

等效的 lambda 函数是这样的：

```
lambda rect: (rect[0] * 2) + (rect[1] * 2)
```

在 Python 中定义 lambda 函数，需要以 lambda 关键字开头，后面是一个以逗号分隔的参数列表（如果有参数的话），紧接着是一个冒号，最后是一个作为返回值的表达式。由于函数是头等对象，因此你可以把 lambda 函数赋值给一个变量，相当于 def 语句的快捷副本：

```
>>> rectanglePerimeter = lambda rect: (rect[0] * 2) + (rect[1] * 2)
>>> rectanglePerimeter([4, 10])
28
```

这个 lambda 函数被赋值给了名为 rectanglePerimeter 的变量，本质上是提供了一个 rectanglePerimeter()函数。如你所见，由 lambda 创建的函数和由 def 语句创建的函数是一样的。

注意 在实际的代码中，应该使用 def 语句，而非将 lambda 函数赋值给常量。lambda 函数的正确用法仅是用来创建匿名函数。

lambda 函数的语法便于将小函数指定为其他函数调用的参数。比如，sorted()函数有一个名为 key 的关键字参数，需要指定一个函数作为实参。当传入 key 时，sorted()函数将会根据函数的返回值而非项本身的值对列表中的项进行排序。在下面这个示例中，我们传递给 sorted()函数一个 lambda 函数，函数的功能是返回给定矩形的周长。这样 sorted()函数将基于每个列表项[width, height]所计算得到的周长进行排序：

```
>>> rects = [[10, 2], [3, 6], [2, 4], [3, 9], [10, 7], [9, 9]]
>>> sorted(rects, key=lambda rect: (rect[0] * 2) + (rect[1] * 2))
[[2, 4], [3, 6], [10, 2], [3, 9], [10, 7], [9, 9]]
```

在这个示例中，该函数不是对数值[10, 2]和[3, 6]进行排序，而是根据返回的周长整数值 24 和 18 进行排序。lambda 表达式是一种便捷的语法缩写形式：你可以指定一个小的 lambda 函数（只有一行长），而非使用 def 语句定义一个命名函数。

10.4.4 在列表推导式中进行映射和过滤

map()函数和 filter()函数是 Python 早期版本中常见的高阶函数，二者可以转换和过滤列表，通常会结合 lambda 函数使用。映射（map）可以根据原列表的值创建新列表，过滤（filter）则可以创建一个只包含原列表中符合某种标准的值的新列表。

如果你想将整数列表[8, 16, 18, 19, 12, 1, 6, 7]转换为字符串类型的新列表，那么可以把这个列表和 lambda n: str(n)传递给 map()函数：

```
>>> mapObj = map(lambda n: str(n), [8, 16, 18, 19, 12, 1, 6, 7])
>>> list(mapObj)
['8', '16', '18', '19', '12', '1', '6', '7']
```

map()函数返回一个 map 对象，将其传递给 list()函数即可得到列表。映射后的列表包含与原列表中整数值相对应的字符串值。filter()函数与之类似，但其中作为参数的 lambda 函数的作用是决定列表中的哪些项会被保留（当 lambda 函数返回 True 时），哪些会被过滤（当 lambda 函数返回 False 时）。例如，我们可以通过 lambda n: n % 2 == 0 过滤掉数组中的奇数：

```
>>> filterObj = filter(lambda n: n % 2 == 0, [8, 16, 18, 19, 12, 1, 6, 7])
>>> list(filterObj)
[8, 16, 18, 12, 6]
```

filter()函数返回一个过滤器对象，将其传递给 list()函数，即可得到仅包含偶数的列表。

但使用 map()函数和 filter()函数来创建映射列表和过滤列表已经是 Python 的过时做法了。更好的方法是使用列表推导式创建。列表推导式不仅不必编写 lambda 函数，还比 map()和 filter()更快。这里给出一个等效于 map()函数的列表推导式示例：

```
>>> [str(n) for n in [8, 16, 18, 19, 12, 1, 6, 7]]
['8', '16', '18', '19', '12', '1', '6', '7']
```

注意，列表推导式的 str(n)部分与 lambda n: str(n)相似。

在此，我们给出一个等效于 filter()函数的列表推导式示例：

```
>>> [n for n in [8, 16, 18, 19, 12, 1, 6, 7] if n % 2 == 0]
[8, 16, 18, 12, 6]
```

注意，列表推导式的 if n % 2 == 0 部分与 lambda n: n % 2 == 0 相似。

许多语言有“函数是头等对象”的概念，也有诸如映射函数和过滤函数的高阶函数。

10.5 返回值的数据类型应该不变

Python 是动态数据类型语言，这意味着 Python 中的函数和方法可以自由地返回任何数据类型的值。但为了让函数具备更好的可预测性，应该尽量仅返回单一数据类型的值。

比如这里有一个函数，它随机地返回整数值或者字符串值：

```
>>> import random
>>> def returnsTwoTypes():
...     if random.randint(1, 2) == 1:
...         return 42
...     else:
...         return 'forty two'
```

在编写该函数的调用代码时，很可能忘记需要处理多种可能的数据类型。在下面这个例子中，假设我们调用 returnsTwoTypes()并希望把它返回的数字转换为十六进制数：

```
>>> hexNum = hex(returnsTwoTypes())
>>> hexNum
'0x2a'
```

Python 的内置函数 hex()接受一个整数，返回的是该整数对应的十六进制数的字符串。当 returnsTwoTypes()返回整数时，这段代码能够正常执行，没什么问题。但当 returnsTwoTypes()返回字符串时，就会抛出异常：

```
>>> hexNum = hex(returnsTwoTypes())
Traceback (most recent call last):
  File "<stdin>", line 1, in <module>
TypeError: 'str' object cannot be interpreted as an integer
```

当然，我们应该始终记得处理任何一种数据类型的返回值，但在现实中经常会忘记。为了避免此类错误，应该尽量使函数的返回值只有一种数据类型。这不是一个死规定，在不得已的情况下，函数可以返回不同数据类型的值。但返回的数据类型越少，函数就越简单，也越不易出错。

有一种情况要特别注意——除非函数的返回值总是 None，否则不要在某些情况下返回 None。None 值是 NoneType 数据类型的唯一值。人们很容易通过返回 None 来说明函数发生了错误（10.6 节将讨论返回错误码），但正确的做法是尽量只在函数无法返回有意义的值时才返回 None。

通过返回 None 表示错误通常是造成不易捕获的'NoneType' object has no attribute 这一异常的根源：

```
>>> import random
>>> def sometimesReturnsNone():
...     if random.randint(1, 2) == 1:
...         return 'Hello!'
...     else:
...         return None
...
>>> returnVal = sometimesReturnsNone()
>>> returnVal.upper()
```

```
'HELLO!'
>>> returnVal = sometimesReturnsNone()
>>> returnVal.upper()
Traceback (most recent call last):
  File "<stdin>", line 1, in <module>
AttributeError: 'NoneType' object has no attribute 'upper'
```

这段错误信息非常模糊，需要花些精力才能定位到通常会返回预期结果的函数上，而问题出在这个函数在发生错误时返回了 None。问题发生的原因是 sometimesReturnsNone()返回 None，然后我们将其赋值给了 returnVal 变量。但是，错误信息会让你误以为问题发生在对 upper()方法的调用中。

在 2009 年的一次会议上，计算机科学家 Tony Hoare 为他在 1965 年发明了 null 引用（跟 Python 中的 None 值类似）而道歉。他说："我把 null 引用称为自己的十亿美元错误……我没能抵制诱惑，加入了 null 引用，仅仅是因为它实现起来非常容易。但是，它导致了无数的错误、漏洞和系统崩溃，可能在之后的 40 年中造成了十亿美元的损失。"

10.6 抛出异常和返回错误码

在 Python 中，"异常"和"错误"这两个词的含义相差无几，都是指程序中的异常情况，表明程序存在问题。在 20 世纪八九十年代，随着 C++和 Java 的出现，"异常"成为流行的编程语言特性，它们取代了错误码。错误码是从函数中返回的值，说明代码有问题。使用"异常"一词的好处是，函数返回值只与函数的目的有关，而不必同时用来表明存在错误。

错误码有时也会导致程序问题。比如，Python 的 find()通常会返回子串的索引，在找不到时则返回-1 作为错误码。但-1 也可以用来表示字符串末尾的索引，无意中使用-1 作为错误码可能会引发错误。在交互式 shell 中输入以下内容：

```
>>> print('Letters after b in "Albert":', 'Albert'['Albert'.find('b') + 1:])
Letters after b in "Albert": ert
>>> print('Letters after x in "Albert":', 'Albert'['Albert'.find('x') + 1:])
Letters after x in "Albert": Albert
```

代码中的 Albert'.find('x')被计算为错误码-1，这导致表达式'Albert'['Albert'.find('x') + 1:]被推导为'Albert'[-1 + 1:]，接着推导为 Albert'[0:]，最终等于 Albert。很显然，这并不符合预期。调用 index()而非 find()，就像'Albert'['Albert'.index('x') + 1:]这样，会导致异常，使不可忽略的问题暴露出来。

字符串的 index()方法在找不到子串时会抛出 ValueError 异常。如果不处理这个异常，程序就会崩溃，所以最好不要忽略错误。

当异常表示一个实际错误时，异常类的名称往往以 Error 结尾，比如 ValueError、NameError 或 SyntaxError。表示在特殊情况下不一定是错误的异常类有 StopIteration、KeyboardInterrupt 和 SystemExit。

10.7　小结

函数是将程序中的代码组合在一起的常见方式，它们需要你做出某些决定：起什么名字，大小如何，有多少个形参，以及你应该为这些形参传递多少个实参。def 语句中的*和**语法允许函数接受数量不定的参数，使它们成为可变参数函数。

尽管不是一种函数式编程语言，但 Python 有许多函数式编程特性。在 Python 中，函数是头等对象，这意味着你可以将它们存储在变量中，把它们作为参数传递给其他函数（这里称为“高阶函数”）。lambda 函数提供了一种简短的语法，用于指定匿名函数作为高阶函数的参数。Python 中最常见的高阶函数是 map()和 filter()，列表推导式则可以实现相同的功能，且速度更快。

函数的返回值应该始终是同一种数据类型。我们不应该将错误码当作返回值，而应该用异常来暴露错误。特别是 None 经常被错误地用作错误码。

第 11 章

注释、文档字符串和类型提示

代码的注释与文档的重要性不亚于代码本身，因为软件永远不会彻底完成，你总是需要修改，要么添加新功能，要么修复错误。如果你对代码不够了解，就无法进行修改，所以代码的可读性很重要。正如计算机科学家 Harold Abelson、Gerald Jay Sussman 和 Julie Sussman 曾写的那样：“代码是用来让人读的，只是顺便让机器执行而已。”

注释、**文档字符串**和**类型提示**[①]有助于维护代码的可读性。**注释**是写在代码中、会被计算机忽略的简短解释。注释的作用是为除编写者之外的人提供有价值的说明、警告和提醒，有时候甚至会对写这段代码的人起到同样的作用。几乎每个程序员都曾暗自吐槽：“到底是谁写的这堆乱七八糟的东西？”结果发现答案竟然是“自己”。

文档字符串是 Python 特有的文档形式，用于说明函数、方法和模块。使用文档字符串格式编写注释时，文档生成器或 Python 内置的 `help()`模块等自动化工具可以帮助开发人员轻松找到关于代码的说明。

类型提示是可以添加到 Python 代码中的指令，用于指定变量、参数和返回值的数据类型。它的作用是使静态代码分析工具验证代码中值的类型，避免在运行中因为类型错误导致异常。类型提示在 Python 3.5 中首次出现，但因为它是基于注释的[②]，所以在任何 Python 版本中都可以使用。

本章将重点介绍上述 3 种在代码中嵌入文档以增强可读性的技术。像是用户手册、在线教程和参考资料这类的外部文档也很重要，但是它们不在本书讨论的范围内。如果想了解更多关于外部文档的信息，可以查看 Sphinx 文档生成器。

---

① type hinting 在中文社区存在“类型注解”“类型提示”“类型标注”等多种译法。本书译为“类型提示”。——译者注

② 不是 Python 解释器提供的能力，而是要求代码编辑器提供的能力。——译者注

11.1 注释

和大多数编程语言一样，Python 支持单行注释和多行注释。以#开始，直到行尾的所有文本都是单行注释。尽管 Python 没有专门的多行注释语法，但使用三引号的多行字符串可以用于多行注释。毕竟，一个字符串值不会导致 Python 解释器做任何事情。请看下面这个例子：

```
# 这是单行注释

"""这是
用作多行注释
的多行字符串"""
```

如果你的注释不止一行，那么最好使用多行注释，而非连续几个单行注释，因为多行注释的可读性更好，这可以从下面这个例子看出来：

```
"""这是一种
分散在多行代码中
的注释的好写法"""
# 这是一种
# 分散在多行代码中
# 的注释的糟糕写法
```

注释和文档往往是代码写完后才会被考虑的事情，甚至有些人认为它们弊大于利，不应该做。但正如 5.9.5 节所述，如果想写出专业、可读的代码，那么注释是必不可少的。在本节中，我们将学习如何写出有价值的注释，在不影响程序可读性的前提下为代码阅读者提供信息。

11.1.1 注释风格

来看看一些遵循了优秀注释风格的实践：

```
❶ # 这是对下面一行代码的注释：
  someCode()

❷ # 这是一个更长的块注释，它分散在多行，并使用
  # 多个单行注释
❸ #
  # 它们被称为块注释

  if someCondition:
  ❹ # 这是关于其他代码的注释：
  ❺ someOtherCode() # 这是一个单行注释
```

注释通常应该独立成行，而不是放在代码行的末尾。多数情况下，它们应该是大小写正确且带有标点符号的完整句子，而非短语或者单词❶，除非受限于代码行长的限制。多行的注释❷可

以连续使用多个单行注释，也叫作块注释。空白单行注释可以用于划分块注释中的段落❸。注释的缩进水平应该跟被注释的代码一致❹。跟在代码行内的注释被称为“内联注释”❺，这种情况下，代码和注释之间应该至少保留两个空格。

单行注释应该在#符号后保留一个空格：

```
# 不要直接在 # 符号后编写注释
```

注释可以包括相关信息的链接地址，但不应该只用链接取代注释，因为链接的内容随时可能从互联网消失：

```
# 这是通过 URL 提供的对代码某些方面的详细解释
# 更多信息请访问 http://www.ituring.cn
```

前面提到的惯例是风格约束而非内容本身的强制约束，但它们有助于提高注释的可读性。注释的可读性越高，程序员就越有可能注意到它们，而没有被程序员阅读的注释是没有意义的。

11.1.2　内联注释

内联注释跟在一行代码的末尾，如下所示：

```
    while True: # 持续询问玩家，直到输入有效的移动方向
```

内联注释很简短，符合程序风格指南所规定的行长限制。这意味着它们很可能因为太短而无法提供足够的信息。如果决定使用内联注释，确保注释只描述它紧挨着的那行代码。如果你的内联注释需要更多的空间或描述更多的代码行，可以另起一行。

```
TOTAL_DISKS = 5 # 圆盘越多，意味着谜题越难
```

内联注释的一个常见且适宜的用途是解释变量的作用，或为其提供其他背景信息。这些内联注释写在创建变量的赋值语句后：

```
month = 2 # 月份的取值范围从 0 (1 月) 到 11 (12 月)
catWeight = 4.9 # 重量的单位是千克
website = 'ituring.cn' # 字符串不要以"https://"开头
```

除非是通过类型提示的形式，否则内联注释不应该指定变量的数据类型，因为显然可以从赋值语句中得知这一点，11.3.4 节也将有相关描述。

11.1.3　说明性的注释

一般来说，注释应该解释为什么代码要这样写，而不是解释代码做了什么或怎么做的。即使满足了良好的代码风格和第 3、4 章提及的有用的命名约束，代码也不能很好地解释最初编写者的意图。即使是你自己写的代码，几周后也可能忘记其中的细节。你应该写翔实的代码注释，而不是让以后的你“骂”过去的自己。

比如，这里有一个没意义的注释，它解释了代码做了什么（这是显而易见的），但并没有说明代码的动机：

```
>>> currentWeekWages *= 1.5 # 将 currentWeekWages 乘以 1.5
```

这条注释还不如没有。从代码中就能看出变量 currentWeekWages 被乘以 1.5，直接删除这行注释会让代码更简洁。下面的注释要好得多：

```
>>> currentWeekWages *= 1.5 # 是工资的 1.5 倍
```

这行注释解释了代码背后的意图，而不是重述代码要做什么。无论代码写得多好，也无法提供这样的背景信息。

11.1.4　总结性的注释

注释不仅仅可以用于说明程序员的意图，使用简短的注释总结多行代码还可以使阅读者不看代码就能对它的作用有大概的认识。程序员经常用空行划分代码的“段落”，而总结性的注释通常在这些段落的起始行。不同于解释单行代码的单行注释，总结性注释在更高的抽象层次上起到解释代码的作用。

比如，通过阅读以下 4 行代码，可以得知它们将 playerTurn 变量设置为代表对面玩家的值。简洁的注释可以使读者不必阅读和推敲代码就能理解代码的目的：

```
# 轮到对手：
if playerTurn == PLAYER_X:
    playerTurn = PLAYER_O
elif playerTurn == PLAYER_O:
    playerTurn = PLAYER_X
```

在代码中放置这些总结性注释可以增强代码的可读性。程序员可以借由它们跳到感兴趣的地方做深入了解。总结性注释也可以防止程序员对代码的作用产生误解。一个简洁的总结性注释可以确保开发人员正确理解代码的工作原理。

11.1.5 “经验之谈”的注释

之前在软件公司工作时，我有一次被要求适配一个图形库，使其支持包含数百万数据点的图表实时更新。我们当时使用的库可以实时更新图表，也可以支持有数百万数据点的图表，但不能同时做到两者。一开始，我以为用几天时间就能完成这项任务。但是到了第3周，我仍然感觉还要过几天才能完成。每天，我都觉得解决方案已经近在眼前了，但直到第5周，我才弄出了一个能用得上的原型。

在整个过程中，我了解了大量的图形库工作原理、其能力及限制。我花了几小时把这些细节写成了一整页的注释，并把它放在了代码中。我知道任何一个对代码进行后续修改的人都会像我一样，遇到看似简单实际上棘手的问题，而我写的这份文档将节省他们数周的工作量。

我将此类注释称为“经验之谈”的注释，它们可能长达几段，以至于在代码文件中看起来很突兀。但它们包含的信息对于任何需要维护这些代码的人而言都是宝藏。不要害怕在代码文件中写大段的用于解释某些工作原理的详细注释。对于程序员而言，很多细节是未知的，可能被误解或者被忽略。如果开发人员不需要这些注释，那跳过它们就好，而需要它们的开发人员会谢天谢地。请记住，“经验之谈”的注释跟上面两类注释不一样，它不同于模块或者函数文档（这是文档字符串要做的），它也不是针对软件用户的教程或操作指南，而是提供给开发人员的。

我的“经验之谈”注释与开源图形库有关，可能会对其他人有帮助，所以我花了些时间将其整理为一条答案发布到公共问答网站上了，以便有类似问题的人可以找到。

11.1.6 法律注释

一些软件公司或开源项目出于法律方面的考虑，需要在每个代码文件顶部放上注释，其中包含版权信息、软件许可信息和授权信息。这些注释最多只有几行，如下所示：

```
"""Cat Herder 3.0 版权所有 2021, Al Sweigart 版权所有
查阅 See license.txt 文件以看全文"""
```

如果可能的话，请指向一个包含许可证全文的外部文件或者网站，而不是在每个文件头部完整地写出冗长的许可证信息。打开代码文件后，总是需要滚动几屏文本才能看到代码正文，这会让人感到厌倦，且包含完整的许可证信息也并不能起到增强法律保护的作用。

11.1.7 注释的专业性

在我的第一份工作中，有一次我非常尊敬的一位资深同事把我拉到一边说，由于我们有时会向客户公开产品的源代码，因此注释必须保持专业的风格。显然这是因为我在一段非常糟糕的代

码中写了一个含有不雅字眼的注释。我当时感觉很尴尬，连忙道歉并赶紧修改了注释。从那一刻开始，我就在工程代码甚至个人项目的代码注释方面坚持着有一定水准的专业性。

也许你想在程序的注释中加入一些轻松的内容或者发泄一下自己的受挫情绪，但要养成避免这样做的习惯。你不知道将来谁会阅读你的代码，他们很容易误解这些文本的语气。正如 4.5 节所解释的，最好的方式是用礼貌、直接、严肃的语气来编写注释。

11.1.8 代码标签和 TODO 注释

程序员有时候会留下简短的注释，提醒自己还有哪些工作要做，通常是以代码标签的形式：以全大写字母标签开头，后面是简短描述的注释。理想情况下，你会使用项目管理工具来追踪这类问题，而不只是写在代码中。但对于没有使用这些工具的小型个人项目而言，少量的 TODO 注释可以起到提醒的作用。请看下面这个示例：

```
_chargeIonFluxStream() # TODO：排查为什么每周二都会失败
```

可以使用以下标签以起到不同类型的提醒作用。

TODO：提示需要完成的工作。
FIXME：提示这部分代码还不能正常工作。
HACK：提示这部分代码可以工作，但可能有些勉强，需要做出改进。
XXX：通常用于提示高度严重的问题。

你应该在这些总是大写的标签后加上对手头任务或问题更加具体的描述。稍后，可以在源代码中搜索这些标签，找到需要修正的代码。缺点是它们很容易被遗忘，除非你正好在阅读它们所处的代码段落。代码标签不应该取代正式的问题跟踪工具或者错误报告工具。如果你确实想在代码中使用代码标签，我建议把这个工作处理得简单一些：只使用 TODO，放弃别的标签。

11.1.9 神奇的注释和源文件编码

你可能见过.py 源文件的顶部有诸如以下几行内容：

```
❶ #!/usr/bin/env python3
❷ # -*- coding: utf-8 -*-
```

这些神奇的注释总是出现在文件顶部，提供解释器或编码信息。shebang 行❶（第 2 章介绍过）的目的是告诉操作系统应该使用哪个解释器运行文件中的指令。

另一个神奇的注释是在代码的第 2 行，即编码定义那行❷。在这个例子中，该行指定 UTF-8

作为源文件的 Unicode 编码方案。这一行几乎没什么必要了，因为大多数编辑器和 IDE 用 UTF-8 编码保存文件。而且从 Python 3.0 开始的后续 Python 版本默认使用 UTF-8 作为编码方式。以 UTF-8 编码的文件可以包含任何字符，所以.py 源文件可以包含英文、中文或者阿拉伯字母等任意字符。

关于 Unicode 和字符串编码的介绍，我强烈推荐 Ned Batchelder 的博文“Pragmatic Unicode”（实用的 Unicode）。

11.2 文档字符串

文档字符串是出现在模块的.py 源代码文件顶部或者在类或 `def` 语句之后的多行注释。它们提供关于被定义的模块、类、函数或方法的文档。自动文档生成工具可以使用这些文档字符串生成外部文档，比如帮助文档或网页。

文档字符串必须使用三引号的多行注释，不能使用以#开头的单行注释。文档字符串应该始终使用 3 个双引号，而非 3 个单引号进行包裹。例如，这里是流行的 `requests` 模块中 session.py 文件的一部分：

```
❶ # -*- coding: utf-8 -*-

❷ """
requests.session
~~~~~~~~~~~~~~~~

This module provides a Session object to manage and persist settings across requests (cookies, auth,
proxies).
"""
import os
import sys
--snip-
class Session(SessionRedirectMixin):
  ❸ """A Requests session.

    Provides cookie persistence, connection-pooling, and configuration.

    Basic Usage::

      >>> import requests
      >>> s = requests.Session()
      >>> s.get('https://httpbin.org/get')
      <Response [200]>
--snip--

    def get(self, url, **kwargs):
      ❹ r"""Sends a GET request. Returns :class:`Response` object.

        :param url: URL for the new :class:`Request` object.
        :param \*\*kwargs: Optional arguments that ``request`` takes.
```

```
        :rtype: requests.Response
        """
--snip--
```

session.py 文件包括该模块本身的文档字符串❷、Session 类❸及其 get()方法❹的文档字符串。注意，尽管模块的文档字符串应该是模块中出现的第一个字符串，但还是应该跟在神奇的注释之后，比如 shebang 行或者编码定义行❶。

在定义文档字符串后，可以通过检查相应对象的__doc__属性检索模块、类、函数或方法的文档字符串。例如，通过检查文档字符串获取更多关于 session 模块、Session 类和 get()方法的信息：

```
>>> from requests import sessions
>>> sessions.__doc__
'\nrequests.session\n~~~~~~~~~~~~~~~~\n\nThis module provides a Session object
to manage and persist settings across\nrequests (cookies, auth, proxies).\n'
>>> sessions.Session.__doc__
"A Requests session.\n\n    Provides cookie persistence, connection-pooling,
and configuration.\n\n    Basic Usage::\n\n      >>> import requests\n
--snip--
>>> sessions.Session.get.__doc__
'Sends a GET request. Returns :class:`Response` object.\n\n        :param url:
URL for the new :class:`Request` object.\n        :param \\*\\*kwargs:
--snip--
```

自动化的文档工具可以利用文档字符串提供适合上下文的信息。Python 内置的 help()函数就是其中一种工具，它以一种比原始__doc__字符串更可读的格式显示文档字符串。在交互式 shell 中做实验时，它会很有帮助，你可以立即调出想使用的任何模块、类或函数的信息：

```
>>> from requests import sessions
>>> help(sessions)
Help on module requests.sessions in requests:

NAME
    requests.sessions

DESCRIPTION
    requests.session
    ~~~~~~~~~~~~~~~~

    This module provides a Session object to manage and persist settings
-- More --
```

如果文档字符串太长，以至于无法在屏幕上显示完，Python 会在窗口底部显示-- More --。你可以按回车键滚动到下一行，按空格键滚动到下一页，或者按 Q 键退出查看文档字符串。

一般而言，文档字符串应该包含一个用于概述模块、类或者函数的行，后面有一个空行，空行后再提供更详细的信息。对于函数和方法，可以包含关于参数、返回值、副作用的信息。我们编写的文档说明不是给软件的使用者看的，而是给程序员看的。因此，它们应该包含技术信息，而非使用教程。

文档字符串的另一个重要优点是它们将文档集成到了源代码中。分开编写文档和代码时，很容易直接忘记编写文档这回事。但由于文档字符串被放置在模块、类和函数的顶部，因此这些信息很容易被注意到，也方便更新。

当代码还未写完时，你不一定能写出用来描述它的文档字符串。这种情况下，可以在文档字符串中加入一个 TODO 注释，提醒之后填补剩余的细节。比如，下面这个虚构的 reverseCatPolarity()函数有一个不太好的文档字符串，它呈现了显而易见的事：

```
def reverseCatPolarity(catId, catQuantumPhase, catVoltage):
    """Reverses the polarity of a cat.

    TODO Finish this docstring."""
--snip--
```

由于每个类、函数和方法都要求有文档字符串，因此你可能想尽可能少写文档，先推进整体工作进度。如果没有 TODO 注释，很容易忘记需要后期重写这个文档字符串。

PEP 257 包含了更多关于文档字符串的说明，可以在 Python 官网上查阅。

11.3 类型提示

许多编程语言是**静态类型**，也就是说，程序员必须在代码中声明所有变量、参数、返回值的数据类型。它的作用是允许解释器或编译器在程序运行前检查代码是否正确使用了所有对象。Python 是**动态类型**：变量、参数和返回值可以是任何数据类型，甚至可以在程序运行时改变数据类型。动态语言通常更容易编程，因为它们不需要遵循很多限制，但动态语言缺乏静态语言所具有的避免运行时错误的优势。比如，写了一行 Python 代码 round('42')，你可能没注意到把字符串传递给了只接受 int 参数或 float 参数的函数，直到运行代码出错时才意识到这一点。当你赋了错误类型的值，或传递了错误类型的参数时，静态类型的语言会在运行前发出警告。

Python 通过**类型提示**提供了可选的静态类型支持。在下面的示例中，类型提示用粗体标注：

```
def describeNumber(number: int) -> str:
    if number % 2 == 1:
        return 'An odd number. '
    elif number == 42:
        return 'The answer. '
    else:
        return 'Yes, that is a number. '
```

```
myLuckyNumber: int = 42
print(describeNumber(myLuckyNumber))
```

正如你看到的，类型提示使用冒号来分隔参数和变量的名称与类型。对于返回值，类型提示使用箭头（->）分隔 def 语句的闭合括号和类型。describeNumber()的类型提示显示它的 number 参数需要整数值，返回值是字符串。

不必为程序中的每一条数据都加上类型提示。可以采用渐进式类型化方法，只对某些变量、参数和返回值设置类型提示，这是动态类型的灵活性和静态类型的安全性之间的一个折中。但程序中的类型提示越多，静态代码分析工具就能有更多的信息发现程序中的潜在错误。

注意在前面的例子中，指定类型的名称与 int()和 str()构造函数的名称一致。在 Python 中，类、类型和数据类型的含义相同。对于任何由类构成的实例，都应该使用类的名称作为类型：

```
  import datetime
❶ noon: datetime.time = datetime.time(12, 0, 0)

  class CatTail:
      def __init__(self, length: int, color: str) -> None:
          self.length = length
          self.color = color

❷ zophieTail: CatTail = CatTail(29, 'grey')
```

noon 变量的类型提示是 datetime.time❶，因为它是一个时间对象（在 datetime 模块中定义）。同样，zophieTail 对象的类型提示是 CatTail❷，因为它是我们用类语句创建的 CatTail 类的一个对象。类型提示适用于指定类型的所有子类。例如，一个具有类型提示 dict 的变量可以被设置为任何字典类型的值，也可以被设置为 collections.OrderedDict 类型或者 collections.defaultdict 类型的值，因为这些类是 dict 的子类。第 16 章将对子类做更加详细的介绍。

静态类型检查工具不一定需要变量设置类型提示，原因是静态类型检查工具可以进行类型推断，从变量的第一个赋值语句中推断出它的类型。例如，类型检查工具从 spam=42 这一行可以推断 spam 应该是 int 类型。但我还是建议设置类型提示，因为类型推断并不一定总是对的。举个例子，如果 spam 变更为浮点数，比如 spam=42.0，类型检查工具推断的类型也会随之改变，但这可能与你的本意不符。最好是强制要求程序员在改变数值的同时改变类型提示，以确认他们是有意为之而非不小心变更。

11.3.1　使用静态分析器

尽管 Python 支持类型提示语法，但 Python 解释器对其视而不见。当 Python 程序将无效类型的参数传递给函数时，Python 会表现得好像类型提示并不存在。换句话说，Python 解释器不会因为有类型提示而做任何运行时的类型检查。类型提示只是提供给静态类型检查工具使用的，这些工具是在程序运行前分析代码，而不是在程序运行时分析。

我们将这些工具称为**静态分析工具**，因为它们是在程序运行前分析代码，而运行时分析工具或动态分析工具则分析运行中的程序。（容易让人疑惑的是，这里的静态和动态是指程序是否在运行，而静态类型和动态类型是指如何声明变量和函数的数据类型。Python是一种动态类型的语言，它具有静态分析工具，比如Mypy。）

1. 安装和运行Mypy

Python没有官方的类型检查器，Mypy是目前最流行的第三方类型检查器。可以通过pip命令安装Mypy：

```
python -m pip install -user mypy
```

注意，在macOS和Linux上要运行python3而非python。其他知名的类型检查器还包括微软的Pyright、Facebook的Pyre和谷歌的Pytype。

要运行类型检查器，需要打开命令提示符或终端窗口，运行python -m mypy命令（将模块作为应用程序运行），将要检查的Python代码所在文件的文件名传给它。下面这个示例检查了我创建的名为example.py文件中的示例程序代码：

```
C:\Users\Al\Desktop>python -m mypy example.py
Incompatible types in assignment (expression has type "float", variable has type "int")
Found 1 error in 1 file (checked 1 source file)
```

类型检查器仅在存在问题时打印错误信息。在example.py文件的第171行存在一个错误，名为spam的变量的类型提示是int，却被分配了float值，这可能导致错误，应该检查一下。有些错误信息可能不那么容易理解。Mypy可以报告的错误种类很多，这里不一一列举。了解错误含义最简单的方法是在网上进行搜索。例如对于上述错误，你可以搜索“Mypy赋值过程中类型不兼容”。

每次更改代码后通过命令行运行Mypy是相当低效的。为了更好地利用类型检查器，你需要配置IDE或者文本编辑器，使Mypy在后台运行。这样一来，编辑器就会在输入代码时不断地运行Mypy，然后在编辑器中显示监测到的错误，如图11-1所示。

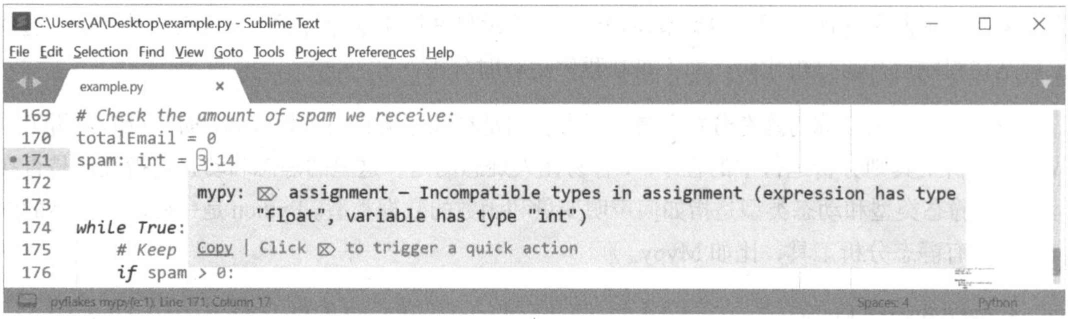

图 11-1　Sublime Text 文本编辑器展示 Mypy 报告的错误

配置 IDE 或者文本编辑器以运行 Mypy 的步骤会根据 IDE 或文本编辑器的不同而不同，可以在网上搜索“<你的 IDE 名称>Mypy 配置”“<你的 IDE>类型提示设置”等类似内容找到配置指南。如果所有方法都行不通，你还可以从命令提示符或终端窗口运行 Mypy。

2. 令 Mypy 忽略代码

你可能出于某些原因，不想收到类型提示告警。对于静态分析工具来说，某行代码看起来使用了不正确的类型，但实际上在运行时是正常的。可以通过在行尾添加#type: ignore 注释来禁用类型提示的告警。下面是一个示例：

```
def removeThreesAndFives(number: int) -> int:
    number = str(number)  # type: ignore
    number = number.replace('3', '').replace('5', '')  # type: ignore
    return int(number)
```

为了从传递给 removeThreesAndFives()的整数中删除所有的数字 3 和 5，在处理过程中暂时将整数变量转换成了字符串。这导致类型检查器对函数中的前两行发出警告，我们可以通过添加 # type: ignore 来禁用类型检查器的警告。

我们要慎用# type: ignore。忽略类型检查器的警告可能会让代码存在错误。当遇到警告时，绝大多数情况下应该重写代码以避免警告。比如，使用 numberAsStr = str(number)创建一个新的变量，或者用 return int(str(number.replace('3', '').replace('5', '')))代替上述 3 行代码，就可以避免将 number 变量赋予不同类型的数据。我们不想通过将参数的类型提示修改为 Union[int, str]以停止告警，因为该参数仅允许整数类型。

11.3.2　为多种类型设置类型提示

Python 的变量、参数和返回值可以有多种可能的数据类型。对于这种情况，可以从内置的 typing 模块导入 Union 以指定多类型的类型提示。在 Union 类名称后面的中括号内指定类型范围：

```
from typing import Union
spam: Union[int, str, float] = 42
spam = 'hello'
spam = 3.14
```

在这个示例中，类型提示 Union[int, str, float]指定 spam 可以被设置为整数、字符串或浮点数。注意，最好使用 from typing import *X*的形式，而非 import typing 的形式，这样在进行类型提示时就不必到处写成冗长的 typing.*X*。

在指定变量或返回值有多种数据类型时，如果想在除普通类型之外还包括 NoneType，也就是 None 值的类型，需要在中括号内添加 None，而非 NoneType。（从技术上讲，NoneType 与 int 或 str 不同，它不是内置标识符。）

更好的方式是从 typing 模块中引入 Optional，使用 Optional[str]的写法替代 Union[str, None]。这种类型提示意味着函数或方法除了返回预期类型的值，还可以返回 None。这里有一个示例：

```
from typing import Optional
lastName: Optional[str] = None
lastName = 'Sweigart'
```

在这个示例中，lastName 可以被设置为 None 或 str 类型值。但尽量少使用 Union 和 Optional。变量和函数允许的类型越少，代码就越简单，而简单的代码更不容易出错。记住“Python 之禅”的箴言：“简单胜于复杂。”不推荐函数通过返回 None 来表示出错，而是应该抛出异常，可参考 10.6 节。

你可以用 Any 类型提示（也在 typing 模块中）指定一个变量、参数或返回值为任意数据类型：

```
from typing import Any
import datetime
spam: Any = 42
spam = datetime.date.today()
spam = True
```

在这个示例中，Any 类型提示允许将 spam 变量设置为任意数据类型的值，比如 int、datetime.date 或 bool。使用 object 作为类型提示也有相同的效果，因为它是 Python 中所有数据类型的基类。但 Any 类型提示比 object 更容易让人理解。

就像 Union 和 Optional 一样，也应该慎用 Any。如果所有的变量、参数和返回值都被设置为 Any 类型提示，那么静态类型的类型检查优势就不存在了。指定 Any 类型提示和不指定类型提示的区别在于，Any 明确指出变量或函数接受任何类型的值，而不指定类型提示则表明该变量或函数尚未进行类型提示[①]。

① 尚未进行类型提示意味着它既可能是任意类型，也可能是某种具体类型。——译者注

11.3.3　为列表、字典等设置类型提示

列表、字典、元组、集合或其他容器数据类型可以包含其他值。如果将 list 指定为某个值的类型提示，那么这个值必须包含一个列表，但这个列表的内容可以是任何类型的值。下面的代码不会引发类型检查器告警：

```
spam: list = [42, 'hello', 3.14, True]
```

为了具体指定列表中值的数据类型，必须使用 typing 模块的 List 类型提示。注意，List 的 L 是大写字母，用以区别于 list 数据类型：

```
  from typing import List, Union
❶ catNames: List[str] = ['Zophie', 'Simon', 'Pooka', 'Theodore']
❷ numbers: List[Union[int, float]] = [42, 3.14, 99.9, 86]
```

在这个示例中，catNames 变量的值为一个包含字符串的列表，从 typing 模块导入 List，并将其类型提示设置为 List[str]❶。类型检查器会捕获对 append()方法和 insert()方法的调用或者其他任何将非字符串值放入列表的代码，以保证对列表在修改时也符合类型提示的约束。如果列表中包含多种数据类型，可以使用 Union 设置类型提示。例如，numbers 列表可以包含整数或浮点数，所以我们将其类型提示设置为 List[Union[int, float]]❷。

typing 模块对于每种容器类型都有单独的类型别名。以下列出了 Python 中常见的容器类型的类型别名：

- List 指列表（list）数据类型；
- Tuple 指元组（tuple）数据类型；
- Dict 指字典（dict）数据类型；
- Set 指集合（set）数据类型；
- FrozenSet 指不可变集合（frozenset）数据类型；
- Sequence 指列表、元组或任何其他序列数据类型；
- Mapping 指字典、集合、不可变集合或者任何其他映射数据类型；
- ByteString 指 bytes、bytearray 和 memoryview 类型。

你可以在 Python 官网上找到这些类型的完整列表。

11.3.4　通过注释向后移植类型提示

向后移植是指从软件的新版本中提取功能，将其移植到一个较早的版本中（也可以视为适配或者增加）。Python 的类型提示是 3.5 版本出现的新功能。但如果 Python 代码使用早于 3.5 版本

的解释器运行，那么你仍然可以通过将类型信息放在注释中来使用类型提示。对于变量，要在赋值语句后使用内联注释。对于函数和方法，将类型提示写在 def 语句的下一行。注释以 type:开头，其后是声明的数据类型。下面是一个在代码注释中声明类型提示的示例：

```
❶ from typing import List

❷ spam = 42 # type: int
  def sayHello():
     ❸ # type: () -> None
      """The docstring comes after the type hint comment."""
      print('Hello!')

  def addTwoNumbers(listOfNumbers, doubleTheSum):
     ❹ # type: (List[float], bool) -> float
      total = listOfNumbers[0] + listOfNumbers[1]
      if doubleTheSum:
          total *= 2
      return total
```

注意，即使使用的是注释方式的类型提示，还是需要引入 typing 模块❶以及在注释中使用的任何类型别名。早于 3.5 的版本没有在标准库中内置 typing 模块，因此必须通过以下命令单独安装：

```
python -m pip install --user typing
```

注意，在 macOS 和 Linux 上运行 python3 而非 python。

将 spam 变量约束为整数需要添加行末注释# type: int❷。对于函数，没有参数的函数使用一对空的括号❸；注释中参数的类型提示需要使用逗号分隔❹，并使用括号包裹，其顺序与参数顺序保持一致。

注释方式的类型提示的可读性比普通方式要差一些，所以最好只在早于 Python 3.5 版本的代码中使用它。

11.4 小结

程序员经常忘记为他们的代码写说明，但花费一点时间在代码中添加注释、文档字符串和类型提示可以避免将来浪费更多的时间。有着良好解释说明的代码更具可维护性。

在编写软件时，程序员很容易认为注释和文档并不重要，甚至觉得编写它们弊大于利（这种观点支持程序员不用写文档，以节省时间和精力）。但是别上当！从长远看，良好的说明文档为你节省的时间和精力远远超过了编写文档所花费的时间和精力。事实上，对程序员而言，盯着一屏读不懂的、没有注释的代码的情况远远多于包含很多有用注释信息的情况。

好的注释能够为程序员提供简明、有用和准确的信息，让他们在日后阅读时能想起来代码的作用。它们应该解释编写原始代码的程序员的意图，概述一小段代码的目的，而不是陈述某行代码显而易见的功能。有时候，注释是对程序员从编写代码中吸取的教训所做的详细说明。这些有价值的信息是前车之鉴，可以避免后来的代码维护者重蹈覆辙。

文档字符串是 Python 特有的一种注释，是出现在 `class` 或 `def` 语句后，或显示在模块顶部的多行字符串。文档工具，比如 Python 内置的 `help()`函数，可以提取文档字符串，告知关于类、函数或模块的意图的具体信息。

Python 3.5 引入的类型提示为 Python 代码带来了渐进式静态类型。渐进式类型允许程序员利用静态类型的错误检查优势，同时保持动态类型的灵活性。Python 解释器会忽略类型提示，因为 Python 不提供运行状态下的类型检查功能。Python 只提供静态类型检查工具，可以在程序运行前使用类型提示分析源代码。Mypy 等类型检查工具可以确保没有给函数变量分配无效的值，这可以防止很大一部分的常见错误，进而节省程序员的时间和精力。

第 12 章

通过 Git 管理项目

版本控制系统是记录所有源代码变更，并能轻松恢复旧版本代码的工具。你可以把它视为高超的撤销工具。

比如，你替换了一个函数，后来又觉得旧的写法更好，就可以利用版本控制系统将代码恢复到原来的版本。或者你发现了一个错误，可以回溯到历史版本以确定错误首次出现的时间，查看究竟是哪个代码变更导致了错误。

版本控制系统是在文件有所变更时对文件的一种管理，使用它要比将 myProject 文件夹复制为 myProject-copy 好得多。如果对文件进行了多次修改，就要不断地复制一个又一个副本，副本可能被命名为 myProject-copy2、myProject-copy3、myProject-copy3b、myProject-copyAsOfWednesday 等。复制文件夹并不难，但这种方式不具备可扩展性。从长远来看，学会使用版本控制系统可以为你节省时间并避免很多麻烦。

Git、Mercurial 和 Subversion 都是流行的版本控制程序，其中 Git 是迄今为止最流行的。在本章中，你将学会如何为代码项目创建初始文件并使用 Git 来追踪它们的变化。

12.1 Git 提交和仓库

Git 允许在修改项目文件时保存其状态，这种行为称为**快照**或者**提交**。这样在必要时可以回滚到之前的快照。“提交”在 Git 使用中既是一个名词也是一个动词：程序员提交（保存）他们的提交（快照）。**签入**也是“提交”的一个不太常见的说法。

版本控制系统促使软件开发团队在项目源代码修改上保持同步。当一个程序员提交修改后，其他程序员可以把变更拖曳到自己的计算机上。版本控制系统会追踪有哪些提交、提交人是谁、提交时间是什么时候，以及开发人员对这些修改的评论。

版本控制系统将项目的源代码放在一个名为“仓库”的文件夹里进行管理。一般来说，每个项目应该有单独的Git仓库。本章假设你主要从事个人开发项目，不需要使用Git用于程序员之间进行协作的高级功能，比如分支和合并。但即使是个人编程的小项目，也能从版本控制中受益。

12.2 使用Cookiecutter新建Python项目

包含所有源代码、文档、测试文件和其他与项目有关的文件的文件夹被称为“工作目录”，在Git中被称为“工作树”，更通用的叫法为“项目文件夹”。工作目录中的文件被统称为“工作副本”。在创建Git仓库之前，让我们先为Python项目创建初始文件。

每个程序员都有自己的偏好，但Python项目还是要遵循文件夹名称和层次结构的惯例。一个比较简单的程序可能只有一个.py文件，但当处理更复杂的项目时，项目将包含更多的.py文件、数据文件、文档、单元测试等。通常，项目文件夹的根部包含一个用于存放源代码.py文件的src文件夹，一个用于存放单元测试的tests文件夹，一个用于存放文档（例如由Sphinx文档工具生成的文档）的docs文件夹。此外，它还包括有关项目信息和工具配置的文件，比如文件README.md用于存储一般性信息，文件.coveragerc用于代码覆盖率配置，文件LICENSE.txt用于项目的软件许可说明。这些工具和文件超出了本书的内容范围，但值得你自己花时间钻研。随着编码经验的增加，为新的编程项目重新创建相同的基础文件对你而言会变成一项枯燥的工作。

为了加快编码任务，你可以使用Python的cookiecutter模块自动创建这些文件和文件夹。在Cookiecutter的网站上可以找到该模块和Cookiecutter命令行程序的完整文档。

要安装Cookiecutter，在Windows上运行pip install --user cookiecutter或在macOS和Linux上运行pip3 install --user cookiecutter。这会让计算机安装Cookiecutter命令行程序和Python的cookiecutter模块。输出结果可能会警告你命令行程序没有被安装在处于PATH环境变量下的文件夹中。

```
Installing collected packages: cookiecutter
  WARNING: The script cookiecutter.exe is installed in 'C:\Users\Al\AppData\
Roaming\Python\Python38\Scripts' which is not on PATH.
  Consider adding this directory to PATH or, if you prefer to suppress this
warning, use --no-warn-script-location.
```

最好按照本书2.4节的说明，将文件夹（对于这个例子而言，是C:\Users\Al\AppData\Roaming\Python\Python38\Scripts）加入到PATH环境变量中。否则，为了运行cookiecutter模块，你将不得不输入python -m cookiecutter（在Windows上）或者python3 -m cookiecutter（在macOS和Linux上），而不是简单地输入cookiecutter。

本章将为一个名为wizcoin的模块创建仓库，该模块处理虚拟的魔法货币中的galleon、sickle

和 knut 硬币。cookiecutter 模块使用模板创建不同类型的项目初始文件。通常，模板只是一个 GitHub 链接。比如你可以在 C:\Users\AI 文件夹中打开终端窗口，输入以下内容创建 C:\Users\Al\wizcoin 文件夹，该文件夹包含基本 Python 项目的模板文件。cookiecutter 模块会从 GitHub 下载模板，并询问一系列关于待创建项目的问题。

```
C:\Users\Al>cookiecutter gh:asweigart/cookiecutter-basicpythonproject
project_name [Basic Python Project]: WizCoin
module_name [basicpythonproject]: wizcoin
author_name [Susie Softwaredeveloper]: Al Sweigart
author_email [susie@example.com]: al@inventwithpython.com
github_username [susieexample]: asweigart
project_version [0.1.0]:
project_short_description [A basic Python project.]: A Python module to represent the galleon, sickle,
and knut coins of wizard currency.
```

如果遇到错误，也可以运行 python -m cookiecutter 来代替 cookiecutter。该命令从我创建的基本 Python 项目的模板文件中下载模板。GitHub 官网的 Cookiecutter 中包括许多编程语言的模板。由于 Cookiecutter 模板经常托管在 GitHub 上，因此你也可以在命令行参数中输入 gh:作为 GitHub 官网的简写。

当 Cookiecutter 提问时，你可以输入回答，或者按回车键使用中括号内的默认回答。比如 project_name[Basic Python Project]:要求你为项目命名。如果什么都不输入，那么 Cookiecutter 将使用“Basic Python Project”作为项目名称。这些默认值也暗示了预期的响应格式。project_name [Basic Python Project]:提示你一个包含空格的大写项目名称，而 module_name [basicpythonproject]:提示你模块的名称是小写的，且没有空格。我们没有为 project_version [0.1.0]:提示输入回答，所以采用默认值“0.1.0”。

回答完问题后，Cookiecutter 会在当前工作目录下创建 wizcoin 文件夹，其中包含了 Python 项目中需要的基本文件，如图 12-1 所示。

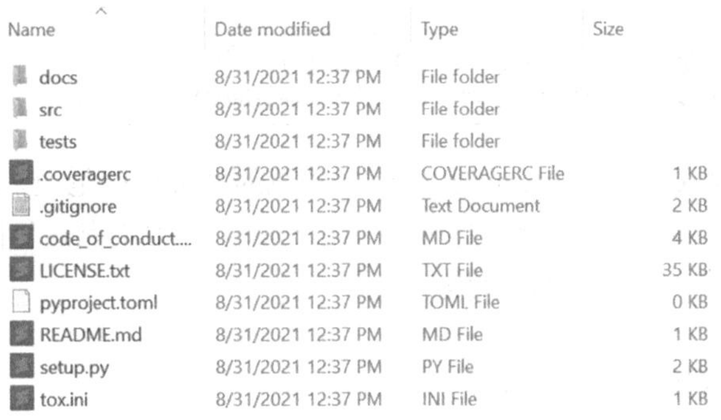

Name	Date modified	Type	Size
docs	8/31/2021 12:37 PM	File folder	
src	8/31/2021 12:37 PM	File folder	
tests	8/31/2021 12:37 PM	File folder	
.coveragerc	8/31/2021 12:37 PM	COVERAGERC File	1 KB
.gitignore	8/31/2021 12:37 PM	Text Document	2 KB
code_of_conduct....	8/31/2021 12:37 PM	MD File	4 KB
LICENSE.txt	8/31/2021 12:37 PM	TXT File	35 KB
pyproject.toml	8/31/2021 12:37 PM	TOML File	0 KB
README.md	8/31/2021 12:37 PM	MD File	1 KB
setup.py	8/31/2021 12:37 PM	PY File	2 KB
tox.ini	8/31/2021 12:37 PM	INI File	1 KB

图 12-1 wizcoin 文件夹中由 Cookiecutter 创建的文件

不了解这些文件的用处也没关系。对每个文件的完整解释超出了本书的讨论范围，在 GitHub 官网上有相关的描述和扩展链接，可供进一步阅读。现在我们有了初始文件，可以使用 Git 追踪它们了。

12.3 安装 Git

你的计算机上可能安装了 Git。为了确认这一点，可以在命令行中运行 `git --version`。如果显示类似 `git version 2.29.0.windows.1` 的信息，那么说明计算机安装了 Git。如果显示 “command not found” 的错误信息，那就是还没有安装 Git。在 Windows 上，需要下载并运行 Git 安装程序。在 macOS Mavericks 10.9 或更高版本上，只需从终端运行 `git --version` 就会引导你安装 Git，如图 12-2 所示。

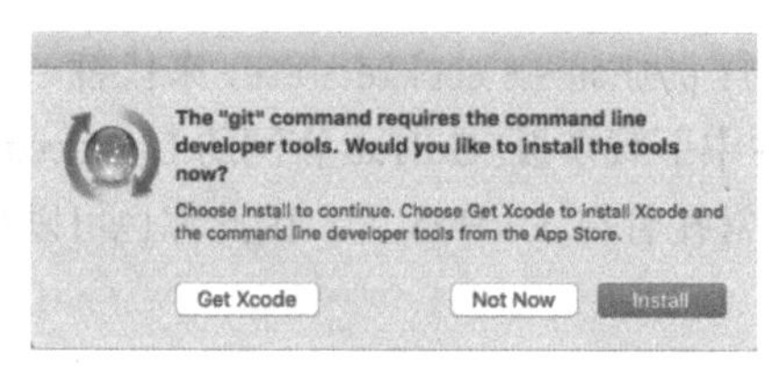

图 12-2　在 macOS 10.9 或更高版本上第一次运行 `git --version` 时，系统会提示安装 Git

在 Ubuntu 或 Debian Linux 上，需要在终端运行 `sudo apt install git-all`。在 Red Hat Linux 上，需要在终端运行 `sudo dnf install git-all`。在 git-scm 网站上可以找到在其他 Linux 发行版上安装 Git 的说明。运行 `git --version` 可以确认安装成功。

12.3.1 配置 Git 用户名和电子邮件

安装完 Git 后，需要配置用户名和电子邮件，这样后续的提交会包括作者信息。在终端使用自己的名字和电子邮件信息运行下面的 `git config` 命令：

```
C:\Users\Al>git config --global user.name "Al Sweigart"
C:\Users\Al>git config --global user.email al@inventwithpython.com
```

配置信息存储在主文件夹的.gitconfig 文件中（对我的 Windows 笔记本而言，是 C:\Users\Al）。该文本文件不需要你直接编辑，而是通过运行 `git config` 命令对其进行修改。你可以使用 `git config --list` 命令列出当前的 Git 配置信息。

12.3.2 安装 GUI Git 工具

本章主要介绍 Git 命令行工具，但为 Git 安装 GUI 软件有助于提升日常工作效率。即使是熟悉 Git 命令的专业软件开发人员，也经常使用 Git 可视化工具。git-scm 网站推荐了几个此类工具，如 Windows 上的 TortoiseGit、macOS 上的 GitHub Desktop 和 Linux 上的 GitExtensions。

图 12-3 显示了 Windows 上的 TortoiseGit 是如何根据状态在文件资源管理器的图标上添加覆盖层的：绿色代表未修改的文件，红色代表已修改的文件（或包含已修改文件的上层文件夹），无图标则代表未被追踪的文件。与反复地在终端输入命令以获取这些信息相比，检查这些层显然更方便。TortoiseGit 还在邮件菜单中添加一个运行 Git 程序的菜单项，如图 12-3 所示。

使用 GUI 工具很方便，但不能因为它放弃学习本章所介绍的命令行指令，因为有一天你可能需要在没有安装这些可视化工具的计算机上使用 Git。

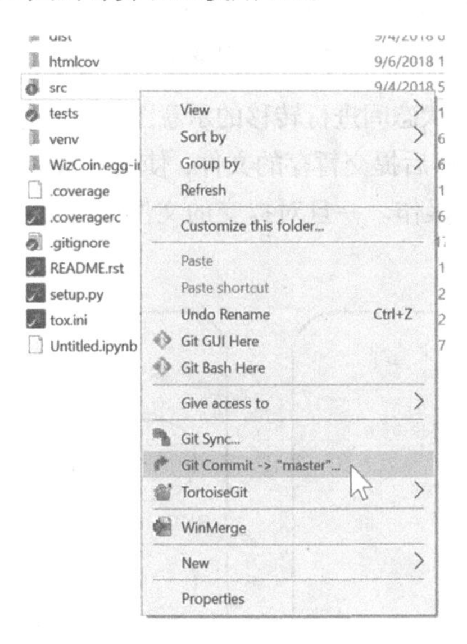

图 12-3 Windows 上的 TortoiseGit 增加了一个 GUI 工具，可以从文件资源管理器运行 Git 命令

12.4 Git 的工作流程

使用 Git 仓库需要多个前置步骤。第一，执行命令 git init 或 git clone 创建 Git 仓库。第二，使用 git add <文件名>命令为仓库添加要追踪的文件。第三，使用 git commit -am "<提交的具备描述性的信息>"命令提交被追踪的文件。这时，你就可以对代码进行其他修改了，所有的变更都可以被 Git 管理了。

你可以通过执行 git help <命令>，如 git help init 或 git help add，来查看命令的帮助文件。这些帮助文件有很好的参考价值，不过它们过于枯燥，技术性很强，并不适合作为教程使用。稍后你会了解到这些命令的更多细节，但首先需要了解 Git 中的一些概念，以便学习本章的其他内容。

12.4.1　Git 是如何追踪文件状态的

工作目录下的文件分为已追踪和未追踪两类。已追踪的文件指已经添加并提交到仓库的文件，除此之外的就是未追踪的文件。对于 Git 仓库而言，工作副本中未追踪的文件不会保存在仓库中。已追踪的文件状态有以下 3 种。

- **提交状态**是指工作副本中的文件与仓库的最近一次提交相同（有时候也称之为未修改状态或者干净状态）。
- **修改状态**是指工作副本中的文件与仓库中的最近一次提交不同。
- **暂存状态**是指文件已被修改并被标记为包含在下一次提交中。我们会称文件处于暂存状态或者处于暂存区（暂存区也被称为索引或者缓存）。

图 12-4 是文件如何在 4 种状态间进行转移的示意图。将未追踪的文件添加到 Git 仓库中，它就变成了已追踪和暂存状态。然后提交暂存的文件，使其进入提交状态。把文件变更为修改状态不需要手动进行任何 Git 命令操作。一旦对提交的文件进行了修改，它就会被自动标记为修改状态。

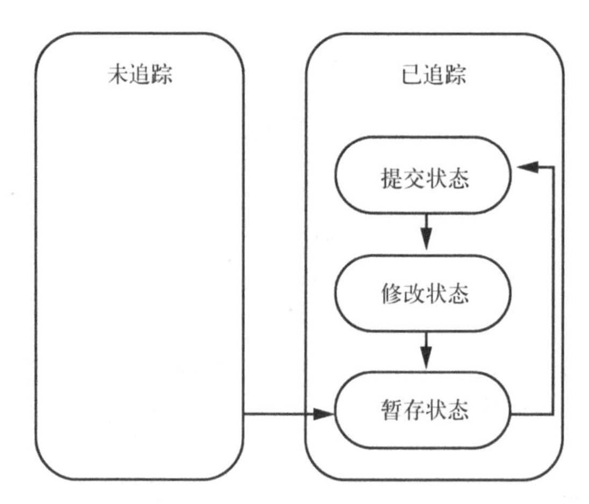

图 12-4　在 Git 仓库中一个文件可能的状态和它们之间的转换

在创建仓库后，可以运行 `git status` 查看仓库和文件的当前状态。在后续使用过程中，你会经常运行该命令。在接下来的示例中，我将文件设置为不同的状态。注意这 4 个文件是如何出现在 `git status` 的输出中的：

```
C:\Users\Al\ExampleRepo>git status
On branch master
Changes to be committed:
  (use "git restore --staged <file>..." to unstage)
      ❶ new file:   new_file.py
      ❷ modified:   staged_file.py
```

```
Changes not staged for commit:
  (use "git add <file>..." to update what will be committed)
  (use "git restore <file>..." to discard changes in working directory)
      ❸ modified:   modified_file.py

Untracked files:
  (use "git add <file>..." to include in what will be committed)
      ❹ untracked_file.py
```

在这个工作副本中，文件 new_file.py❶是最近被添加到仓库中的，因此处于暂存状态。另外两个被追踪的文件 staged_file.py❷和 modified_file.py❸分别处于暂存状态和修改状态。还有一个未追踪文件 untracked_file.py❹。git status 的输出中也有将文件移动到其他状态的 Git 命令的提示。

12.4.2 为什么要暂存文件

你可能会好奇为什么有暂存状态，跳过暂存，修改后直接提交不行吗？处理暂存区会遇到很多棘手的特殊情况，对 Git 初学者而言是个让人困惑的“大坑”。比如，按照上节所说，一个文件可以在暂存后被修改，这导致文件同时处于修改状态和暂存状态。从技术角度说，暂存区并不包括修改的所有文件的内容，因为修改过的文件的一部分可以被暂存，而另一部分不暂存。正是由于诸如此类的问题导致对 Git 的评价毁誉参半，许多关于 Git 是如何工作的说法并不准确，甚至会产生误导。

但大部分的复杂情况是可以避免的。在本章中，我建议通过使用 git commit -am 命令避免这种情况的发生，该命令将修改后的文件一次性提交，这样它们可以直接从修改状态转为干净的提交状态。另外，我建议在添加、重命名或删除仓库中的文件后立即提交文件。此外，使用 GUI Git 工具（后面会解释）而非命令行也有助于规避这些棘手的情况。

12.5 在计算机上创建 Git 仓库

Git 是一个分布式版本控制系统，这意味着它把所有的快照和仓库元数据都存储在计算机上的一个名为.git 的文件夹中。与集中式版本控制系统不同，Git 不需要通过互联网将文件同步到服务器上，这使得 Git 在离线时也能顺利工作。

在终端中运行以下命令创建.git 文件夹（在 macOS 和 Linux 上，需要运行 mkdir 而非 md）：

```
C:\Users\Al>md wizcoin
C:\Users\Al>cd wizcoin
C:\Users\Al\wizcoin>git init
Initialized empty Git repository in C:/Users/Al/wizcoin/.git/
```

当使用 git init 将一个文件夹转换为 Git 仓库时，其中所有文件都处于未追踪状态。对于 wizcoin 文件夹，git int 命令创建了 wizcoin/.git 文件夹存储 Git 仓库的元数据。.git 文件夹的存在使一个文件夹变成了 Git 仓库。如果没有它，这个文件夹就只是收集了一些源代码文件的普通文件夹。.git 文件夹中的文件永远不需要你手动修改，所以你可以忽略这个文件夹。事实上，它之所以被命名为.git，就是因为大多数操作系统会自动隐藏以句点开头的文件和文件夹。

现在 C:\Users\Al\wizcoin 工作目录下存在一个 Git 仓库了。个人计算机上的仓库被称为本地仓库，而位于其他人的计算机上的仓库被称为远程仓库。这个概念区分很重要，因为经常需要在本地仓库和远程仓库上共享提交，以便你和其他开发人员在同一个项目上工作。

现在你可以使用 git 命令添加文件并追踪工作目录下的变化。在新创建的库中运行 git status 将会输出以下内容：

```
C:\Users\Al\wizcoin>git status
On branch master

No commits yet

nothing to commit (create/copy files and use "git add" to track)
```

该命令的输出表明在这个仓库中没有文件被提交。

用 watch 命令运行 git status

在使用 Git 命令行工具时，你会经常运行 git status 查看仓库的状态。除了手动输入这个命令，你还可以使用 watch 命令运行它。watch 命令每两秒重复运行一个给定的命令，并将最新输出结果呈现在屏幕上。

在 Windows 上，你可以下载文件[①]，并将其放入 PATH 对应的文件夹（比如 C:\Windows）以获得 watch 命令。在 macOS 上，你可以从 MacPorts 官网下载并安装 MacPorts，然后运行 sudo ports install watch 以获得 watch 命令。在 Linux 中，watch 命令是预装的。安装完成后，打开新的命令提示符或终端窗口，运行 cd 命令切换到 Git 仓库的项目文件夹，运行 watch "git status"。watch 命令将每两秒运行一次 git status，并在屏幕上显示最新结果。你可以同时在多个终端窗口中使用 Git 命令行工具，一个窗口用来查看仓库状态的实时变化，另一个窗口运行 watch "git log -online"，以实时查看已提交文件的摘要。这些信息有助于明确输入的 Git 命令对仓库会产生什么样的影响。

① 请访问图灵社区免费获取该文件：ituring.cn/book/2930。——编者注

12.5.1 添加供 Git 追踪的文件

只有被追踪的文件才能被提交、回滚，或通过 git 命令进行其他交互。运行 git status 来查看项目文件夹中的文件状态：

```
C:\Users\Al\wizcoin>git status
On branch master

No commits yet

❶ Untracked files:
  (use "git add <file>..." to include in what will be committed)

        .coveragerc
        .gitignore
        LICENSE.txt
        README.md
--snip--
        tox.ini

nothing added to commit but untracked files present (use "git add" to track)
```

wizcoin 文件夹中的所有文件当前都是未被追踪的❶。通过对这些文件进行初始提交可以来追踪它们，这包括两个步骤：为每个要提交的文件运行 git add，然后运行 git commit 创建这些文件的提交。一旦文件被提交，Git 就会追踪它。

git add 命令将文件从未追踪状态或修改状态转移到暂存状态。可以对每个待暂存的文件执行 git add，比如 git add .coveragerc、git add .gitignore、git add LICENSE.txt 等，但这么做很麻烦。另一种方式是使用通配符*一次添加多个文件。比如，使用 git add *.py 添加当前工作目录及其子目录中的所有.py 文件。如要添加每一个未被追踪的文件，可以使用句点（.）以使 Git 匹配所有文件：

```
C:\Users\Al\wizcoin>git add .
```

运行 git status 查看暂存的文件：

```
C:\Users\Al\wizcoin>git status
On branch master

No commits yet

❶ Changes to be committed:
  (use "git rm --cached <file>..." to unstage)

       ❷ new file: .coveragerc
         new file: .gitignore
```

```
--snip--
        new file: tox.ini
```

git status 的输出告诉你下次运行 git commit 时将提交哪些暂存的文件❶。它还告诉你哪些是添加到仓库的新文件❷，而不是仓库中被修改的现存文件。

在运行 git add 以选择要添加到仓库的文件后，运行 git commit -m "Adding new files to the repo."（或类似的提交信息），然后运行 git status 查看仓库的状态：

```
C:\Users\Al\wizcoin>git commit -m "Adding new files to the repo."
[master (root-commit) 65f3b4d] Adding new files to the repo.
 15 files changed, 597 insertions(+)
 create mode 100644 .coveragerc
 create mode 100644 .gitignore
--snip--
 create mode 100644 tox.ini

C:\Users\Al\wizcoin>git status
On branch master
nothing to commit, working tree clean
```

注意，在.gitignore 文件中列出的任何文件都不会添加到暂存区中，下一节会解释这一点。

12.5.2 忽略仓库中的文件

运行 git status 时，没有被 Git 追踪的文件会显示为 untracked。但在编程过程中，你可能想把某些文件完全排除在版本控制之外，不想追踪它们。这些文件可能包括：

- 项目文件夹中的临时文件；
- Python 解释器在运行.py 程序时生成的.pyc 文件、.pyo 文件和.pyd 文件；
- 各类软件开发工具生成的.tox、htmlcov 和其他文件夹；
- 任何可以重新生成的编译文件或生成文件（因为仓库是用来存储源文件的，而非由源文件生成的产物）；
- 包含数据库密码、认证令牌、信用卡号码或其他敏感信息的源代码文件。

为了排除这些文件，可以创建一个名为.gitignore 的文本文件，列出 Git 不用追踪的文件夹和文件。Git 会自动将这些文件夹和文件排除在 git add 命令或 git commit 命令之外，在运行 git status 时就不会出现这些文件。

cookiecutter-basicpythonproject 模板创建的.gitignore 文件的内容是这样的：

```
# Byte-compiled / optimized / DLL files
__pycache__/
```

```
*.py[cod]
*$py.class
--snip--
```

.gitignore 文件使用*作为通配符，并使用#进行注释。

你应该把.gitignore 文件添加到 Git 仓库中，这样其他程序员在克隆仓库时就能得到该文件。如果想查看工作目录下哪些文件因.gitignore 文件配置而被忽略，需运行 `git ls-files --other --ignored --exclude-standard` 命令。

12.5.3 提交修改

在向仓库添加新文件后，就可以继续为项目编写代码了。想要创建一个新的快照时，可以运行 `git add .`将所有修改后的文件暂存，并运行 `git commit -m <提交信息>`提交所有的暂存文件。但使用单独的 `commit -am <提交信息>`命令来做这件事会更容易：

```
C:\Users\Al\wizcoin>git commit -am "Fixed the currency conversion bug."
[master (root-commit) e1ae3a3] Fixed the currency conversion bug.
 1 file changed, 12 insertions(+)
```

如果只想提交部分修改过的文件，可以省略`-am` 中的`-a` 选项，并在提交信息后添加指定文件的名称，比如 `git commit -m <提交信息> file1.py file2.py`。

提交信息可以在日后的工作中提示程序员这次提交做了哪些修改。我们可能很想写一条简短的套话，比如“更新了代码”或者“修复了一些错误”，甚至只是“X”（因为无法直接提交空白信息）。但是几周过后，当你需要回滚到较早版本的代码时，详细的提交信息会让你省去很多力气，让你能够快速回滚到快照的位置。

如果忘记添加`-m "<信息>"`命令行参数，Git 会在终端窗口打开 Vim 文本编辑器。但 Vim 超出了本书的范围，所以遇到这种情况，按 ESC 键并输入 `qa!`安全地退出 Vim，取消这次提交。然后再次输入 `git commit` 命令，这次不要忘记加上`-m "<信息>"`命令行参数。

想要看看提交信息的专业示例，可以在 GitHub 上查看 Django 框架的提交历史。由于 Django 是一个大型开源项目，因此提交频率很高，而且信息很规范。对于小型的个人项目来说，频率较低的提交和较为模糊的提交信息可能就足够了，但 Django 有超过 1000 个贡献者，如果他们中任何一个人的提交信息存在问题，就会影响到其他人。

现在文件已经安全地提交到 Git 仓库中了。再运行一次 `git status`，查看一下状态：

```
C:\Users\Al\wizcoin>git status
On branch master
nothing to commit, working tree clean
```

通过提交暂存文件，你已经将文件转换为提交状态，并且Git告诉我们工作树是干净的。换句话说，目前没有修改过的或暂存的文件。让我们回顾一下全过程，在向Git仓库添加文件时，这些文件从未追踪状态变成了暂存状态，之后又变成了提交状态。现在我们就可以再对这些文件进行修改了。

注意，不能向Git仓库提交文件夹。当文件被提交时，Git会自动将它上层的文件夹包含在仓库中，但不能提交一个空文件夹。如果在最近的提交信息中打错了字，可以使用 `git commit --amend -m "<新提交信息>"`命令重写。

1. 提交前使用git diff查看变更点

提交前应该快速检查将在运行 `git commit` 时做出的修改。可以使用 `git diff` 命令查看当前工作副本中的代码和最新提交的代码之间的差异。

来看一个使用 `git diff` 的示例。在文本编辑器或IDE中打开README.md。（运行Cookiecutter时，你应该已经创建了该文件，如果它不存在，请创建一个空白的文本文件并保存为README.md。）这是一个Markdown格式的文件，和Python脚本一样，是使用纯文本编写的。将Quickstart Guide部分的TODO - fill this in later文本改为以下内容（暂时保留xample拼写错误，我们之后会修正它）：

```
Quickstart Guide
----------------

Here's some xample code demonstrating how this module is used:

    >>> import wizcoin
    >>> coin = wizcoin.WizCoin(2, 5, 10)
    >>> str(coin)
    '2g, 5s, 10k'
    >>> coin.value()
    1141
```

在添加并提交README.md之前运行 `git diff` 命令以查看所做的修改：

```
C:\Users\Al\wizcoin>git diff
diff --git a/README.md b/README.md
index 76b5814..3be49c3 100644
--- a/README.md
+++ b/README.md
@@ -13,7 +13,14 @@ To install with pip, run:
 Quickstart Guide
 ----------------

-TODO - fill this in later
+Here's some xample code demonstrating how this module is used:
```

```
+
+    >>> import wizcoin
+    >>> coin = wizcoin.WizCoin(2, 5, 10)
+    >>> str(coin)
+    '2g, 5s, 10k'
+    >>> coin.value()
+    1141

 Contribute
 ----------
```

输出显示，工作副本中的 README.md 与仓库最新提交的 README.md 有所不同。以减号-开头的行被删除了，以加号+开头的行被添加了。

在查看这些改动时，你还会注意到我们犯了一个错误，即把 example 写成了 xample。我们不应该把这个拼写错误提交上去。改正它后再次运行 git diff 检查变更，并将其添加和提交到仓库中：

```
C:\Users\Al\wizcoin>git diff
diff --git a/README.md b/README.md
index 76b5814..3be49c3 100644
--- a/README.md
+++ b/README.md
@@ -13,7 +13,14 @@ To install with pip, run:
 Quickstart Guide
 ----------------

-TODO - fill this in later
+Here's some example code demonstrating how this module is used:
--snip--
C:\Users\Al\wizcoin>git add README.md

C:\Users\Al\wizcoin>git commit -m "Added example code to README.md"
[master 2a4c5b8] Added example code to README.md
 1 file changed, 8 insertions(+), 1 deletion(-)
```

现在更正内容已经被安全地提交给了仓库。

2. 使用 git difftool 结合 GUI 程序查看程序的变更

使用 GUI 的 diff 程序更容易查看变更点。在 Windows 上可以下载并安装 WinMerge，这是一个免费、开源的差异对比程序。在 Linux 上，可以使用 sudo apt-get install meld 命令安装 Meld，或者使用 sudo apt- get install kompare 命令安装 Kompare。在 macOS 上，可以先安装和配置 Homebrew（一个用于安装软件的软件包管理器），再通过 homebrew 命令安装 tkdiff：

```
/bin/bash -c "$(curl -fsSL https://raw.githubusercontent.com/Homebrew/install/master/install.sh)"
brew install tkdiff
```

可以通过运行 `git config diff.tool <工具名>`配置 Git 以使用这些工具，其中<工具名>是 winmerge、tkdiff、meld 或 kompare。然后运行 `git difftool <文件名>`在工具的可视化界面中查看文件的修改，如图 12-5 所示。

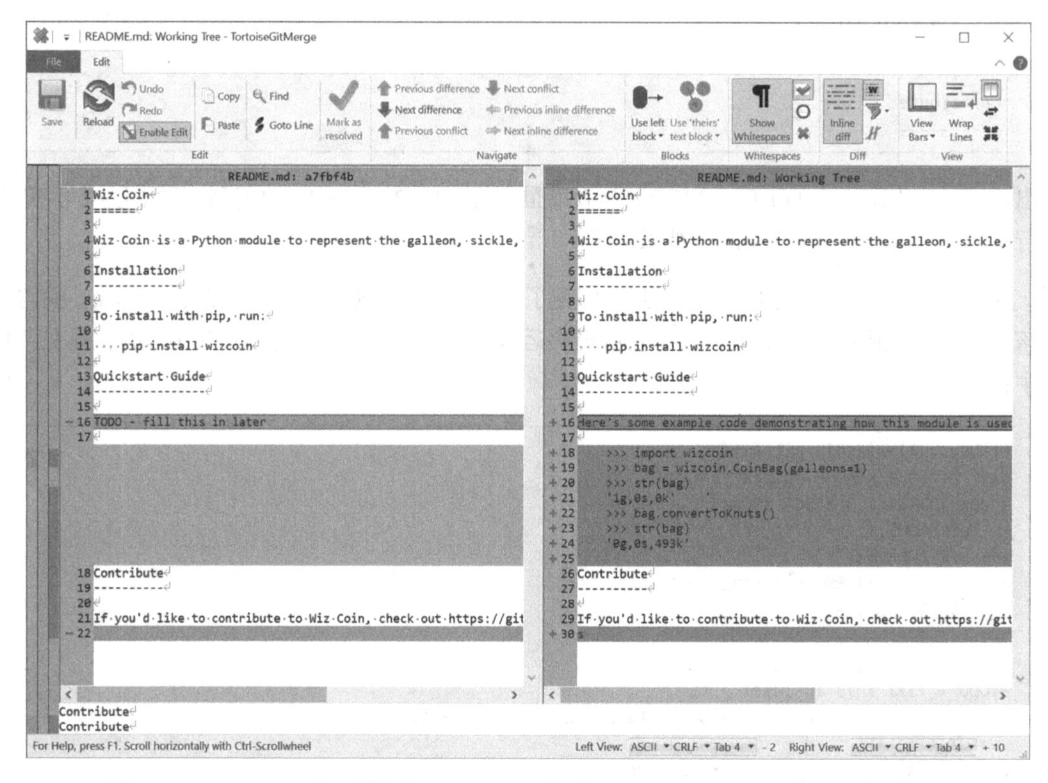

图 12-5　GUI diff 工具，图中为 WinMerge，相较于 `git diff` 的文本输出更容易阅读

此外，运行 `git config --global difftool.prompt false` 以避免每次打开差异对比工具都要进行确认。如果安装了一个 GUI 的 Git 客户端，你也可以对它进行配置以使用这些工具，或者客户端可能自带一个可视化的差异对比工具。

3. 应该多久提交一次修改

虽然版本控制可以将文件回滚到早前提交的版本，但是你还需要知道应该多久提交一次代码。如果提交得过于频繁，将很难从大量无关紧要的提交中找到你想要的代码版本。而如果提交的频率太低，每次提交都会包含大量的修改，恢复到某个特定的提交时，将会撤销你本想保留的很多变更。一般来说，多数程序员的提交频率是偏低的。

应该在完成一整块功能的编写后再提交代码，比如一个特性、类的编写或错误的修复工作。不要提交任何包含语法错误或者明显有问题的代码。提交的代码可以是几行，也可以是几百行，但无论如何，在跳到任意一个早前提交时间点时，你都能获得一个可用程序。在提交前，应该运行所有的单元测试。理想情况下，所有的测试通过后才能提交，如果没有通过，请在提交信息中进行说明。

12.5.4 从仓库中删除文件

如果不再需要 Git 追踪某个文件，不能简单地从文件系统中删除该文件，而是必须通过 Git 的 git rm 命令进行删除，这会让 Git 取消对该文件的追踪。为了练习，请运行 echo "Test file" > deleteme.txt 命令创建一个名为 deleteme.txt 的文件，其内容为 “Test file”。然后运行以下命令，将其提交到仓库中：

```
C:\Users\Al\wizcoin>echo "Test file" > deleteme.txt
C:\Users\Al\wizcoin>git add deleteme.txt
C:\Users\Al\wizcoin>git commit -m "Adding a file to test Git deletion."
[master 441556a] Adding a file to test Git deletion.
 1 file changed, 1 insertion(+)
 create mode 100644 deleteme.txt
C:\Users\Al\wizcoin>git status
On branch master
nothing to commit, working tree clean
```

不要使用 Windows 上的 del 命令或 macOS 和 Linux 上的 rm 命令删除该文件。如果删除了，可以运行 git restore <文件名>命令来恢复文件，或者继续使用 git rm 命令将其从仓库中删除。正确的做法是使用 git rm 命令删除 deleteme.txt 文件，并将其提交到暂存区，如下所示：

```
C:\Users\Al\wizcoin>git rm deleteme.txt
rm deleteme.txt'
```

git rm 命令从你的工作副本中删除了该文件，但这还没完全结束。和 git add 一样，git rm 命令也对文件进行了暂存处理，需要像做了其他改动一样提交对文件的删除：

```
C:\Users\Al\wizcoin>git status
On branch master
Changes to be committed:
 ❶ (use "git reset HEAD <file>..." to unstage)

        deleted:    deleteme.txt

C:\Users\Al\wizcoin>git commit -m "Deleting deleteme.txt from the repo to finish the deletion test."
[master 369de78] Deleting deleteme.txt from the repo to finish the deletion test.
 1 file changed, 1 deletion(-)
 delete mode 100644 deleteme.txt
C:\Users\Al\Desktop\wizcoin>git status
On branch master
nothing to commit, working tree clean
```

尽管你已经从工作副本中删除了 deleteme.txt，它仍然存在仓库的历史版本中，可以被恢复。12.7 节将描述如何恢复被删除的文件和撤销修改。

git rm 命令只对处于干净的提交状态、没有任何修改的文件起作用。否则 Git 会要求提交修改，或者使用 git reset HEAD <文件名>命令恢复它们（git status 命令的输出会提醒你使用这个命令❶）。这个步骤可以防止意外地删除未提交的修改。

12.5.5　重命名和移动仓库中的文件

与删除文件类似，不应该不通过 Git 而直接重命名或移动仓库中的文件，因为这会被 Git 视为删除了一个文件并创建了一个新的文件，而这个新文件只是恰好有相同的内容。正确的做法是使用 git mv 命令和 git commit 命令，比如运行下面的命令，将 README.md 重命名为 README.txt：

```
C:\Users\Al\wizcoin>git mv README.md README.txt
C:\Users\Al\wizcoin>git status
On branch master
Changes to be committed:
  (use "git reset HEAD <file>..." to unstage)

        renamed:    README.md -> README.txt

C:\Users\Al\wizcoin>git commit -m "Testing the renaming of files in Git."
[master 3fee6a6] Testing the renaming of files in Git.
 1 file changed, 0 insertions(+), 0 deletions(-)
 rename README.md => README.txt (100%)
```

这样一来，README.txt 的修改历史中将会包含 README.md 的历史。

移动文件则应使用 git mv 命令。输入以下命令创建一个名为 movetest 的新文件夹，并将 README.txt 移到其中：

```
C:\Users\Al\wizcoin>mkdir movetest
C:\Users\Al\wizcoin>git mv README.txt movetest/README.txt
C:\Users\Al\wizcoin>git status
On branch master
Changes to be committed:
  (use "git reset HEAD <file>..." to unstage)

        renamed:    README.txt -> movetest/README.txt

C:\Users\Al\wizcoin>git commit -m "Testing the moving of files in Git."
[master 3ed22ed] Testing the moving of files in Git.
 1 file changed, 0 insertions(+), 0 deletions(-)
 rename README.txt => movetest/README.txt (100%)
```

也可以通过给 git mv 一个新名字和新的位置重命名并移动一个文件。尝试把 README.txt 移回原来所在工作目录根部的位置，并恢复它原有的名字：

```
C:\Users\Al\wizcoin>git mv movetest/README.txt README.md
C:\Users\Al\wizcoin>git status
On branch master
Changes to be committed:
  (use "git reset HEAD <file>..." to unstage)

        renamed:    movetest/README.txt -> README.md

C:\Users\Al\wizcoin>git commit -m "Moving the README file back to its original place and name."
[master 962a8ba] Moving the README file back to its original place and name.
1 file changed, 0 insertions(+), 0 deletions(-)
rename movetest/README.txt => README.md (100%)
```

注意，尽管 README.md 文件回到了原来的文件夹，名字也恢复了，但 Git 仓库会记住这些移动和名字的变更。你可以使用下一节介绍的 git log 命令查看这段历史。

12.6 查看提交日志

git log 命令会输出所有提交的列表：

```
C:\Users\Al\wizcoin>git log
commit 962a8baa29e452c74d40075d92b00897b02668fb (HEAD -> master)
Author: Al Sweigart <al@inventwithpython.com>
Date:   Wed Sep 1 10:38:23 2021 -0700

    Moving the README file back to its original place and name.

commit 3ed22ed7ae26220bbd4c4f6bc52f4700dbb7c1f1
Author: Al Sweigart <al@inventwithpython.com>
Date:   Wed Sep 1 10:36:29 2021 -0700

    Testing the moving of files in Git.

--snip-
```

这个命令可能显示大量的文本，如果日志不能在终端窗口中显示完全，它会提示使用上下方向键以向上或向下滚动。按 Q 键可以退出。

如果想把文件恢复到之前的某次提交，首先需要找到该次提交的哈希值，它是一串 40 个字符长的十六进制数（由数字、字母 A 到 F 组成），用作一个提交的唯一标识。比如在我们的仓库中，最近一次提交的完整哈希值是 962a8baa29e452c74d40075d92b00897b02668fb，但通常只用前 7 位数字，也就是 962a8ba。

随着时间的推移，日志会变得非常庞大。--oneline 选项可以将输出缩减成提交哈希值和每个提交信息的第一行。在命令行中输入 git log --oneline：

```
C:\Users\Al\wizcoin>git log --oneline
962a8ba (HEAD -> master) Moving the README file back to its original place and name.
3ed22ed Testing the moving of files in Git.
15734e5 Deleting deleteme.txt from the repo to finish the deletion test.
441556a Adding a file to test Git deletion.
2a4c5b8 Added example code to README.md
e1ae3a3 An initial add of the project files.
```

如果觉得这个日志还是太长，可以使用-n 限制输出最近的几次提交。尝试输入 git log --oneline -n 3，查看最近的 3 次提交：

```
C:\Users\Al\wizcoin>git log --oneline -n 3
962a8ba (HEAD -> master) Moving the README file back to its original place and name.
3ed22ed Testing the moving of files in Git.
15734e5 Deleting deleteme.txt from the repo to finish the deletion test.
```

运行 git show <hash> <文件名>可以查看某个文件在某次提交时的内容。但 GUI Git 工具会提供比命令行 Git 工具更便捷的界面来检查仓库的日志。

12.7　恢复历史修改

如果引入了错误或者不小心删除了某个文件，你就需要使用源代码的早期版本。版本控制系统可以撤销或者回滚工作副本，使其恢复到早期提交的内容。需要使用的具体命令取决于工作副本中文件的状态。

需要记住，版本控制系统只向前添加信息。即使从仓库中删除了一个文件，Git 也会记住这次变更，以便日后恢复。回滚一个变更实际上是添加一个新的变更，该变更将文件的状态设置为先前提交的状态。可以在 GitHub 上找到关于各种回滚的详细信息。

12.7.1　撤销未提交的本地修改

如果对一个文件进行了未提交的修改，但想把它恢复到最新提交的版本，可以运行 git restore <文件名>。在下面的示例中，我们修改了 README.md 文件，但还未暂存或者提交它：

```
C:\Users\Al\wizcoin>git status
On branch master

Changes not staged for commit:
  (use "git add <file>..." to update what will be committed)
  (use "git restore <file>..." to discard changes in working directory)
```

```
        modified:   README.md

no changes added to commit (use "git add" and/or "git commit -a")
C:\Users\Al\wizcoin>git restore README.md
C:\Users\Al\wizcoin>git status
On branch master
Your branch is up to date with 'origin/master'.

nothing to commit, working tree clean
```

运行 git restore README.md 命令后，README.md 的内容会恢复到上次提交时的内容。这实际上是对该文件修改（但还未暂存或提交）的一个撤销操作。需要注意的是，你不能通过撤销这个“撤销”操作来恢复这些修改。

你也可以运行 git checkout .命令恢复工作副本中对所有文件进行的修改。

12.7.2 取消暂存的文件

如果运行 git add 命令将一个修改过的文件暂存后，又想将其从暂存区中移除，避免下次被提交，可以运行 git restore --staged <文件名>来取消暂存：

```
C:\Users\Al>git restore --staged README.md
Unstaged changes after reset:
M       spam.txt
```

README.md 文件保留了修改内容，和执行 git add 命令暂存文件之前的内容一样，但该文件不再处于暂存状态。

12.7.3 回滚近期的提交

假设你做了几次无用的提交，想从之前一次的提交重新开始，需要撤销特定数量的最近几次提交，比如想撤销 3 次，可以使用 git revert -n HEAD~3..HEAD 命令。你可以用任何数字来替换 3。比如你在追踪自己正在创作的一部悬疑小说的改动，Git 日志如下，它包含了所有的提交内容和相关信息：

```
C:\Users\Al\novel>git log --oneline
de24642 (HEAD -> master) Changed the setting to outer space.
2be4163 Added a whacky sidekick.
97c655e Renamed the detective to 'Snuggles'.
8aa5222 Added an exciting plot twist.
2590860 Finished chapter 1.
2dece36 Started my novel.
```

后来你决定从哈希值为 8aa5222 的精彩情节那里开始重写。这意味着你需要撤销最后 3 次提交的变动：de24642、2be4163 和 97c655e。运行 `git revert -n HEAD~3..HEAD` 以撤销这些修改，然后运行 `git add .` 和 `git commit -m "<提交信息>"` 来提交这些内容，就像对待其他改动一样：

```
C:\Users\Al\novel>git revert -n HEAD~3..HEAD

C:\Users\Al\novel>git add .

C:\Users\Al\novel>git commit -m "Starting over from the plot twist."
[master faec20e] Starting over from the plot twist.
 1 file changed, 34 deletions(-)

C:\Users\Al\novel>git log --oneline
faec20e (HEAD -> master) Starting over from the plot twist.
de24642 Changed the setting to outer space.
2be4163 Added a whacky sidekick.
97c655e Renamed the detective to 'Snuggles'.
8aa5222 Added an exciting plot twist.
2590860 Finished chapter 1.
2dece36 Started my novel.
```

Git 仓库通常只添加信息，所以撤销这些提交仍然会在提交历史中留下记录。如果想撤销这些“撤销”操作，可以使用 `git revert` 再次回滚。

12.7.4　回滚到单个文件的某次提交

因为提交是记录整个版本的状态，而非单个文件的状态，所以如果想回滚单个文件的修改，需要使用不同的命令。假设我有一个小型软件项目的 Git 仓库，我创建了 eggs.py 文件，并在其中添加了函数 `spam()` 和 `bacon()`，然后把 `bacon()` 改名为 `cheese()`。这个仓库的日志会像这样：

```
C:\Users\Al\myproject>git log --oneline
895d220 (HEAD -> master) Adding email support to cheese().
df617da Renaming bacon() to cheese().
ef1e4bb Refactoring bacon().
ac27c9e Adding bacon() function.
009b7c0 Adding better documentation to spam().
0657588 Creating spam() function.
d811971 Initial add.
```

我决定在不改变仓库中其他文件的情况下，将该文件恢复到添加 `bacon()` 之前。我可以使用 `git show <hash>:<文件名>` 命令显示这个文件在特定提交后的样子。该命令可能会显示如下：

```
C:\Users\Al\myproject>git show 009b7c0:eggs.py
<contents of eggs.py as it was at the 009b7c0 commit>
```

使用 git checkout <hash>--<文件名>可以将 eggs.py 的内容设置为这个版本，并像往常一样提交修改后的文件。而 git checkout 命令只改变工作副本，你仍然需要像其他改动一样对这些改动进行暂存和提交：

```
C:\Users\Al\myproject>git checkout 009b7c0 -- eggs.py

C:\Users\Al\myproject>git add eggs.py

C:\Users\Al\myproject>git commit -m "Rolled back eggs.py to 009b7c0"
[master d41e595] Rolled back eggs.py to 009b7c0
 1 file changed, 47 deletions(-)

C:\Users\Al\myproject>git log --oneline
d41e595 (HEAD -> master) Rolled back eggs.py to 009b7c0
895d220 Adding email support to cheese().
df617da Renaming bacon() to cheese().
ef1e4bb Refactoring bacon().
ac27c9e Adding bacon() function.
009b7c0 Adding better documentation to spam().
0657588 Creating spam() function.
d811971 Initial add.
```

可以看到 eggs.py 文件被回滚了，而仓库的其他部分则保持不变。

12.7.5 重写提交历史

如果你不小心提交了一个包含敏感信息的文件，比如其中包含密码、API 密钥或信用卡号码，仅仅删除这些信息并重新提交是不够的。任何有权限访问仓库的人，无论是在你的计算机上还是远程克隆的副本上，都可以回滚到包含这些信息的提交版本。

从版本库中删除这些信息使其无法恢复有点麻烦，但并非不可能。具体步骤超出了本书的讨论范围，你可以使用 git filter-branch 命令，或者更好的选择是使用 BFG Repo-Cleaner 工具。在 GitHub 上可以查到这两种方法。

对于这个问题，最简单的预防措施是用一个 secrets.txt、confidential.py 或类似的文件来存放敏感的个人信息，并将其添加到.gitignore 中，这样就不会意外地提交到仓库中。你的程序可以读取该文件以获取敏感信息。注意，不要将敏感信息直接放在源代码中。

12.8 GitHub 和 git 推送命令

尽管 Git 仓库完全可以存储在你的计算机上，但有许多网站可以免费在线托管仓库的副本，以便其他人下载，为你的项目做贡献。这些网站中规模最大的是 GitHub。如果把项目的副本放在网上，即使用于开发此项目的计算机关机了，其他人也可以对你的代码进行修改。这个副本还可以作为备份以备不时之需。

注意　Git 和 GitHub 容易被混为一谈。Git 是版本控制软件，它维护一个仓库并包含 git 命令，GitHub 则是一个在线托管 Git 仓库的网站。

前往 GitHub 官网注册一个免费账户。在 GitHub 主页或者你的个人资料页面的仓库标签页，单击“New”按钮添加一个新项目。在仓库名称中输入 wizcoin，并像 12.2 节所介绍的一样，使用 Cookiecutter 创建新项目时的项目描述，如图 12-6 所示。将仓库标记为“Public”，并在初始化版本库的 README 的复选框中取消选择，因为是要导入一个现有的仓库。接着单击“Create repository”。这些操作实际上等效于在 GitHub 网站上运行 `git init`。

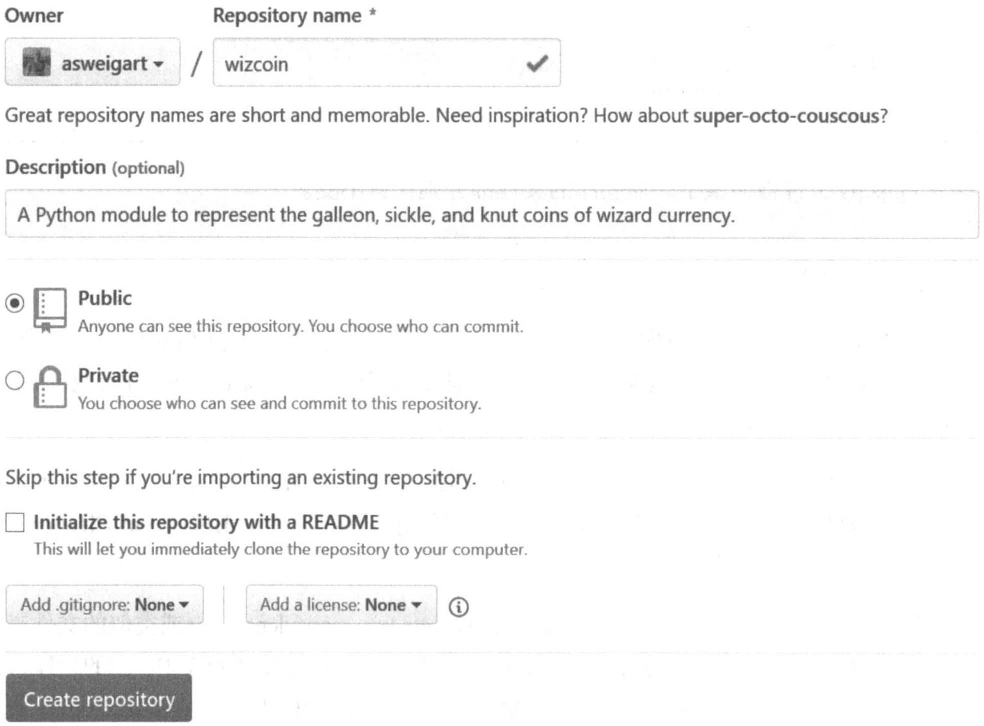

Owner　Repository name *

asweigart / wizcoin

Great repository names are short and memorable. Need inspiration? How about super-octo-couscous?

Description (optional)

A Python module to represent the galleon, sickle, and knut coins of wizard currency.

Public
Anyone can see this repository. You choose who can commit.

Private
You choose who can see and commit to this repository.

Skip this step if you're importing an existing repository.

Initialize this repository with a README
This will let you immediately clone the repository to your computer.

Add .gitignore: None　Add a license: None

Create repository

图 12-6　在 GitHub 上创建一个新的仓库

12.8.1　将一个已存在的仓库推送到 GitHub

在命令行中推送一个已存在的仓库，如下所示：

```
C:\Users\Al\wizcoin>git remote add origin https://github.com/<github_ username>/wizcoin.git
C:\Users\Al\wizcoin>git push -u origin master
Username for 'https://github.com': <github_username>
Password for 'https://<github_username>@github.com': <github_password>
Counting objects: 3, done.
Writing objects: 100% (3/3), 213 bytes | 106.00 KiB/s, done.
Total 3 (delta 0), reused 0 (delta 0)
To https://github.com/<your github>/wizcoin.git
* [new branch]      master -> master
Branch 'master' set up to track remote branch 'master' from 'origin'.
```

git remote add origin https://github.com/*<github_username>*/wizcoin.git 命令将 GitHub 添加为与本地仓库对应的远程仓库。然后用 git push -u origin master 命令将本地仓库中的全部提交推送到远程仓库中。完成第一次推送，之后的提交通过简单地运行 git push 就可以把本地仓库推送到远程仓库了。虽然并非强制要求，但在每次提交后将提交内容推送到 GitHub 是一个好做法，可以确保 GitHub 上的远程仓库和本地仓库保持一致。

当你在 GitHub 上刷新仓库的网页时，可以看到网站会显示最新的文件和提交。关于 GitHub 还有很多值得学习的地方，比如如何通过拉取请求接受其他人对你的仓库的贡献。诸如此类的 GitHub 高级功能不在本书讨论的范围之内。

12.8.2 克隆已存在的 GitHub 仓库

也可以反过来：在 GitHub 上创建一个新仓库，然后将其克隆到自己的计算机上。在 GitHub 网站上创建一个新仓库，不同的是这次需要选择使用 README 初始化新仓库的复选框。

要克隆这个仓库到本地计算机，打开 GitHub 的仓库页面，单击克隆或下载按钮打开一个窗口，使用 git clone 命令，将其下载到自己的计算机上：

```
C:\Users\Al>git clone https://github.com/<github_username>/wizcoin.git
Cloning into 'wizcoin'...
remote: Enumerating objects: 5, done.
remote: Counting objects: 100% (5/5), done.
remote: Compressing objects: 100% (3/3), done.
remote: Total 5 (delta 0), reused 5 (delta 0), pack-reused 0
Unpacking objects: 100% (5/5), done.
```

现在就可以使用这个 Git 仓库提交和推送修改了，这和运行 git init 创建的仓库一样。

当不知道如何撤销本地仓库的状态时，也可以使用 git clone，虽然这不是理想的做法。你可以在工作目录下保存一份副本，删除本地仓库，再通过 git clone 重新创建仓库。这种情况时有发生，即使是有经验的软件开发人员也会这样做，漫画 XKCD 1597 的梗就出自于此。

12.9　小结

版本控制系统是程序员的救星。提交代码的快照可以让你很容易回顾开发进展，在某些情况下还可以回滚不需要的改动。从长远看，掌握像 Git 这样的版本控制系统的基础知识肯定能够为你节省不少时间。

Python 项目通常有一些标准的文件和文件夹。cookiecutter 模块可以帮助你为这些数量众多的文件创建初始化模板。这些文件构成了提交到本地 Git 仓库的第一批文件。包含这些文件的文件夹被称为工作目录或项目文件夹。

Git 追踪工作目录下的文件，所有文件都处于以下 3 种状态之一：提交（也称为未修改或干净状态）、修改、暂存。Git 命令行工具提供了一些可以查看这些信息的命令，如 git status 或者 git log。也可以安装第三方的 GUI Git 工具进行查看。

git init 命令会在本地计算机上创建一个新的空白仓库。git clone 命令会从远程服务器（比如流行的 GitHub）复制一个仓库。无论通过哪种方式创建仓库，只要仓库被创建，就可以使用 git add 和 git commit 向仓库提交修改，并使用 git push 将其推送到远程 GitHub 仓库。本章还介绍了几个用于撤销提交的命令，执行撤销命令可以回滚到文件的早期版本。

Git 是一个包含很多功能的大型工具，本章只介绍了版本控制系统的基础知识。关于 Git 的高级功能还有许多资源可供学习，我推荐两本书：Scott Chacon 和 Ben Straub 的《精通 Git（第 2 版）》[①]，以及 Eric Sink 的 *Version Control by Example*。

---

① 该书中文版详见 ituring.cn/book/1608。——编者注

第 13 章

性能测量和大 *O* 算法分析

对于大多数小型程序而言，性能可能没那么重要。我们也许会花一小时来为任务编写一个自动化脚本，而这个脚本只要几秒钟就能运行完。就算时间再长一些，也不过是我们端着咖啡杯回到办公桌旁的时长。

有些情况下，对于花时间学习如何提升脚本速度要持谨慎态度，因为我们需要先学习程序的运行速度测量方法，否则无法知道所做的修改是否提升了程序的速度。而这就是 Python 模块 `timeit` 和 `cProfile` 的用武之地。这些模块不仅可以测量代码的运行速度，还会生成一个配置文件，说明代码的哪些部分已经足够快，哪些部分仍需改进。

除了测量程序的速度，你还将在本章学习如何测量理论上因程序需要处理的数据增加，程序运行时间随之增加的增速。在计算机科学领域中，它被称为**大 *O* 记法**。缺乏传统计算机科学背景的软件开发人员可能有时会觉得自己的知识储备不够全面。尽管计算机科学教育颇有成果，但对软件开发的直接作用可能有限。我曾开玩笑（但也不无道理）地说，大 *O* 记法占了我学位中 80%的有用内容。本章对这个实用话题进行了介绍。

13.1 `timeit` 模块

“过早优化是万恶之源”是软件开发领域中的一句俗语。（这句话经常被认为是出自计算机科学家高德纳，但他又将其归功于计算机科学家 Tony Hoare。Tony Hoare 则认为这归功于高德纳。）过早优化，也就是在知道具体需要优化的内容前盲目地进行优化，往往表现在程序员试图通过巧妙的方式来节省内存或编写更快的代码。一个例子是使用 XOR 算法来交换两个整数值，而不是使用额外的临时变量：

```
>>> a, b = 42, 101 # 设置两个变量
>>> print(a, b)
42 101
>>> # 通过一系列 ^ XOR 运算交换它们的值:
>>> a = a ^ b
>>> b = a ^ b
>>> a = a ^ b
>>> print(a, b) # 目前两个值已经被交换了
101 42
```

如果你不熟悉 XOR 算法（该算法使用^位运算符），那么这段代码看起来会很神秘。使用巧妙的编程技巧的弊端在于它会产生复杂、不可读的代码。我们应该记住“Python 之禅”的原则之一——“可读性很重要”。

更糟糕的是，这可能只是你自以为的巧妙之举。你不能总是一拍脑门儿就认为一个精巧的编程方法更快，而将被它取代的旧代码很慢。只有测量并比较运行时间（运行一个程序或一段代码所需的时间）才是证明快速与否的唯一方法。要知道运行时间的增加意味着程序在变慢，也就是程序需要更多的时间来做同样的工作。有一个类似的概念，我们有时也将程序的运行时间简称为**运行时**（runtime）。“这个错误发生在运行时”意味着错误发生在程序运行期间，而非程序被编译成字节码时。

Python 标准库的 `timeit` 模块会将待测量的一小段代码运行数千次，甚至数百万次，以确定平均运行时间。`timeit` 模块还可以暂时禁用自动垃圾回收器，以避免其对运行时间造成的差异。如果想测试多行代码，可以传递一个多行代码字符串，或者使用分号分隔多行代码：

```
>>> import timeit
>>> timeit.timeit('a, b = 42, 101; a = a ^ b; b = a ^ b; a = a ^ b')
0.1307766629999998
>>> timeit.timeit("""a, b = 42, 101
... a = a ^ b
... b = a ^ b
... a = a ^ b""")
0.13515726800000039
```

在我的计算机上，XOR 算法运行这段代码只需要大约 0.1 秒，这个速度够快吗？来和使用额外临时变量的整数交换代码对比一下：

```
>>> import timeit
>>> timeit.timeit('a, b = 42, 101; temp = a; a = b; b = temp')
0.027540389999998638
```

出乎意料吧？使用额外变量不仅可读性更好，而且速度也快了两倍。巧妙的 XOR 技巧可能会节省几字节的内存，但代价是减慢了速度并降低了代码可读性。牺牲代码的可读性来减少几字

节的内存使用或者纳秒级别的运行时间并不值当。

更好的做法是使用多重赋值技巧交换两个变量，也叫作迭代解包。它的速度更快：

```
>>> timeit.timeit('a, b = 42, 101; a, b = b, a')
0.024489236000007963
```

它在可读性和速度两方面都是最好的。这个结论不是拍脑门儿想出来的，而是出于客观的测量。

timeit.timeit()函数也可以接受第二个字符串类型参数，用作初始化代码。初始化代码仅在最初运行一次。也可以传递一个整数作为数字关键字参数改变默认的试验次数。比如，下面的测试测量了 Python 的 random 模块生成 10 000 000 个 1 到 100 的随机数需要多长时间（在我的计算机上需要大约 10 秒）：

```
>>> timeit.timeit('random.randint(1, 100)', 'import random', number=10000000)
10.020913950999784
```

默认情况下，传递给 timeit.timeit()的代码字符串不能访问程序其他部分的变量和函数：

```
>>> import timeit
>>> spam = 'hello' # 定义 spam 变量
>>> timeit.timeit('print(spam)', number=1) # 测量打印 spam 的时间
Traceback (most recent call last):
  File "<stdin>", line 1, in <module>
  File "C:\Users\Al\AppData\Local\Programs\Python\Python37\lib\timeit.py",
line 232, in timeit
    return Timer(stmt, setup, timer, globals).timeit(number)
  File "C:\Users\Al\AppData\Local\Programs\Python\Python37\lib\timeit.py",
line 176, in timeit
    timing = self.inner(it, self.timer)
  File "<timeit-src>", line 6, in inner
NameError: name 'spam' is not defined
```

为了解决这个问题，可以将 globals()[①]的返回值作为 globals 关键字参数：

```
>>> timeit.timeit('print(spam)', number=1, globals=globals())
hello
0.000994909999462834
```

编写代码的一个有效准则是先让它跑起来，再让它快起来。只有当你有了一个能用的程序后，你才需要专注于它的效率，让它变得更高效。

① Python 内置函数的作用是以字典类型返回全部全局变量。——译者注

13.2 cProfile 分析器

timeit 模块对测量小的代码片段很有效，但 cProfile 模块在分析整个函数或程序时更具优势。

程序分析可以系统性地分析程序的运行速度、内存使用情况等。cProfile 模块是 Python 的分析器，用于测量程序的运行时间和程序内各个函数调用消耗的时间。这些信息为代码提供了更细粒度的测量结果。

要使用 cProfile 分析器，请将待测量的代码串传递给 cProfile.run()。来看看 cProfile 是如何测量和报告一个短函数的执行情况的。该函数的作用是将 1 到 1 000 000 的数字进行求和运算：

```
import time, cProfile
def addUpNumbers():
    total = 0
    for i in range(1, 1000001):
        total += i

cProfile.run('addUpNumbers()')
```

运行该程序得到的输出是这样的：

```
        4 function calls in 0.064 seconds

  Ordered by: standard name

  ncalls  tottime  percall  cumtime  percall filename:lineno(function)
       1    0.000    0.000    0.064    0.064 <string>:1(<module>)
       1    0.064    0.064    0.064    0.064 test1.py:2(addUpNumbers)
       1    0.000    0.000    0.064    0.064 {built-in method builtins.exec}
       1    0.000    0.000    0.000    0.000 {method 'disable' of '_lsprof.Profiler' objects}
```

每一行标注了不同的函数花费的时间。cProfile.run()的输出中的列的解释如下。

- **ncalls**：对函数的调用次数。
- **tottime**：该函数花费的总时间，注意不包括在子函数中花费的时间。
- **percall**：tottime 除以调用次数。
- **cumtime**：在该函数及其子函数内花费的累计时间。
- **percall**[1]：cumtime 除以调用次数。
- **filename:lineno(function)**：该函数所在的文件及行号。

比如，你可以从 No Starch 的网站上下载 rsaCipher.py 和 al_sweigart_pubkey.txt。这个 RSA 密

① 注意这个名字跟前面一样，并非存在错误。——译者注

码程序在《Python 密码学编程》中有所提及。在交互式 shell 中输入以下内容，以分析 encryptAndWriteToFile()函数对由'abc'*100000 表达式创建的 30 万个字符长的信息的加密过程：

```
>>> import cProfile, rsaCipher
>>> cProfile.run("rsaCipher.encryptAndWriteToFile('encrypted_file.txt', 'al_sweigart_pubkey. txt',
'abc'*100000)")
         11749 function calls in 28.900 seconds

   Ordered by: standard name

   ncalls  tottime  percall  cumtime  percall filename:lineno(function)
        1    0.001    0.001   28.900   28.900 <string>:1(<module>)
        2    0.000    0.000    0.000    0.000 _bootlocale.py:11(getpreferredencoding)
--snip--
        1    0.017    0.017   28.900   28.900 rsaCipher.py:104(encryptAndWriteToFile)
        1    0.248    0.248    0.249    0.249 rsaCipher.py:36(getBlocksFromText)
        1    0.006    0.006   28.873   28.873 rsaCipher.py:70(encryptMessage)
        1    0.000    0.000    0.000    0.000 rsaCipher.py:94(readKeyFile)
--snip--
     2347    0.000    0.000    0.000    0.000 {built-in method builtins.len}
     2344    0.000    0.000    0.000    0.000 {built-in method builtins.min}
     2344   28.617    0.012   28.617    0.012 {built-in method builtins.pow}
        2    0.001    0.000    0.001    0.000 {built-in method io.open}
     4688    0.001    0.000    0.001    0.000 {method 'append' of 'list' objects}
--snip--
```

可以看到，传递给函数 cProfile.run()的代码共运行了 28.9 秒。注意这个示例中运行总时间最多的函数。Python 内置函数 pow()花了 28.617 秒，几乎等于总耗时！我们没法改变 pow()的代码（因为它是 Python 的内置函数），但也许可以改变程序的代码以减少对它的调用。

在这个示例中，这是不可能的，因为 rsaCipher.py 已经经过充分的优化。不过对这段代码的分析还是让我们了解到 pow()是主要瓶颈。因此，试图改进 readKeyFile()等函数（该函数的运行时间很短，cProfile 将其时间报告为 0）是没有意义的。

阿姆达尔定律（Amdahl's Law）体现了这一思想，其计算了其中一个组件得到改进的情况下对整个程序的运行速度的增益。该公式为整个任务的速度=1/((1-p)+(p/s))，其中 s 是一个组件的速度提升，p 是该组件在整个程序中的比例。比如将一个在程序中占总运行时间 90%的组件速度提升一倍，结果是 1/((1-0.9)+(0.9/2)) = 1.818，也就是说整个程序的速度提升了约 82%。这比将一个只占总运行时间 25%的组件的速度提升 3 倍要好，它的结果是 1/((1-0.25)+(0.25/2))=1.143，也就是整体速度提升了约 14%。你不需要背整个公式，只要记住将代码中运行时间长的代码速度提升一倍，要比将已经够快的代码速度提升一倍更有效。这是一个常识：昂贵的房子打 9 折要比便宜的鞋子打 9 折更有诱惑力。

13.3　大 O 算法分析

大 *O* 是一种算法分析形式，它描述了代码如何应对处理规模的增长。它将代码分为几个等级，笼统地描述代码的运行时间随着处理工作量的增加而需要增加的时间。Python 开发者 Ned Batchelder 将大 *O* 描述为对“代码如何随着数据增长而变慢”的分析。这也是他在 PyCon 2018 上的演讲主题。

假设这样一个情景：你有一些工作需要一小时才能完成，如果工作量增加一倍，需要花多少时间才能完成工作？你可能会说两小时，但实际上答案取决于工作的类型。

如果读一本薄书需要一小时，那么读两本薄书大概就要两小时。如果你能在一小时内将 500 本书按照书名的字母顺序排列，将 1000 本书按照字母顺序排列花费的时间就不止两小时，因为你必须在更大的图书集合中为每本书找到正确的位置。如果工作只是检查书架是否是空的，那么书架上无论有 0 本、10 本还是 1000 本都无所谓。只要看一眼就会立刻知道答案。无论有多少本书，需要的时间都是差不多的。尽管不同的人在阅读或者编排字母时的速度存在个体差异，但总体来说趋势是一样的。

算法的大 *O* 描述了这种趋势。大 *O* 描述算法的总体表现与执行该算法的实际硬件速度的快慢无关。大 *O* 不使用任何具体的单位（比如秒或者 CPU 周期）来描述算法的运行时间，因为运行时间在不同的计算机或编程语言之间会有差异。

13.4　大 O 阶

大 *O* 记法通常有以下几个等级，它们的顺序是从低到高，也就是从随着数据量增长速度减慢最少的代码到速度减慢最多的代码：

(1) $O(1)$，恒定时间（最低）
(2) $O(\log n)$，对数时间
(3) $O(n)$，线性时间
(4) $O(n \log n)$，N-Log-N 时间
(5) $O(n^2)$，多项式时间
(6) $O(2^n)$，指数时间
(7) $O(n!)$，阶乘时间（最高）

注意，大 *O* 阶使用了以下符号：一个大写的 *O*，后面是一对小括号，括号中是对阶数的描述。大写的 *O* 表示**阶数**（order）。*n* 表示代码要处理的输入数据的大小。

使用大 *O* 记法无须理解对数、多项式等词的精确的数学意义。下一节将详细描述这些阶数，

这里先给出简化的解释：

- $O(1)$算法和 $O(\log n)$算法很快；
- $O(n)$算法和 $O(n \log n)$算法还不错；
- $O(n^2)$算法、$O(2^n)$算法和 $O(n!)$算法很慢。

当然你可以找出反例，但大多数情况下，上述结论是对的。还有很多大 O 阶未被列出，这里给出的是最常用的。现在逐个看看每个阶数所描述的任务种类。

13.4.1 使用书架打比方描述大 O 阶

在下面的大 O 阶例子中，我将继续使用书架的比喻。n 指的是书架上的书的数量，大 O 阶描述了随着书的数量的增加，各种任务所花费的时间是如何增加的。

1. $O(1)$，恒定时间

找到“书架是否是空的”的答案是恒定时间的操作。书架上到底有多少书并不重要，只要看一眼就能判断书架是否是空的。做出这个判断所用的时间与书的数量多少无关，因为只要看到书架上有一本书，就可以停止寻找了。因为 n 值与执行任务的时间无关，所以 $O(1)$中并不包含 n。有时，恒定时间也被写作 $O(c)$。

2. $O(\log n)$，对数时间

对数是指数的逆运算：指数 2^4，也就是 $2 \times 2 \times 2 \times 2$，等于 16。而对数 $\log_2(16)$（读作以 2 为底 16 的对数）等于 4。在编程中，我们一般使用 2 作为对数基数，所以将 $O(\log_2 n)$简写为 $O(\log n)$。

在一个按照字母顺序排列的书架上搜索某本书是一个对数时间的操作。为了找到一本书，你可以先检查在书架中间位置的那本书。如果它就是你要找的书，那么任务就完成了。如果不是，你要确定想找的书是在中间这本书的前面还是后面。这么做可以有效地将找书范围缩减至一半。接下来不断重复这个过程，在一半范围内检查处于中间位置的书。这被称为二分搜索算法，13.5.2 节中有一个示例。

将一组书分为两半的次数一共是 $\log_2 n$ 次。在一个有 16 本书的书架上，最多需要 4 步就能找到想找的书，因为每一步都会将需要继续搜索的书的范围缩减一半。如果书架上的书增加一倍，也只需要多搜索一次。如果一个书架按照字母顺序排列有 42 亿本书，也只需要 32 步就能找到某本书。

$O(\log n)$算法通常包括一个划分和消化的步骤，即从 n 个输入中选择一半进行处理，再从这一半中选择一半，以此类推。$\log n$ 运算的可扩展性很好：工作量增加一倍，运算时间只增加一步。

3. $O(n)$，线性时间

阅读书架上的所有书是一个线性时间的操作。如果书的厚度差不多，将书架上的书的数量增加一倍，那么读完所有书就需要大约两倍的时间。运算时间与书的数量 n 成比例增加。

4. $O(n \log n)$，N-Log-N 时间

将一组书按照字母顺序排序是一个 N-Log-N 时间的操作。这个阶数是 $O(n)$和 $O(\log n)$的运行时间相乘的结果。可以将 $O(n \log n)$的任务看成一个需要被执行 n 次的 $O(\log n)$任务。下面对原因做一个通俗的解释。

我们有一摞需要按照字母顺序排列的书和一个空书架。按照前文描述的二分搜索算法的步骤，找到书架上某本书的位置是 $O(\log n)$的操作。如果有 n 本书需要按字母顺序排列，而每本书按照字母顺序排列都需要 $\log n$ 步，按照字母顺序排列整个书架需要的步骤就是 $n \times \log n$，或者 $\log n \times n$。如果书的数量变成原来的两倍，将所有书按照字母顺序排列也只需要两倍多一点的时间。所以 $O(n \log n)$算法的增长速度是较慢的。

事实上，所有高效的排序算法都是 $O(n \log n)$的：合并排序、快速排序、堆排序和 TimSort。（TimSort 是由 Tim Peters 发明的，Python 的 `sort()`方法使用的就是该算法。）

5. $O(n^2)$，多项式时间

在一个没有排序的书架上检查是否存在重复的书是一个多项式时间的操作。如果有 100 本书，那么你可以从第一本开始，拿起来跟其他 99 本书比较，看看是否相同。接着拿起第二本、第三本……分别和其他 99 本书比较，检查一本书是否跟其他书重复需要 99 个步骤（四舍五入成 100，也就是这个示例中的 n）。而我们需要对每本书都进行一次操作，也就是一共 100 次。因此检查书架上是否存在重复书的步骤大约是 $n \times n$，也就是 n^2。（即使我们足够聪明，不去重复比较，也需要执行近 n^2 步。）

运行时间以增加的图书数量的平方成比例增加。检查 100 本书中是否有重复需要 10 000 步（100 × 100）。而检查两倍于这个数量的书，也就是 200 本书，则需要 40 000 步（200 × 200），即以前的 4 倍。

根据我自己的实际编码经验，大 O 分析最常见的用途是避免在问题存在 $O(n \log n)$或 $O(n)$的算法时意外地编写一个 $O(n^2)$算法。$O(n^2)$阶意味着算法的速度随着规模增加急剧下降。如果你的代码是 $O(n^2)$阶或更高，应该先暂停，思考是否可能有另一种算法能够更快地解决问题。为了应对这种问题，无论是在大学里还是在网上，学习数据结构和算法课程会有所帮助。

$O(n^2)$也被称为二次方时间。算法的复杂度还可能是 $O(n^3)$，即立方时间，或者 $O(n^4)$，即四次方时间，又或者是其他多项式时间。它们的速度随着指数的增大而变慢。

6. $O(2^n)$，指数时间

给书架上所有书的组合拍照是一个指数时间的操作。想象一下：书架上的每本书要么在照片中，要么不在照片中。图 13-1 显示了 n 为 1、2、3 时的所有组合。如果 n 为 1，会有两张照片：有书或没书。如果 n 为 2，则有 4 张照片：两本书都在书架上、两本书都不在、第一本书在而第二本不在、第二本书在而第一本不在。当数量增加到 3 本书时，你要做的工作又增加了一倍：你需要对两本书的每个子集中再考虑第三本书在（4 张照片）或不在（另外 4 张照片）的情况（一共是 8 张照片，因为 $2^3=8$）。每增加一本书，工作量就增加一倍。如果有 n 本书，需要拍摄的照片数量（也就是工作量）是 2^n。

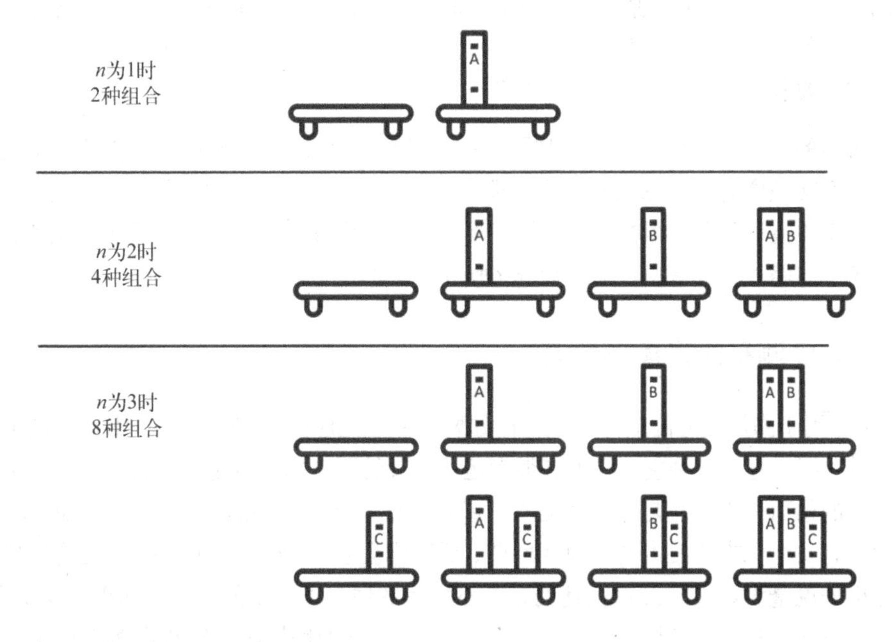

图 13-1　书架上有一本、两本、三本书时的所有组合

指数级任务的运行时间增加得很快。6 本书需要 2^6 即 64 张照片，32 本书则需要 2^{32} 即超过 42 亿张照片。$O(2^n)$、$O(3^n)$、$O(4^n)$等虽然阶数不同，但时间复杂度都属于指数级。

7. $O(n!)$，阶乘时间

把书架上的书按照所有顺序拍照是一个阶乘时间的操作。这些书的所有顺序被称为 n 本书的排列组合，结果是 $n!$，也就是 n 的阶乘。一个数字的阶乘是不超过该数的所有正整数的乘积。比如 3!是 $3 \times 2 \times 1$，即 6。图 13-2 展示了 3 本书可能出现的所有排列组合。

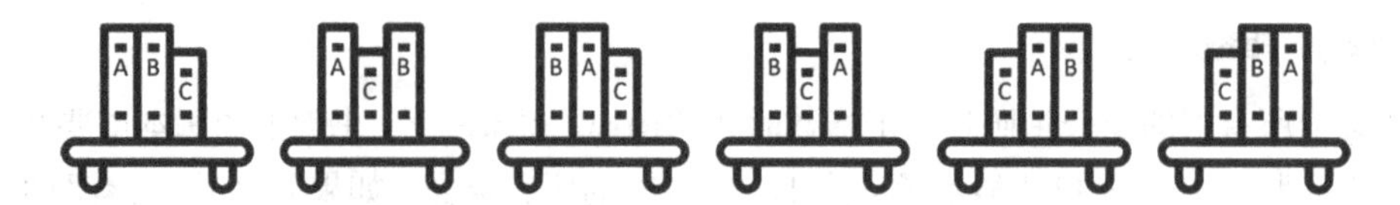

图 13-2　书架上 3 本书的全部 6 种排列组合

思考如何得到 n 本书的每种排列组合。第一本书有 n 种可能的选择；第二本书有 $n-1$ 种可能的选择（除了第一本书之外的每一本书都可以被选作第二本）；第三本书有 $n-2$ 种选择，以此类推。当有 6 本书时，就存在 6!种选择，也就是 $6 \times 5 \times 4 \times 3 \times 2 \times 1$，即 720 张照片。而再增加一本书，结果就是 7!，即 5040 张照片。即使 n 值并不大，阶乘时间的算法也很快变得不能在合理时间内完成。如果你有 20 本书供排列，就算 1 张照片的拍摄时间只有 1 秒，它仍然需要比宇宙存在的时间还要长的时间拍摄完所有排列组合。

一个著名的 $O(n!)$问题是旅行商问题。一个销售员要访问 n 个城市，希望计算出他需要访问的 n 个城市不同顺序的旅行总距离，再根据其计算结果确定旅行总距离最短的访问顺序。在城市很多时，该任务被证明无法很快完成，但幸运的是，优化算法可以找到一条相对距离较短（但不保证是最短）的路线，运算所用时间要比 $O(n!)$短得多。

13.4.2　大 O 测量的是最坏情况

大 *O* 专用于测量任务的最坏情况。比如要在一个无序的书架上找到一本特定的书，你需要从一头开始搜寻，直到找到它。你可能很幸运，查看的第一本书就是你要找的书。但你也可能不走运，查看的最后一本书才是你要找的书，或者它根本就不在书架上。因此，在最好的情况下，即使书架上有几十亿本待搜索的书也无所谓，反正你会立刻找到要找的书。但是这种乐观的态度对算法分析来说毫无意义。大 *O* 描述的是在不幸运的情况下发生的事情：如果书架上有 n 本书，那么你将不得不查看完所有书。在这种情况下，运行时间的增加速度与书的数量增加的速度相同。

一些程序员还会使用大 *Omega* 符号描述算法的最佳情况。比如，一个 $\Omega(n)$算法在最好的情况下会具有线性效率。而在最坏的情况下，它可能表现得更慢。有些算法会遇到特别幸运的情况，即不需要做任何工作。比如，任务是找到前往目的地的驾驶路线，而你就在目的地。

大 *Theta* 符号则表示算法的最好情况和最坏情况下的阶数相同。比如，$\Theta(n)$描述了一个在最好情况和最坏情况下都具有线性效率的算法，也就是说，它既是 $O(n)$算法，也是 $\Omega(n)$算法。在软件工程中，这些符号不如大 *O* 常用，但你还是应该知道它们。

在谈论“平均情况下的大 *O*”时，人们指的是大 *Theta*；在谈论“最佳情况下的大 *O*”时，指的是大 *Omega*，这并不稀奇。他们的说法严格来说是矛盾的。大 *O* 具体指的是一个算法的最坏情况下的运行时间。但即使他们的措辞在技术上不正确，你也应该能够理解他们的意思。

理解大 O 所需的数学知识

如果你对代数生疏了，复习以下数学知识就足以帮助你进行大 O 分析。

- 乘法：加法的重复，$2\times4=8$ 就相当于 $2+2+2+2=8$。使用变量进行抽象，$n+n+n$ 相当于 $3\times n$。
- 乘法符号：在代数中，乘法符号×经常被省略。$2\times n$ 会被写作 $2n$。当操作数都是数字时，2×3 会被写作 2(3)，即 6。
- 乘法同一性：一个数乘以 1 结果是这个数本身。如 $5\times1=5$，$42\times1=42$。更笼统的描述是：$n\times1=n$。
- 乘法分配律：$2\times(3+4)=(2\times3)+(2\times4)$，等式两边都等于 14。更笼统的描述是：$a(b+c)=ab+ac$。
- 幂是重复的乘法：$2^4=16$（读作 2 的 4 次方等于 16）。这和 $2\times2\times2\times2=16$ 一样。这个示例中的 2 是基数，4 是指数。使用变量进行抽象，$n\times n\times n\times n$ 相当于 n^4。在 Python 中，我们使用**运算符表示幂运算：2**4 的结果是 16。
- 1 次方的结果就是基数本身，如 $2^1=2$，$9999^1=9999$。更笼统的描述是：$n^1=n$。
- 0 次方的结果都是 1，如 $2^0=1$，$9999^0=1$。更笼统的描述是：$n^0=1$。
- 系数是乘法因数：在 $3n^2+4n+5$ 中，系数是 3、4、5。可以看到，5 被视为系数的原因是它可以被写作 5(1)，即 $5n^0$。
- 对数是幂运算的逆运算：由于 $2^4=16$，因此 $\log_2(16)=4$，它的念法是“以 2 为底 16 的对数是 4”。在 Python 中，我们使用 `math.log()`函数求解：`math.log(16, 2)`的结果为 4.0。

计算大 O 时经常需要通过合并同类项来简化方程。项是一些数字和变量相乘的组合：在 $3n^2+4n+5$ 中，项是 $3n^2$、$4n$ 和 5。同类项是指它们的变量及指数都相同。在表达式 $3n^2+4n+6n+5$ 中，项 $4n$ 和 $6n$ 是同类项。可以将该表达式简写成 $3n^2+10n+5$。

请记住，由于 $n\times1=n$，像 $3n^2+5n+4$ 这样的表达式可以被认为是 $3n^2+5n+4(1)$。这个表达式中的项与大 O 阶的 $O(n^2)$、$O(n)$和 $O(1)$类似。这一点在后面为大 O 的计算舍弃系数时会出现。

当你首次学习计算一段代码的大 O 时，这些数学规则可能会派上用场。但在完成 13.5.4 节的学习后，你可能就不需要它们了。大 O 是一个简单的概念，即使没有严格遵循数学规则，依然能衡量算法的快慢。

13.5　确定代码的大 O 阶

确定一段代码的大 *O* 阶需要进行 4 项工作：确定 *n* 是什么，计算代码中的步骤数，去除低阶项，去除系数。

比如，为下面的 readingList()函数计算大 *O* 阶：

```
def readingList(books):
    print('Here are the books I will read:')
    numberOfBooks = 0
    for book in books:
        print(book)
        numberOfBooks += 1
    print(numberOfBooks, 'books total.')
```

回顾一下，*n* 代表代码处理的输入数据的规模。在函数中，*n* 几乎总是作为参数。readingList()函数的唯一参数是 books，所以 books 的大小似乎是 *n* 的一个很好的候选项，因为 books 越大，函数运行的时间就越长。

接下来计算这段代码中的步骤数。步骤的定义是模糊的，将一行代码视为一个步骤是个不错的规则。循环有多少步，最终的步骤数量就等于迭代次数乘以循环体中的代码行数。为了方便理解，下面给出 readingList()函数内的代码的步骤数：

```
def readingList(books):
    print('Here are the books I will read:')    # 1 步
    numberOfBooks = 0                           # 1 步
    for book in books:                          # 单次循环内的步骤数 * n
        print(book)                             # 1 步
        numberOfBooks += 1                      # 1 步
    print(numberOfBooks, 'books total.')        # 1 步
```

除了 for 循环，每行代码都被视作一个步骤。for 循环对于 books 中的每一项都会执行一次，因为 books 的规模是 *n*，所以它执行了 *n* 步。不仅如此，for 循环内的所有步骤也被一并执行了 *n* 次。因为循环中共有两个步骤，所以总步骤数是 $2 \times n$。可以这样描述步骤：

```
def readingList(books):
    print('Here are the books I will read:')    # 1 步
    numberOfBooks = 0                           # 1 步
    for book in books:                          # n * 2 步
        print(book)                             # (已归并计算)
        numberOfBooks += 1                      # (已归并计算)
    print(numberOfBooks, 'books total.')        # 1 步
```

计算总步骤数时，得到的结果就是 $1 + 1 + (n \times 2) + 1$。这个表达式可以简写为 $2n + 3$。

大 O 并不会用来描述具体细节，它只是一个笼统的指标。所以我们可以去掉低阶项。$2n+3$ 中的阶数包括线性阶($2n$)和常数阶(3)，我们保留最大的阶数，也就是 $2n$。

接下来，我们从中去除系数。$2n$ 的系数是 2，去掉它后就只剩下 n。最终 readingList()函数的大 O 阶是 $O(n)$，也就是线性时间复杂度。

这个阶数应该是经得起推敲的。函数运行中有很多步骤，总体来说，如果 books 列表的数量增大 10 倍，运行时间也会增大到 10 倍左右。将图书从 10 本增加到 100 本，增加前的步骤数为 $1+1+(2\times 10)+1$，即 23 步，而增加后则为 $1+1+(2\times 100)+1$，即 203 步。203 大约是 23 的 10 倍，所以运行时间确实是随着 n 的增加成比例地增加了。

13.5.1 为什么低阶项和系数不重要

我们在步骤的计算过程中删除了低阶项，因为随着 n 的增长，它们变得不那么重要。如果将前面提到的 readingList()函数中的 books 规模从 10 增加到 10 000 000 000（100 亿），那么步骤数将从 23 增加到 20 000 000 003。由此可见，当 n 足够大时，额外多的 3 步影响不大。

当数据量增加时，低阶项即使有较大的系数也不足以造成太大影响。当 n 的值一定时，高阶复杂度的代码总是比低阶的运算慢。假设有一个名为 quadraticExample()的函数，其算法复杂度为 $O(n^2)$，具体步骤数为 $3n^2$。同时，另有一个名为 linearExample()的函数，其算法复杂度为 $O(n)$，具体步骤数为 $1000n$。系数 1000 比系数 3 大，但起不了什么作用，随着 n 的增加，最终 $O(n^2)$平方运算会变得比 $O(n)$线性运算慢。实际代码是什么样并不重要，可以假设代码如下所示：

```
def quadraticExample(someData):  # someData 的规模是 n
    for i in someData:           # n 步
        for j in someData:       # n 步
            print('Something')   # 1 步
            print('Something')   # 1 步
            print('Something')   # 1 步

def linearExample(someData):     # someData 的规模是 n
    for i in someData:           # n 步
        for k in range(1000):    # 1 * 1000 步
            print('Something')   # （已归并计算）
```

与 quadraticExample()的系数（3）相比，linearExample()的系数很大（1000）。如果输入 n 的大小为 10，那么 $O(n^2)$函数只需要 300 步，而 $O(n)$函数则需要 10 000 步，前者快很多。

需要注意的是，大 O 记法主要关注的是算法在工作量较大时的性能。当 n 达到 334 或以上的规模时，quadraticExample()函数总是比 linearExample()函数慢。即使 linearExample()有 $1\,000\,000n$ 步，一旦 n 达到 333 334，quadraticExample()函数仍然会是更慢的那个。而在某些时候，$O(n^2)$的运算会比 $O(n)$或阶数更低的运算慢。为了说明这种情况，请看图 13-3 中的大 O 阶的图示。这张图展示了所有主要的大 O 阶。x 轴代表 n，即数据的规模，y 轴代表进行运算所需要的运行时间。

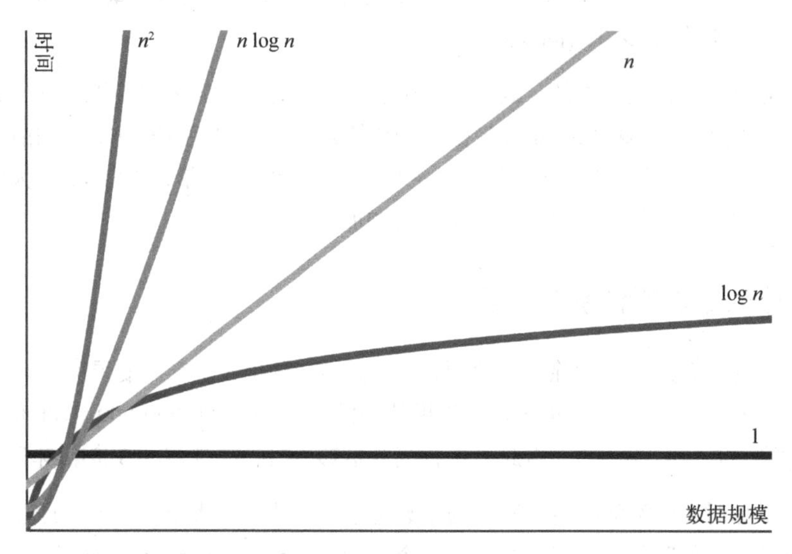

图 13-3　大 O 阶图示

如图 13-3 所示，高阶复杂度的运行时间比低阶的运行时间增长得快。虽然低阶因有大系数会暂时大于高阶，但高阶的运行时间最终还是会超过它们。

13.5.2　大 O 分析实例

让我们确定示例函数的大 O 阶。示例会使用一个名为 books 的参数，它是一个包含书名字符串的列表。

countBookPoints()函数根据 books 中的书计算出一个分数。大多数的书为 1 分，某位作者的书为 2 分：

```
def countBookPoints(books):
    points = 0                      # 1 步
    for book in books:              # 单次循环内的步骤数 * n
        points += 1                 # 1 步

    for book in books:              # 单次循环内的步骤数 * n
        if 'by Al Sweigart' in book: # 1 步
            points += 1             # 1 步
    return points                   # 1 步
```

步骤数为 $1+(n \times 1)+(n \times 2)+1$，合并同类项后变成 $3n+2$，去掉低阶项和系数后则为 $O(n)$，也就是线性复杂度。无论在 books 中循环 1 次、2 次还是 10 亿次，复杂度都是 $O(n)$。

到目前为止，所有的单层循环示例都具有线性复杂度，那是因为这些循环迭代了 n 次。但接下来的示例会说明，代码中仅有一层循环并不意味着一定具有线性复杂度，尽管对数据进行迭代的循环本身是线性的。

iLoveBooks()函数打印了“I LOVE BOOKS!!!”和“BOOKS ARE GREAT!!!”各 10 次：

```
def iLoveBooks(books):
    for i in range(10):           # 单次循环内的步骤数 * 10
        print('I LOVE BOOKS!!!')  # 1 步
        print('BOOKS ARE GREAT!!!') # 1 步
```

该函数有一个 for 循环，但并非是对 books 列表的循环，无论 books 的大小如何，它都要执行 20 步。我们可以将步骤数改写为 20(1)，去掉系数 20 后就变成了 $O(1)$，即恒定的时间复杂度。这是对的，无论 books 列表的大小如何，该函数都需要相同的运行时间。

接下来，假设有一个 cheerForFavoriteBook()函数，它的作用是在 books 中搜索一本最喜欢的书：

```
def cheerForFavoriteBook(books, favorite):
    for book in books:                      # 单次循环内的步骤数 * n
        print(book)                         # 1 步
        if book == favorite:                # 1 步
            for i in range(100):            # 单次循环内的步骤数 * 100
                print('THIS IS A GREAT BOOK!!!') # 1 步
```

for book 循环在 books 列表上进行迭代，进行的步骤数为 n 乘以每次循环内的步骤数。该循环又包含了一个嵌套的 for i 循环，它迭代了 100 次。这意味着 for book 循环运行了 $102 \times n$ 次，也就是 $102n$ 次。去掉系数后可以发现，cheerForFavoriteBook()仍然只是一个 $O(n)$的线性操作。系数 102 看起来很大，怎么能忽略呢？但是请仔细想想：如果 favorite 压根儿不在 books 中，这个函数就只会运行 $1n$ 步。系数的影响很不固定，所以它们对于算法复杂度的计算来说没有意义。

下一个示例，findDuplicateBooks()函数为每本书（线性操作）在 books 列表中搜索一次（也是线性操作）：

```
def findDuplicateBooks(books):
    for i in range(books):                  # n 步
        for j in range(i + 1, books):       # n 步
            if books[i] == books[j]:        # 1 步
                print('Duplicate:', books[i]) # 1 步
```

for i 循环遍历整个 books 列表，在每个循环内执行 n 步操作。for j 循环对 books 列表的部分进行迭代，当去除系数时，也可以将其视为线性操作。也就是说，for i 循环进行了 $n \times n$ 步操作，也就是 n^2。这使得 findDuplicateBooks()成为 $O(n^2)$的多项式操作。

遇到嵌套循环并不都意味着它就是多项式操作，只有当两个循环都迭代 n 次时才是。这导致了 n^2 步，代表这是 $O(n^2)$的操作。

来看一个具有挑战性的示例。前文提到过二分搜索算法，它的工作原理是在一个有序列表（我们称之为 haystack）的中间位置检查是否存在某个特定的项目（我们称之为 needle）。如果不存在，则继续搜索 haystack 的前一半或者后一半，这取决于待搜索项目的位置相较于中间位置的项目是更靠前还是更靠后。我们会不停重复这个过程，搜索一半的一半的一半……直到找到 needle 或者断定它不在 haystack 中。注意，二分搜索只有在列表中的项目是有序的时候才有效。

```
def binarySearch(needle, haystack):
    if not len(haystack):                         # 1 步
        return None                               # 1 步
    startIndex = 0                                # 1 步
    endIndex = len(haystack) - 1                  # 1 步

    haystack.sort()                               # ???步

    while start <= end:                           # ???步
        midIndex = (startIndex + endIndex) // 2   # 1 步
        if haystack[midIndex] == needle:          # 1 步
            # 找到 needle
            return midIndex                       # 1 步
        elif needle < haystack[midIndex]:         # 1 步
            # 搜索前一半
            endIndex = midIndex - 1               # 1 步
        elif needle > haystack[mid]:              # 1 步
            # 搜索后一半
            startIndex = midIndex + 1             # 1 步
```

binarySearch()中有两行不易计算步数的代码。haystack.sort()调用的大 O 阶取决于 Python 的 sort()方法内的代码。这段代码不容易找到，不过还是可以经网上查找得知它是 $O(n \log n)$操作。所有一般的排序函数至少是 $O(n \log n)$操作。13.5.3 节将介绍几个常见的 Python 函数和方法的大 O 阶。

while 循环不像之前我们看到的 for 循环那样容易分析。我们必须先了解二分搜索算法，确定该循环共有多少次迭代。在循环开始前，startIndex 和 endIndex 分别在 haystack 的头和尾，midIndex 被设置在 haystack 范围的中点。在 while 循环的每次迭代中，有两件可能发生的事情。如果 haystack[midIndex] == needle，我们就找到了 needle，函数会返回 needle 的索引。如果 needle < haystack[midIndex]或 needle > haystack[midIndex]，则将 startIndex 和 endIndex 所覆盖的范围减半。范围减半可以通过调整 startIndex 或 endIndex 来实现。我们将长度为 n 的列表分为一半的次数有 $\log_2(n)$次（这是一个数学常识）。因此，while 循环的阶数较大，是 $O(\log n)$。

由于 haystack.sort()行的 $O(n \log n)$阶大于 $O(\log n)$阶，因此我们舍去较小的 $O(\log n)$，整个 binarySearch()函数为 $O(n \log n)$阶。如果可以保证 binarySearch()只会在 haystack 为有序列表时调用，那就可以删除 haystack.sort()行，使 binarySearch()成为一个 $O(\log n)$阶函数。从技术上看，这确实提高了函数的效率，但整个程序的效率并未提升，因为这种做法只是将必要的排序工作转移到了程序的其他部分。大多数二分搜索的实现省略了排序的步骤，因此二分搜索算法被视为具有 $O(\log n)$的复杂度。

13.5.3 常见函数调用的大 O 阶

对代码进行大 O 分析必须考虑它调用的任何函数的大 O 阶。如果它们是你写的，你当然可以直接分析自己的代码。但对于 Python 内置函数和方法的大 O 阶，你必须参考下面的列表。

这个列表包含了 Python 序列类型，比如字符串、元组和列表的一些常见操作的大 O 阶。

- **s[i]**读和 **s[i] = value 赋值**是 $O(1)$操作。
- **s.append(value)**是 $O(1)$操作。
- **s.insert(i, value)**是 $O(n)$操作。在一个序列中插入值（特别是在前面）需要将索引大于 i 的所有项在序列中向后移动一个位置。
- **s.remove(value)**是 $O(n)$操作。从一个序列中移除值（特别是在前面）需要将索引大于 i 的所有项在序列中向前移动一个位置。
- **s.reverse()**是 $O(n)$操作，因为序列中的每一项都必须被重新排列。
- **s.sort()**是 $O(n \log n)$操作，因为 Python 的排序算法具有 $O(n \log n)$阶。
- **value in s** 是 $O(n)$操作，因为必须检查每一项。
- **for value in s** 是 $O(n)$操作。
- **len(s)**是 $O(1)$操作，因为 Python 会额外记录一个序列中有多少项，所以当它被传递给 len()时，不需要进行重新计算。

下面这个列表包含了 Python 映射类型，比如字典、集合和不可变集合的一些常见操作的大 O 阶。

- **m[key]**读和 **m[key] = value 赋值**是 $O(1)$操作。
- **m.add(value)**是 $O(1)$操作。
- **value in m** 对字典而言是 $O(1)$操作，比在序列中使用快得多。
- **for key in m** 是 $O(n)$操作。

- **len(m)**是 $O(1)$操作，因为 Python 会自动跟踪映射中的项数，所以当它被传递给 len()时，不需要进行重复计算。

列表需要从头到尾逐个搜索项，而字典使用键计算值的地址，查找某个键对应的值的时间是不变的。这种计算的过程被称为哈希算法，计算所得的地址则被称为哈希值。哈希算法超出了本书的范围，它是许多映射操作能保持 $O(1)$恒定时间的原因所在。集合也会使用哈希算法，因为它本质上是只有键而非键-值对的字典。记住，将列表转换为集合是一个 $O(n)$操作，所以先将列表转换为集合，再访问集合中的项对于提升效率而言毫无意义。

13.5.4　一眼看出大 O 阶

一旦熟悉了大 *O* 分析，通常就不用按照步骤一步步做了。一段时间后，你就可以在代码中寻找一些蛛丝马迹以快速确定大 *O* 阶。

记住，n 是代码处理的数据量。这里有一些通用规则。

- 如果代码不访问数据，阶数就是 $O(1)$。
- 如果代码遍历数据，阶数就是 $O(n)$。
- 如果代码有两个嵌套的循环，每个循环都对数据进行迭代，阶数就是 $O(n^2)$。
- 函数调用不能只算作一个步骤，而是要计算该函数内部代码的步骤。可以查阅 13.5.3 节。
- 如果代码中存在重复将数据规模减半再处理的步骤，阶数就是 $O(\log n)$。
- 如果代码中对于数据中的每一项都有进行分治再处理的步骤，阶数就是 $O(n \log n)$。
- 如果代码遍历数据中所有可能的值的组合，阶数就是 $O(2^n)$或其他指数级。
- 如果代码查看了数据中每个可能的值的排列组合，阶数就是 $O(n!)$。
- 如果代码涉及对数据排序，那么阶数至少是 $O(n \log n)$。

这些规则可以当作很好的分析起点，但它们不能代替实际的大 *O* 分析。需要记住，大 *O* 阶不是对代码的速度快慢、是否高效的最终判断。思考下面这个 waitAnHour()函数：

```
import time
def waitAnHour():
    time.sleep(3600)
```

从技术上讲，waitAnHour()函数的时间复杂度是固定的 $O(1)$。一般会认为固定时间复杂度的代码是快速的，但它的运行时间是一小时！这是否意味着这段代码效率低？不，实际上你不可能编写出一个运行时间比一小时还短的 waitAnHour()函数。

大 *O* 并不是代码分析的全部，它的意义在于使你了解代码在遇到越来越多的输入数据时会有怎样的表现。

13.5.5 当 n 很小时，大 O 并不重要，而 n 通常都很小

掌握了大 O 记法的知识后，你可能迫不及待地想对你写的每一段代码进行分析。在你开始使用这个工具来敲掉眼中钉前，请记住，仅当有大量数据需要处理时，大 O 分析才有价值。而在现实问题中，数据量通常很小。

在这种情况下，费尽心思设计大 O 阶较低的复杂算法可能并不值得。Go 语言编程设计者 Rob Pike 提出过 5 条关于编程的规则，其中一条就是“当 n 小的时候，花哨的算法会很慢，而 n 通常是小的”。大多数程序员不会面对大规模的数据中心或者复杂的计算，而是处理更普通的程序。在这种情况下，在分析器下运行代码会比进行大 O 分析产出更多有关代码性能的具体信息。

13.6 小结

Python 标准库中有两个用于分析代码的模块：`timeit` 和 `cProfile`。`timeit.timeit()`函数在运行并对比小段代码的速度差异时比较有优势。而 `cProfile.run()`函数可以为较大的函数编写出详细的报告，指出其瓶颈所在。

测量代码性能很重要，不要臆断。虽然可以使用巧妙的技巧来提升程序的效率，但这种做法可能会让程序更慢。为了避免花费不必要的时间优化程序中不重要的部分，阿姆达尔定律在数学上给出了解决方案，该公式描述了一个组件的效率提升对整个程序的增益。

大 O 是程序员在计算机科学中使用最广泛的实用概念。这需要一些数学知识才能理解，但明白一些基本概念就可以衡量代码是如何随着数据增长而变慢的，这并不需要进行大量的数字运算。

常见的大 O 阶有 7 种：$O(1)$，即恒定时间，指随着数据 n 的大小增长而不发生变化的代码；$O(\log n)$，即对数时间，指随着 n 翻倍而增加一步的代码；$O(n)$，即线性时间，描述的是随着 n 的增长成比例变慢的代码；$O(n \log n)$，即线性对数时间，描述的是比 $O(n)$慢一点的代码，许多排序算法是这个阶数；$O(n^2)$，即多项式时间（平方），指代码的运行时间以 n 输入数据的平方增加；$O(2^n)$，即指数时间；$O(n!)$，即阶乘时间。阶乘时间并不常见，但会出现在涉及组合或排列组合的时候。更高的阶数意味着更慢，因为运行时间的增长速度远大于其输入数据的大小。

需要注意，尽管大 O 已经是一个分析利器了，但它不能代替分析器，因为分析器可以运行代码以找出瓶颈所在，它仍是不可或缺的。但是，了解大 O 分析以及代码如何随着数据增长而变慢，可以让你避免编写本不该慢的代码。

第 14 章

项目实战

截至目前，本书已经讲解了一些技巧，帮助你编写 Python 风格的代码。让我们通过两个命令行游戏（汉诺塔和四子棋）的源代码将这些技巧用于实践。

虽然这些项目比较简短，是基于文本的程序[①]，限定了所需要的编程知识，但它们展示了本书迄今为止所阐述的所有原则。我使用第 3 章提到的 Black 工具格式化了代码，并根据第 4 章的指引选择了变量名。我按照第 6 章介绍的 Python 风格编写了代码，还根据第 11 章介绍的内容编写了注释和文档字符串。因为程序很小，而且我们还没介绍面向对象编程（OOP），所以没有使用将在第 15~17 章中介绍的类。

本章展示了这两个项目的全部源代码以及对代码的详细分析。这些分析并不是用来说明代码是如何工作的（对 Python 语法有基本了解就可以看明白），而是说明代码为什么要以这样的方式编写。当然，软件开发人员对于如何写代码以及什么是 Python 风格的理解会存在差异。欢迎你对这些项目的源代码提出质疑和批评。

在读完本书的每个项目后，我建议你自己输入代码并运行几次程序，这样做能够帮助你了解代码是如何运行的。最后，你可以尝试从头开始重新实现这些程序。你编写的代码不必跟本章的代码一样，重写代码可以培养编程所需的决策能力和在代码设计上权衡利弊的能力。

14.1 汉诺塔

汉诺塔游戏的道具是一堆大小不同的圆盘，圆盘中心有孔，可以被放置在 3 根柱子中的某一

---

① 指通过文字表示图形界面的命令行程序，这区别于 GUI 程序。——译者注

根上，如图 14-1 所示。为了解开这个谜题，玩家必须将圆盘移动到其他柱子上。游戏有 3 个限制：

(1) 玩家每次只能移动一个圆盘；

(2) 玩家只能将圆盘移动到塔顶或者从塔顶移出；

(3) 玩家不能把大圆盘放在小圆盘的上面。

图 14-1 一套实体的汉诺塔

这是计算机科学领域常见的一个问题，常用来讲解递归算法。我们所写的程序不会自动求解这个问题，而是将问题交给真人玩家解决。你可以在网上搜索到更多关于汉诺塔游戏的信息。

14.1.1 输出

汉诺塔程序使用文本字符表示圆盘，通过 ASCII 艺术画表示塔。与现代应用程序相比，它可能看起来很原始，但这种方式在实现上很简单，因为只需要调用 print()和 input()就能与用户进行交互。程序运行的输出结果如下，其中玩家输入的文本以粗体显示。

```
汉诺塔程序，作者是 Al Sweigart al@inventwithpython.com

将圆盘移动到另一个塔上，每次只能移动一个圆盘，不能把大圆盘放在小圆盘的上面
```

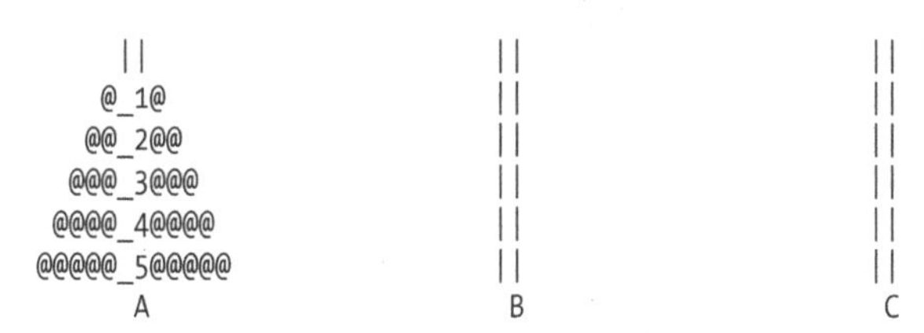

```
     ||          ||          ||
    @_1@         ||          ||
   @@_2@@        ||          ||
  @@@_3@@@       ||          ||
 @@@@_4@@@@      ||          ||
@@@@@_5@@@@@     ||          ||
      A           B           C
```

```
Enter the letters of "from" and "to" towers, or QUIT.
(e.g., AB to moves a disk from tower A to tower B.)

> AC
```

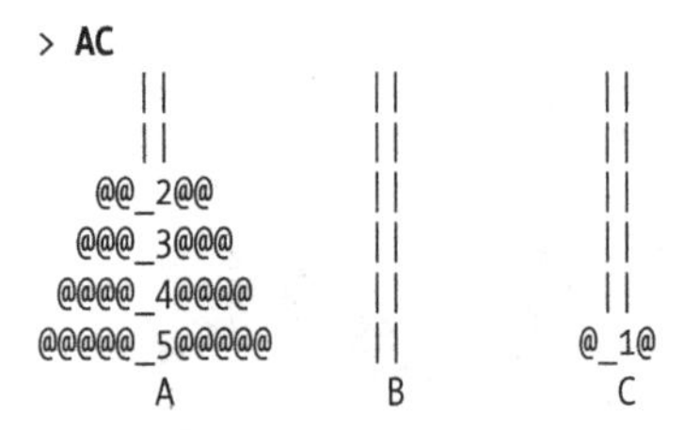


```
Enter the letters of "from" and "to" towers, or QUIT.
(e.g., AB to moves a disk from tower A to tower B.)

--snip--
```

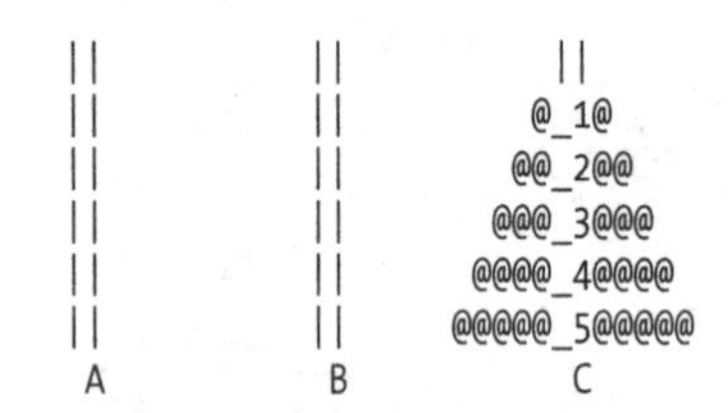


```
You have solved the puzzle! Well done!
```

对于 n 个圆盘而言，解决汉诺塔至少需要 2^n-1 步。所以拥有 5 个圆盘时需要 31 步：AC、AB、CB、AC、BA、BC、AC、AB、CB、CA、BA、CB、AC、AB、CB、AC、BA、BC、AC、BA、CB、CA、BA、BC、AC、AB、CB、AC、BA、BC 和 AC。如果你想增加挑战难度，可以把程序中的 TOTAL_DISKS 变量从 5 增加到 6。

14.1.2　源代码

在你的编辑器或 IDE 中打开一个新文件并输入以下代码，将其保存为 towerofhanoi.py。

```
"""汉诺塔程序，作者是 Al Sweigart al@inventwithpython.com
一个堆叠移动解谜游戏"""

import copy
import sys

TOTAL_DISKS = 5  # 圆盘越多，谜题越难

# 开始时所有圆盘都在塔 A 上：
SOLVED_TOWER = list(range(TOTAL_DISKS, 0, -1))

def main():
    """运行一局汉诺塔游戏"""
```

```
    print(
        """汉诺塔程序，作者是 Al Sweigart al@inventwithpython.com
将圆盘移动到另一个塔上，每次只能移动一个圆盘，不能把大圆盘放在小圆盘的上面
"""
    )

    """towers 字典包括 A、B、C 三个键，以及用来代表塔上圆盘的列表的值。
    该列表包含用来表示不同大小圆盘的整数，列表的头对应塔底。对于一个
    有 5 个圆盘的游戏而言，列表[5, 4, 3, 2, 1]表示一个已完成的塔。空白的
    列表则表示没有圆盘的塔。列表[1, 3]表示一个较大的圆盘位于一个较小
    的圆盘上，这是无效的。而列表[3, 1]是合法的，因为较小的圆盘可以放
    在较大的圆盘上。"""
    towers = {"A": copy.copy(SOLVED_TOWER), "B": [], "C": []}

    while True:  # 在循环的每次迭代中运行一次
        # 展示所有的圆盘和塔：
        displayTowers(towers)

        # 询问玩家移动方向：
        fromTower, toTower = getPlayerMove(towers)

        # 将 fromTower 塔顶的圆盘移动到 toTower 上：
        disk = towers[fromTower].pop()
        towers[toTower].append(disk)

        # 检查玩家是否解谜完成：
        if SOLVED_TOWER in (towers["B"], towers["C"]):
            displayTowers(towers)  # 最后一次展示塔
            print("You have solved the puzzle! Well done!")
            sys.exit()


def getPlayerMove(towers):
    """询问玩家移动方向，返回(fromTower, toTower)"""

    while True:  # 持续询问玩家，直到输入有效的移动方向
        print('Enter the letters of "from" and "to" towers, or QUIT.')
        print("(e.g., AB to moves a disk from tower A to tower B.)")
        print()
        response = input("> ").upper().strip()

        if response == "QUIT":
            print("Thanks for playing!")
            sys.exit()

        # 确保玩家输入了表示塔的有效字母对：
        if response not in ("AB", "AC", "BA", "BC", "CA", "CB"):
            print("Enter one of AB, AC, BA, BC, CA, or CB.")
            continue  # 再次询问玩家移动方向

        # 使用更具描述性的变量名称：
        fromTower, toTower = response[0], response[1]

        if len(towers[fromTower]) == 0:
```

```
            # fromTower 塔不能为空:
            print("You selected a tower with no disks.")
            continue  # 再次询问玩家移动方向
        elif len(towers[toTower]) == 0:
            # 任何圆盘都可以被移动到空的 toTower 塔上:
            return fromTower, toTower
        elif towers[toTower][-1] < towers[fromTower][-1]:
            print("Can't put larger disks on top of smaller ones.")
            continue  # 再次询问玩家移动方向
        else:
            # 这是一次有效的移动，返回选中的塔:
            return fromTower, toTower


def displayTowers(towers):
    """展示三个塔及各自的圆盘"""

    # 展示三个塔:
    for level in range(TOTAL_DISKS, -1, -1):
        for tower in (towers["A"], towers["B"], towers["C"]):
            if level >= len(tower):
                displayDisk(0)  # 展示没有圆盘的空柱
            else:
                displayDisk(tower[level])  # 展示圆盘
        print()

    # 展示塔的标签: A、B、C
    emptySpace = " " * (TOTAL_DISKS)
    print("{0} A{0}{0} B{0}{0} C\n".format(emptySpace))


def displayDisk(width):
    """展示给定宽度的圆盘，宽度为 0 则意味着没有圆盘"""
    emptySpace = " " * (TOTAL_DISKS - width)

    if width == 0:
        # 展示没有圆盘的柱子段:
        print(f"{emptySpace}||{emptySpace}", end="")
    else:
        # 展示圆盘:
        disk = "@" * width
        numLabel = str(width).rjust(2, "_")
        print(f"{emptySpace}{disk}{numLabel}{disk}{emptySpace}", end="")


# 如果这段代码被运行（而不是被导入），运行游戏:
if __name__ == "__main__":
    main()
```

在阅读代码的解释前，先运行这个程序玩几局游戏，以了解该程序的作用。为了检查是否存在错别字，可以使用代码差异对比工具进行检查。

14.1.3 编写代码

让我们仔细阅读源代码，看看它是如何遵循本书所描述的最佳实践和模式的。

我们从程序头部开始：

```
"""汉诺塔程序，作者是 Al Sweigart al@inventwithpython.com
一个堆叠移动解谜游戏"""
```

该程序以一段多行注释开始，它是 towerofhanoi 模块的文档字符串。内置的 help()函数将使用这些信息描述该模块：

```
>>> import towerofhanoi
>>> help(towerofhanoi)
Help on module towerofhanoi:

NAME
    towerofhanoi

DESCRIPTION
    汉诺塔程序，作者是 Al Sweigart al@inventwithpython.com
    一个堆叠移动解谜游戏
FUNCTIONS
    displayDisk(width)
        展示一个给定宽度的塔
--snip--
```

有必要的话，你可以在模块的文档字符串中添加更多文字，甚至多个段落。我只写了少量的内容，因为程序很简单。

在模块字符串之后的是导入语句：

```
import copy
import sys
```

Black 工具将它们格式化为单独的语句，而非 import copy, sys 这样的单行语句。这样做的好处是使得导入模块的增加和删除变更在版本控制系统中（比如 Git，它可以用来跟踪程序员的修改）更加清晰。

接下来定义程序所需的常量：

```
TOTAL_DISKS = 5  # 圆盘越多，谜题越难

# 开始时所有圆盘都在塔 A 上：
SOLVED_TOWER = list(range(TOTAL_DISKS, 0, -1))
```

我们将它们组合在一起，放在文件顶部，定义为全局变量。使用大写字母的蛇形命名法命名，以表明它们是常量。

TOTAL_DISKS 常量用来表示谜题中有多少个圆盘。SOLVED_TOWER 则包含一个已解完的塔的列表示例：它包含所有的圆盘，最大的在底部，最小的在顶部。这个值取决于 TOTAL_DISKS 的值，当有 5 个圆盘时，它是[5, 4, 3, 2, 1]。

注意，该文件没有类型提示，因为从代码中就可以推断所有变量、参数和返回值的类型。比如，我们给 TOTAL_DISKS 常量赋值为整数 5，类型检查器（如 Mypy）会推断 TOTAL_DISKS 只能包含整数。

我们定义了一个函数 main()，程序在文件底部调用了该函数：

```
def main():
    """运行一局汉诺塔游戏"""
    print(
        """汉诺塔程序，作者是 Al Sweigart al@inventwithpython.com

将圆盘移动到另一个塔上，每次只能移动一个圆盘，不能把大圆盘放在小圆盘的上面
"""
    )
```

函数也可以有文档字符串。注意函数 main()中的 def 语句后面的文档字符串。通过在交互式 shell 中运行 import towerofhanoi 和 help(towerofhanoi.main)可以查看该字符串。

接下来我们写了一段注释，用以全面地描述塔的数据结构，因为这是程序工作的核心：

```
    """towers 字典包括 A、B、C 三个键，以及用来代表塔上圆盘的列表的值。
    该列表包含用来表示不同大小圆盘的整数，列表的头对应塔底。对于一个
    有 5 个圆盘的游戏而言，列表[5, 4, 3, 2, 1]表示一个已完成的塔。空白的
    列表则表示没有圆盘的塔。列表[1, 3]表示一个较大的圆盘位于一个较小
    的圆盘上，这是无效的。而列表[3, 1]是合法的，因为较小的圆盘可以放
    在较大的圆盘上。"""
    towers = {"A": copy.copy(SOLVED_TOWER), "B": [], "C": []}
```

我们将 SOLVED_TOWER 列表作为一个栈，这是软件开发中最简单的数据结构之一。**栈**是一个有序列表，只能通过从栈顶添加（也叫入栈）或者移除值（也叫出栈）来改变其内容。这种数据结构完美地表示了程序中的塔。对于 Python 中的列表，只要使用 append()方法入栈，使用 pop()方法出栈，并不使用其他任何方法修改列表，就可以将其变成一个栈。我们将列表的末尾当作栈的顶部。

towers 列表中的每个整数都代表一定大小的圆盘。在有 5 个圆盘的游戏中，列表[5, 4, 3, 2, 1]代表一个圆盘栈，底部是最大的 5，顶部是最小的 1。注意，注释中也提供了有效塔和无效塔的栈示例。

在函数 main()中，我们写了一个无限循环，用于运行解谜游戏的一个回合：

```
while True:  # 在循环的每次迭代中运行一次
    # 展示所有的圆盘和塔：
    displayTowers(towers)

    # 询问玩家移动方向：
    fromTower, toTower = getPlayerMove(towers)

    # 将 fromTower 塔顶的圆盘移动到 toTower 上：
    disk = towers[fromTower].pop()
    towers[toTower].append(disk)
```

在每个回合中，玩家都会先查看塔的当前状态，再输入一个动作，程序根据该动作更新塔的数据结构。这些任务的细节被封装在函数 displayTowers()和 getPlayerMove()中。这些具有描述性的函数名称使人们从函数 main()就能看出程序的大致工作流程。

接下来的几行通过比较SOLVED_TOWER中完结状态的塔和towers["B"]及towers["C"]来检查玩家是否已经解决了谜题：

```
        # 检查玩家是否解谜完成：
        if SOLVED_TOWER in (towers["B"], towers["C"]):
            displayTowers(towers)  # 最后一次展示塔
            print("You have solved the puzzle! Well done!")
            sys.exit()
```

我们不会跟 towers["A"]进行比较，因为这根柱子最初就是一个完整的塔，玩家需要在 B 柱或 C 柱上形成一个完整的塔，才算解谜成功。注意，我们既使用 SOLVED_TOWER 制作起始塔，又使用它检查玩家是否解决了谜题。SOLVED_TOWER 是一个常量，它总是等于一开始源代码分配给它的值。

我们使用的条件等同于 SOLVED_TOWER == towers["B"] 或 SOLVED_TOWER == towers["C"]，但比这个语句短，这是我们在第 6 章讨论过的一个 Python 习惯写法。如果条件为真，则说明玩家已经解开了谜题，游戏结束。否则将继续循环，进入下一个回合。

函数 getPlayerMove()询问玩家希望圆盘如何移动，并根据游戏规则判断是否可以这样移动：

```
def getPlayerMove(towers):
    """询问玩家移动方向，返回(fromTower, toTower)"""
    while True:  # 持续询问玩家，直到输入有效的移动方向
        print('Enter the letters of "from" and "to" towers, or QUIT.')
        print("(e.g., AB to moves a disk from tower A to tower B.)")
        print()
        response = input("> ").upper().strip()
```

我们使用了无限循环，该循环仅在返回语句退出函数或调用 sys.exit()时才中止。循环的第一部分要求玩家指定一个移动动作，该动作的表现形式是指定起点和终点。

注意 input("> ").upper().strip()指令，它接受玩家的键盘输入。input("> ")调用会显示一个>提示符，并接受玩家的文本输入。该符号提示玩家输入内容。如果程序没有出现提示，玩家可能会认为程序暂时中断了。

我们对 input()返回的字符串调用 upper()方法，得到该字符串的大写形式。这允许玩家可以以大小写中的任意一种形式输入塔的标签，比如 A 塔可以使用“a”或者“A”。接下来，该方法返回的大写字符串的 strip()方法被调用，返回一个两边没有空格的字符串，以防止玩家在输入动作时不小心添加了空格。这种用户友好性可以降低玩家的操作难度。

在函数 getPlayerMove()中，我们还会对玩家输入的内容进行检查：

```
        if response == "QUIT":
            print("Thanks for playing!")
            sys.exit()

        # 确保玩家输入了表示塔的有效字母对：
        if response not in ("AB", "AC", "BA", "BC", "CA", "CB"):
            print("Enter one of AB, AC, BA, BC, CA, or CB.")
            continue  # 再次询问玩家移动方向
```

如果用户输入了 QUIT（由于调用了 upper()和 strip()对字符串进行处理，因此兼容各种大小写和头尾包含空格的组合），程序就会终止。我们也可以让 getPlayerMove()返回 QUIT，当调用者遇到它时再调用 sys.exit()，而不是在 getPlayerMove()中调用 sys.exit()。这将使 getPlayerMove()的返回值变得复杂起来：它可能返回包含两个字符串的元组（用来标识玩家的移动）或者一个 QUIT 字符串。返回值是单一数据类型的函数比一个可能返回多种数据类型的函数更容易理解。在 10.5 节中，我们讨论过这一点。

3 个塔之间一共有 6 种可能的移动方向。尽管在检查移动是否有效时，我们硬编码了所有可能的值，但这段代码仍然比 len(response) != 2 or response[0] not in 'ABC' or response[1] not in 'ABC' or response[0] == response[1]这种代码更易读。鉴于此，我们还是选择了硬编码的方式，因为它最直接。

一般而言，将“AB”“AC”等值作为魔数进行硬编码是不好的，这些值只在柱子数量为 3 的情况下适用。我们可以通过修改 TOTAL_DISKS 常量调整圆盘的数量，但几乎不可能在游戏中增加柱子的数量。所以，在这一行列举出所有可能的柱间移动方向就可以了。

我们创建了两个新的变量 fromTower 和 toTower，它们的名称具有描述性。虽然这种名称在功能上并无用处，但相比 response[0]和 response[1]，使用描述性名称编写的代码更易读：

```
        # 使用更具描述性的变量名称:
        fromTower, toTower = response[0], response[1]
```

接下来，我们检查所选的塔是否构成合法的移动方向：

```
        if len(towers[fromTower]) == 0:
            # fromTower 塔不能为空:
            print("You selected a tower with no disks.")
            continue  # 再次询问玩家移动方向
        elif len(towers[toTower]) == 0:
            # 任何圆盘都可以被移动到空的 toTower 塔上:
            return fromTower, toTower
        elif towers[toTower][-1] < towers[fromTower][-1]:
            print("Can't put larger disks on top of smaller ones.")
            continue  # 再次询问玩家移动方向
```

如果移动方向不合法，那么 continue 语句会让程序回到循环的起点继续执行，要求玩家再次输入他们的移动方向。注意，我们会检查 toTower 是否为空，如果为空，返回 fromTower, toTower 以强调移动是有效的，因为允许在空柱子上放置圆盘。前两个条件确保了在检查第 3 个条件时，towers[toTower]和 towers[fromTower]不会是空的或可能引起 IndexError。用这种方式给 if-else 语句的条件排序，就可以避免 IndexError，而不需要进行额外的检查。

程序能够处理玩家的任何无效输入或者潜在的错误，这一点很重要。玩家可能不知道输入什么或打错字。同样，文件也可能意外丢失，数据库也可能崩溃。程序需要兼容特殊情况，否则它们会意外崩溃，或者以后造成一些难以察觉的错误。

如果前面的条件都不为真，getPlayerMove()就会返回 fromTower, toTower：

```
        else:
            # 这是一次有效的移动，返回选中的塔:
            return fromTower, toTower
```

Python 的返回语句只能返回单个值，尽管这条返回语句看起来像是返回了两个值，但实际上返回的是包含两个值的一个元组，相当于返回(fromTower, toTower)。Python 程序员经常在这种情况下省略小括号，因为定义元组的要素是逗号而非括号。

注意这个程序在函数 main()中只调用了一次 getPlayerMove()函数。该函数没有让我们避免重复代码，而这是使用函数的最常见的目的。似乎完全可以直接把 getPlayerMove()的所有代码放在 main()函数中。但函数也可以用来将代码组织成独立的单元，这正是使用 getPlayerMove()的方式，可以避免函数 main()过长。

函数 displayTowers()展示 towers 参数中塔 A、B、C 上的圆盘：

```
def displayTowers(towers):
    """展示三个塔及各自的圆盘"""

    # 展示三个塔:
    for level in range(TOTAL_DISKS, -1, -1):
        for tower in (towers["A"], towers["B"], towers["C"]):
            if level >= len(tower):
                displayDisk(0)  # 展示没有圆盘的空柱
            else:
                displayDisk(tower[level])  # 展示圆盘
        print()
```

它依赖函数 displayDisk()（会在之后介绍）显示塔上的每个圆盘。for level 循环检查一个塔上的每个圆盘，for tower 循环则检查每个塔。

函数 displayTowers()调用 displayDisk()显示给定宽度的圆盘，如果传递 0，则表示柱子上没有圆盘：

```
    # 展示塔的标签: A、B、C:
    emptySpace = ' ' * (TOTAL_DISKS)
    print('{0} A{0}{0} B{0}{0} C\n'.format(emptySpace))
```

我们在屏幕上显示标签 A、B、C。它们可以帮助玩家区分每个塔，在屏幕上显示标签还会强调塔的标签是 A、B、C，而非 1、2、3 或者左、中、右，这样可以避免输入方向时出错。不使用 1、2、3 的原因是担心玩家将这些数字与衡量圆盘大小的数字混淆。

emptySpace 变量的值是每两个标签间的空格数，它是基于 TOTAL_DISKS 计算的，游戏中的圆盘越多，两根柱子的间距就越宽。我们没有使用 f-string（如 print(f'{emptySpace} A{emptySpace}{emptySpace} B{emptySpace}{emptySpace} C\n')），而是使用 format()字符串方法。它可以将字符串中出现{0}的地方都替换为 emptySpace 参数，其代码比 f-string 的版本更简短易读。

函数 displayDisk()用来显示一个给定宽度的圆盘。如果不存在圆盘，则直接展示柱子：

```
def displayDisk(width):
    """展示给定宽度的圆盘，宽度为 0 则意味着没有圆盘"""
    emptySpace = ' ' * (TOTAL_DISKS - width)
    if width == 0:
        # 展示没有圆盘的柱子段:
        print(f'{emptySpace}||{emptySpace}', end=' ')
    else:
        # 展示圆盘:
        disk = '@' * width
        numLabel = str(width).rjust(2, '_')
        print(f"{emptySpace}{disk}{numLabel}{disk}{emptySpace}", end=' ')
```

我们使用前导空格、表示圆盘宽度的多个@字符、中间2个表示宽度的字符（如果宽度是个位数，则首位用下划线）和尾随空格的组合来展示圆盘。使用前后空格和两个管道字符的组合来展示空柱子。我们需要调用6次displayDisk()，传递6个不同的宽度参数来显示下面这个塔：

```
      ||
     @_1@
    @@_2@@
   @@@_3@@@
  @@@@_4@@@@
 @@@@@_5@@@@@
```

注意观察函数 displayTowers()和 displayDisk()是如何划分显示塔的职责的。displayTowers()决定如何解释每个塔的数据结构，而它依赖于displayDisk()具体显示塔的每个圆盘。将程序分解成类似的小型函数可以使每个部分更容易测试。如果程序显示的圆盘不正确，那么问题可能出在displayDisk()上。如果圆盘出现的顺序有误，问题则可能出在displayTowers()上。无论是哪种情况，需要调试的代码都比全部代码少。

为了调用函数main()，我们使用了惯用的Python写法：

```
# 如果这段代码被运行（而不是被导入），运行游戏：
if __name__ == '__main__':
    main()
```

如果一个玩家直接运行 towerofhanoi.py 程序，那么 Python 会自动将__name__变量设置为'__main__'。而当使用 import towerofhanoi 将该程序作为模块导入时，__name__将被设置为'towerofhanoi'。if __name__ == '__main__':这行会在直接运行程序时调用main()函数，开始一局汉诺塔游戏。但如果我们只是把该程序作为模块导入，比如为了在单元测试中调用其中各个函数，这个条件则不成立，main()不会被调用。

14.2 四子棋

四子棋是一个双人对弈的棋类游戏。玩家的目标是先让自己的四颗棋子在横、竖或对角方向连成一条直线。它跟棋牌游戏 Connect Four 和 FOUR-UP 类似。该游戏使用一个7×6的立板，棋子可以落在某一列中最低的空位上。在四子棋游戏中有两个真人玩家，即X和O，而不是一个真人玩家对弈计算机。

14.2.1 输出

运行下面的四子棋程序，输出结果如下：

```
四子棋程序，作者是 Al Sweigart al@inventwithpython.com
两名玩家轮流将一颗棋子放入七列中的任意一列，试图在横、竖或对角方向上将自己的四颗棋子连成一条直线

     1234567
    +-------+
    |.......|
    |.......|
    |.......|
    |.......|
    |.......|
    |.......|
    +-------+

Player X, enter 1 to 7 or QUIT:
> 1

     1234567
    +-------+
    |.......|
    |.......|
    |.......|
    |.......|
    |.......|
    |X......|
    +-------+
Player O, enter 1 to 7 or QUIT:
--snip--
Player O, enter 1 to 7 or QUIT:
> 4

     1234567
    +-------+
    |.......|
    |.......|
    |...O...|
    |X.OO...|
    |X.XO...|
    |XOXO..X|
    +-------+
Player O has won!
```

尝试寻找一些巧妙的策略，让你先将四颗棋子连成一线，并同时阻止对方做到。

14.2.2　源代码

在你的编辑器或 IDE 中打开一个新文件，输入以下代码并将其保存为 fourinarow.py：

```
"""四子棋程序，作者是 Al Sweigart al@inventwithpython.com
两名玩家轮流将一颗棋子放入七列中的任意一列，试图在横、竖或对角方向上将自己的四颗棋子连成一条直线"""

import sys
```

```
# 用于显示棋盘的常量:
EMPTY_SPACE = "."  # 句点的数量比空格符更容易分辨
PLAYER_X = "X"
PLAYER_O = "O"

# 注意，如果更新 BOARD_WIDTH，需要同时更新 BOARD_TEMPLATE 和 COLUMN_LABELS
BOARD_WIDTH = 7
BOARD_HEIGHT = 6
COLUMN_LABELS = ("1", "2", "3", "4", "5", "6", "7")
assert len(COLUMN_LABELS) == BOARD_WIDTH

# 用于显示棋盘的模板字符串:
BOARD_TEMPLATE = """
     1234567
    +-------+
    |{}{}{}{}{}{}{}|
    |{}{}{}{}{}{}{}|
    |{}{}{}{}{}{}{}|
    |{}{}{}{}{}{}{}|
    |{}{}{}{}{}{}{}|
    |{}{}{}{}{}{}{}|
    +-------+"""


def main():
    """运行一局四子棋游戏"""
    print(
        """四子棋程序，作者是 Al Sweigart al@inventwithpython.com
两名玩家轮流将一颗棋子放入七列中的任意一列，试图在横、竖或对角方向上将自己的四颗棋子连成一条直线
"""
    )

    # 准备一局新游戏:
    gameBoard = getNewBoard()
    playerTurn = PLAYER_X

    while True:  # 运行一个玩家的回合
        # 显示棋盘并获取玩家的移动方向:
        displayBoard(gameBoard)
        playerMove = getPlayerMove(playerTurn, gameBoard)
        gameBoard[playerMove] = playerTurn

        # 检查是否取胜或者打平:
        if isWinner(playerTurn, gameBoard):
            displayBoard(gameBoard)  # 最后一次显示棋盘
            print("Player {} has won!".format(playerTurn))
            sys.exit()
        elif isFull(gameBoard):
            displayBoard(gameBoard)  # 最后一次显示棋盘
            print("There is a tie!")
            sys.exit()
```

```
        # 轮到对手回合:
        if playerTurn == PLAYER_X:
            playerTurn = PLAYER_O
        elif playerTurn == PLAYER_O:
            playerTurn = PLAYER_X


def getNewBoard():
    """返回代表四子棋棋盘的字典，它的键是两个整数形成的元组
    (columnIndex, rowIndex)，值是字符串"X"、"O"或者"." ("."代表空格) """
    board = {}
    for rowIndex in range(BOARD_HEIGHT):
        for columnIndex in range(BOARD_WIDTH):
            board[(columnIndex, rowIndex)] = EMPTY_SPACE
    return board


def displayBoard(board):
    """在屏幕上展示棋盘和棋子"""

    # 准备传递给棋盘模板字符串的 format()方法的列表，
    # 列表中包含所有的棋子（以及空的格子），顺序是从左到右，
    # 从上到下
    tileChars = []
    for rowIndex in range(BOARD_HEIGHT):
        for columnIndex in range(BOARD_WIDTH):
            tileChars.append(board[(columnIndex, rowIndex)])

    # 展示棋盘:
    print(BOARD_TEMPLATE.format(*tileChars))


def getPlayerMove(playerTile, board):
    """让玩家选择要在棋盘的哪一列落子
    返回棋子所在的(列，行)的元组"""
    while True:  # 持续询问玩家，直到输入有效的落子位置
        print(f"Player {playerTile}, enter 1 to {BOARD_WIDTH} or QUIT:")
        response = input("> ").upper().strip()

        if response == "QUIT":
            print("Thanks for playing!")
            sys.exit()

        if response not in COLUMN_LABELS:
            print(f"Enter a number from 1 to {BOARD_WIDTH}.")
            continue  # 再次询问玩家落子位置

        columnIndex = int(response) - 1  # 列索引是基于 0 的，-1 表示不存在

        # 如果这列满了，再次要求玩家输入一个新的落子位置:
        if board[(columnIndex, 0)] != EMPTY_SPACE:
            print("That column is full, select another one.")
            continue  # 再次询问玩家落子位置
```

```
        # 自底向上寻找第一个空白格子：
        for rowIndex in range(BOARD_HEIGHT - 1, -1, -1):
            if board[(columnIndex, rowIndex)] == EMPTY_SPACE:
                return (columnIndex, rowIndex)


def isFull(board):
    """如果board中没有空白格子，返回True，否则返回False"""
    for rowIndex in range(BOARD_HEIGHT):
        for columnIndex in range(BOARD_WIDTH):
            if board[(columnIndex, rowIndex)] == EMPTY_SPACE:
                return False  # 发现了一个空白格子，返回False
    return True  # 格子全满了


def isWinner(playerTile, board):
    """如果棋盘上playerTile有四颗棋子连成一线，返回True，否则返回False"""

    # 遍历整个棋盘，查找连成一线的四颗棋子：
    for columnIndex in range(BOARD_WIDTH - 3):
        for rowIndex in range(BOARD_HEIGHT):
            # 从左到右检查是否有连成一线的四颗棋子：
            tile1 = board[(columnIndex, rowIndex)]
            tile2 = board[(columnIndex + 1, rowIndex)]
            tile3 = board[(columnIndex + 2, rowIndex)]
            tile4 = board[(columnIndex + 3, rowIndex)]
            if tile1 == tile2 == tile3 == tile4 == playerTile:
                return True

    for columnIndex in range(BOARD_WIDTH):
        for rowIndex in range(BOARD_HEIGHT - 3):
            # 从上到下检查是否有连成一线的四颗棋子：
            tile1 = board[(columnIndex, rowIndex)]
            tile2 = board[(columnIndex, rowIndex + 1)]
            tile3 = board[(columnIndex, rowIndex + 2)]
            tile4 = board[(columnIndex, rowIndex + 3)]
            if tile1 == tile2 == tile3 == tile4 == playerTile:
                return True

    for columnIndex in range(BOARD_WIDTH - 3):
        for rowIndex in range(BOARD_HEIGHT - 3):
            # 检查从左上到右下的对角线上是否有连成一线的四颗棋子：
            tile1 = board[(columnIndex, rowIndex)]
            tile2 = board[(columnIndex + 1, rowIndex + 1)]
            tile3 = board[(columnIndex + 2, rowIndex + 2)]
            tile4 = board[(columnIndex + 3, rowIndex + 3)]
            if tile1 == tile2 == tile3 == tile4 == playerTile:
                return True

            # 检查从右上到左下的对角线上是否有连成一线的四颗棋子：
            tile1 = board[(columnIndex + 3, rowIndex)]
            tile2 = board[(columnIndex + 2, rowIndex + 1)]
```

```
            tile3 = board[(columnIndex + 1, rowIndex + 2)]
            tile4 = board[(columnIndex, rowIndex + 3)]
            if tile1 == tile2 == tile3 == tile4 == playerTile:
                return True
    return False


# 如果这段代码被运行（而不是被导入），运行游戏：
if __name__ == "__main__":
    main()
```

在阅读代码的解释前，先运行这个程序玩几局游戏，以了解该程序的作用。为了检查是否存在错别字，可以使用代码差异对比工具进行检查。

14.2.3　编写代码

让我们看看程序的源代码，就像对汉诺塔程序所做的一样。这一次我还是使用 Black 工具格式化代码，将每行限制在 75 个字符以内。

我们从程序的头部开始：

```
"""四子棋程序，作者是Al Sweigart al@inventwithpython.com
两名玩家轮流将一颗棋子放入七列中的任意一列，试图在横、竖或对角方向上将自己的四颗棋子连成一条直线"""

import sys

# 用于显示棋盘的常量：
EMPTY_SPACE = "."  # 句点的数量比空格符更容易分辨
PLAYER_X = "X"
PLAYER_O = "O"
```

正如在汉诺塔程序中所做的那样，文件开头是文档字符串、模块导入和常量分配。通过定义常量 PLAYER_X 和 PLAYER_O，我们不必在整个程序中使用字符串"X"和"O"，这使我们更容易发现错误。如果我们在使用常量时拼写错误，比如输入了 PLAYER_XX，那么 Python 将抛出 NameError，立即暴露问题。而如果将"X"字符串错拼成"XX"或"Z"，由此产生的错误可能不会立即暴露出来。正如 5.2 节所述，使用常量比字符串更具描述性，还可以尽早告警源代码中有拼写错误。

常量在程序运行期间不应该改变，但程序员可以在程序的未来版本中更新它们的值。出于这个原因，我们做了一个说明，告诉程序员在更新 BOARD_WIDTH 的值时需要同时更新 BOARD_TEMPLATE 和 COLUMN_LABELS 这两个常量（具体原因会在后面解释）：

```
# 注意，如果更新BOARD_WIDTH，需要同时更新BOARD_TEMPLATE和COLUMN_LABELS
BOARD_WIDTH = 7
BOARD_HEIGHT = 6
```

接下来创建 COLUMN_LABELS 常量：

```
COLUMN_LABELS = ("1", "2", "3", "4", "5", "6", "7")
assert len(COLUMN_LABELS) == BOARD_WIDTH
```

该常量将在后面被用来确保玩家选择的列是有效的。请注意，如果我们将 BOARD_WIDTH 设置为 7 以外的值，那么必须同时在 COLUMN_LABELS 中添加或者删除标签。为了避免这个问题，可以使用 COLUMN_LABELS = tuple([str(n) for n in range(1, BOARD_WIDTH + 1)])这样的代码，这样就可以根据 BOARD_WIDTH 生成 COLUMN_LABELS 的值。但 COLUMN_LABELS 不太可能被改变，因为标准的四子棋游戏就是在 7 × 6 的棋盘上进行的，所以我决定写一个明确的元组值。

当然，正如 5.2 节提到的，硬编码是一种代码的坏味道，但它的可读性优于另外一种方法。另外，断言语句也会在更新 BOARD_WIDTH 而不更新 COLUMN_LABELS 的情况下发出警告。

与汉诺塔游戏一样，四子棋游戏使用 ASCII 艺术画绘制游戏棋盘。下面几行是一个带有多行字符串的单个赋值语句：

```
# 用于显示棋盘的模板字符串：
BOARD_TEMPLATE = """
     1234567
    +-------+
    |{}{}{}{}{}{}{}|
    |{}{}{}{}{}{}{}|
    |{}{}{}{}{}{}{}|
    |{}{}{}{}{}{}{}|
    |{}{}{}{}{}{}{}|
    |{}{}{}{}{}{}{}|
    +-------+"""
```

format()字符串方法会将这个字符串中的大括号替换为棋盘的内容（函数 displayBoard()将处理这个问题，后面会解释）。因为棋盘有 7 列 6 行，所以每行使用 7 对大括号{}来表示槽位。注意，和 COLUMN_LABELS 一样，我们对棋盘使用了硬编码。如果修改 BOARD_WIDTH 或 BOARD_HEIGHT 的值，则必须同时更新 BOARD_TEMPLATE 中的多行字符串。

我们可以编写基于 BOARD_WIDTH 和 BOARD_HEIGHT 生成 BOARD_TEMPLATE 的代码，就像这样：

```
BOARD_EDGE = "    +" + ("-" * BOARD_WIDTH) + "+"
BOARD_ROW = "    |" + ("{}" * BOARD_WIDTH) + "|\n"
BOARD_TEMPLATE = "\n     " + "".join(COLUMN_LABELS) + "\n" + BOARD_EDGE + "\n"
+ (BOARD_ROW * BOARD_WIDTH) + BOARD_EDGE
```

但是，因为这段代码比多行字符串复杂得多，可读性不如前者，且游戏棋盘的大小也不太可能改变，所以我们使用更简单的多行字符串。

接下来编写函数 main()，它将调用为该游戏编写的其他函数：

```
def main():
    """运行一局四子棋游戏"""
    print(
        """四子棋程序，作者是 Al Sweigart al@inventwithpython.com
两名玩家轮流将一颗棋子放入七列中的任意一列，试图在横、竖或对角方向上将自己的四颗棋子连成一条直线
"""
    )

    # 准备一局新游戏：
    gameBoard = getNewBoard()
    playerTurn = PLAYER_X
```

我们给函数 main()设置文档字符串，可以用函数 help()查看它。函数 main()为新游戏准备棋盘，并选择先手玩家。

函数 main()的内部是一个无限循环：

```
    while True:  # 运行一个玩家的回合
        # 显示棋盘并获取玩家的移动方向：
        displayBoard(gameBoard)
        playerMove = getPlayerMove(playerTurn, gameBoard)
        gameBoard[playerMove] = playerTurn
```

循环的每次迭代都是一个回合。首先，我们会向玩家展示棋盘。然后，玩家选择要在哪一列放置棋子。接着，根据玩家操作更新代表棋盘的数据结构。

随后，我们检查玩家移动的结果：

```
        # 检查是否取胜或者打平：
        if isWinner(playerTurn, gameBoard):
            displayBoard(gameBoard)  # 最后一次显示棋盘
            print("Player {} has won!".format(playerTurn))
            sys.exit()
        elif isFull(gameBoard):
            displayBoard(gameBoard)  # 最后一次显示棋盘
            print("There is a tie!")
            sys.exit()
```

如果玩家做出了制胜一击，isWinner()返回 True，游戏结束。如果玩家填满了棋盘且没有人获胜，则 isFull()返回 True，游戏结束。请注意，这里除了调用 sys.exit()，还可以使用更简单的 break 语句。它会导致程序的执行从 while 循环中跳出，因函数 main()在该循环后没有其他代码，所以程序会回到 main()被调用的程序底部，导致程序结束。但我选择使用 sys.exit()，因为它可以明确告诉阅读代码的程序员程序将立即终止。

如果游戏还未结束，以下几行会将 playerTurn 设置为对手玩家：

```
# 轮到对手回合：
if playerTurn == PLAYER_X:
    playerTurn = PLAYER_O
elif playerTurn == PLAYER_O:
    playerTurn = PLAYER_X
```

注意，这里本可以不使用 elif 语句，而是使用不需要指定条件的 else 语句。但请回想一下“Python 之禅”的原则“明确胜于隐含”。这段代码明确说明了如果这一轮是玩家 O 的回合，下一轮就是玩家 X 的回合。而另一种方式只是说明如果现在不是玩家 X 的回合，下一轮就是他的回合了。两者的意思存在细微差别，而前者更清晰。if-else 语句本身是用来与布尔条件搭配使用的，PLAYER_X 和 PLAYER_O 的关系与 True 和 False 的关系不同，not PLAYER_X 也不等同于 PLAYER_O。因此，在检查 playerTurn 的值时，最好更直接一些。

另外，同样的操作也可以只需一行代码：

```
playerTurn = {PLAYER_X: PLAYER_O, PLAYER_O: PLAYER_X}[ playerTurn]
```

这行代码使用了 6.7.3 节提到的字典的技巧。但像其他单行代码一样，它的可读性不如直接使用 if 语句和 elif 语句。

接下来定义函数 getNewBoard()：

```
def getNewBoard():
    """返回代表四子棋棋盘的字典，它的键是两个整数形成的元组
    (columnIndex, rowIndex)，值是字符串"X"、"O"或者"." ("."代表空格）"""
    board = {}
    for rowIndex in range(BOARD_HEIGHT):
        for columnIndex in range(BOARD_WIDTH):
            board[(columnIndex, rowIndex)] = EMPTY_SPACE
    return board
```

该函数返回一个表示四子棋棋盘的字典，它的键为(columnIndex, rowIndex)（列索引和行索引都是整数），棋盘的每个位置使用"X"、"O"或"."表示。这些字符分别存储在 PLAYER_X、PLAYER_O 和 EMPTY_SPACE 中。

四子棋游戏非常简单，它使用字典来表示棋盘最合适不过了。但是，我们还是可以采用面向对象的方法进行改造，第 15~17 章将详细探讨。

函数 displayBoard()使用表示游戏棋盘的数据结构作为 board 参数，并使用 BOARD_TEMPLATE 常量在屏幕上显示棋盘：

```
def displayBoard(board):
    """在屏幕上展示棋盘和棋子"""

    # 准备传递给棋盘模板字符串的format()方法的列表，
    # 列表中包含所有的棋子（以及空的格子），顺序是从左到右，
    # 从上到下
    tileChars = []
```

回想一下，BOARD_TEMPLATE 是包含多对大括号的多行字符串。在 BOARD_TEMPLATE 上调用 format()方法时，这些大括号对将被 format()方法的参数替换。

tileChars 变量的值是包含了这些参数的一个列表。它最初被赋值为空列表，tileChars 中的第一个值会替换 BOARD_TEMPLATE 的第一对大括号，第二个值替换第二对大括号，以此类推。本质上，我们是在创建 board 字典的值组成的列表：

```
    for rowIndex in range(BOARD_HEIGHT):
        for columnIndex in range(BOARD_WIDTH):
            tileChars.append(board[(columnIndex, rowIndex)])

    # 展示棋盘：
    print(BOARD_TEMPLATE.format(*tileChars))
```

这两个嵌套的 for 循环遍历了棋盘上的每一行每一列，将每个格子的内容追加到 tileChars 列表中。循环完成后，使用前缀*将 tileChars 列表中的值作为单独的参数逐个传递给 format()方法。10.3.3 节解释了如何使用这种语法将列表中的值作为单独的函数参数：代码 print(*['cat', 'dog', 'rat'])相当于 print('cat', 'dog', 'rat')。format()方法的预期是每对括号都有一个单独的参数，而非一个列表参数，我们使用*做到这一点。

接下来编写函数 getPlayerMove()：

```
def getPlayerMove(playerTile, board):
    """让玩家选择要在棋盘的哪一列落子
    返回棋子所在的(列, 行)的元组"""
    while True:  # 持续询问玩家，直到输入有效的落子位置
        print(f"Player {playerTile}, enter 1 to {BOARD_WIDTH} or QUIT:")
        response = input("> ").upper().strip()

        if response == "QUIT":
            print("Thanks for playing!")
            sys.exit()
```

该函数以一个无限循环开始，等待玩家输入一个有效的落子位置。这段代码类似汉诺塔程序中的 getPlayerMove()函数。注意 while 循环开始位置的 print()调用，它使用了 f-string，所以更新 BOARD_WIDTH 时不必更新这段文本。

检查玩家的输入是否为一列，如果不是，那么 continue 语句将回到循环的起点，再次要求玩家输入一个有效的位置：

```
        if response not in COLUMN_LABELS:
            print(f"Enter a number from 1 to {BOARD_WIDTH}.")
            continue  # 再次询问玩家落子位置
```

这个验证条件也可以写成 not response.isdecimal() or spam < 1 or spam > BOARD_WIDTH，但 response not in COLUMN_LABELS 这个写法更简单。

接下来，我们需要找出玩家所选列的棋子会落在哪一行：

```
        columnIndex = int(response) - 1  # 列索引是基于 0 的，-1 表示不存在

        # 如果这列满了，再次要求玩家输入一个新的落子位置：
        if board[(columnIndex, 0)] != EMPTY_SPACE:
            print("That column is full, select another one.")
            continue  # 再次询问玩家落子位置
```

棋盘在屏幕上显示的列号是 1~7，但棋盘上的(columnIndex, rowIndex)使用的是基于 0 的索引，它们的取值范围是 0~6。为了解决这个差异问题，我们将字符串值'1'~'7'转换为整数值 0~6。

行的索引在棋盘顶部为 0，向下逐行递增到棋盘底部为 6。我们检查所选列的最顶行是否被占用，如果是，这一列已经被完全占满了，continue 语句将回到循环的起点，要求玩家重新落子。

如果这一列没有被占满，我们需要找到最低的空位落子：

```
        # 自底向上寻找第一个空白格子：
        for rowIndex in range(BOARD_HEIGHT - 1, -1, -1):
            if board[(columnIndex, rowIndex)] == EMPTY_SPACE:
                return (columnIndex, rowIndex)
```

for 循环从最底行的索引 BOARD_HEIGHT - 1（也就是 6）开始，向上移动，直到找到第一个空位，接着函数返回最低空位的索引。

当棋盘被占满时，游戏以平局结束：

```
def isFull(board):
    """如果 board 中没有空白格子，返回 True，否则返回 False"""
    for rowIndex in range(BOARD_HEIGHT):
        for columnIndex in range(BOARD_WIDTH):
            if board[(columnIndex, rowIndex)] == EMPTY_SPACE:
                return False  # 发现了一个空白格子，返回 False
    return True  # 格子全满了
```

函数 isFull()使用一对嵌套的 for 循环遍历棋盘上的每个位置。如果它找到了任意一个空位，说明棋盘没有满，函数返回 False。如果循环完后，函数 isFull()没有发现任何空位，则返回 True。

函数 isWinner()检查玩家是否取胜：

```
def isWinner(playerTile, board):
    """如果棋盘上 playerTile 有四颗棋子连成一线，返回 True，否则返回 False"""

    # 遍历整个棋盘，查找连成一线的四颗棋子：
    for columnIndex in range(BOARD_WIDTH - 3):
        for rowIndex in range(BOARD_HEIGHT):
            # 从左到右检查是否有连成一线的四颗棋子：
            tile1 = board[(columnIndex, rowIndex)]
            tile2 = board[(columnIndex + 1, rowIndex)]
            tile3 = board[(columnIndex + 2, rowIndex)]
            tile4 = board[(columnIndex + 3, rowIndex)]
            if tile1 == tile2 == tile3 == tile4 == playerTile:
                return True
```

如果 playerTile 在横向、竖向或对角线上出现四次，那么该函数返回 True。为了检查是否满足这一条件，我们需要检查棋盘上每一组相邻的四个空格。使用多个嵌套的 for 循环进行检查。

(columnIndex, rowIndex)元组代表一个起点，检查起点和它右边三个格子的 playerTile 字符串。当起点为(columnIndex, rowIndex)时，右边的格子就是(columnIndex + 1, rowIndex)，以此类推。这四个格子的棋子分别被保存到 tile1、tile2、tile3 和 tile4 中。如果这些变量的值都等于 playerTile，我们就找到了四子连线，函数 isWinner()返回 True。

在 5.5 节中，我提到带有连续数字后缀的变量名称（如该游戏中的 tile1 到 tile4）通常是一种代码的坏味道，应当用列表替换。但在当前情况下，这些变量名是合适的，不需要使用列表替代它们，因为四子棋程序总是需要正好四颗棋子的变量。请记住，代码的坏味道不一定表明有问题，它只是意味着我们应该再看一眼，确认代码是以最可读的方式编写的。在这种情况下使用列表会使我们的代码更复杂，没有什么好处，所以我们仍然使用 tile1、tile2、tile3 和 tile4。

检查竖向是否有四子连线的步骤与上述步骤类似：

```
    for columnIndex in range(BOARD_WIDTH):
        for rowIndex in range(BOARD_HEIGHT - 3):
            # 从上到下检查是否有连成一线的四颗棋子：
            tile1 = board[(columnIndex, rowIndex)]
            tile2 = board[(columnIndex, rowIndex + 1)]
            tile3 = board[(columnIndex, rowIndex + 2)]
            tile4 = board[(columnIndex, rowIndex + 3)]
            if tile1 == tile2 == tile3 == tile4 == playerTile:
                return True
```

接下来，我们检查从左上到右下的对角线上是否有四子连线；再之后检查从右上到左下的对角线上是否有四子连线：

```
    for columnIndex in range(BOARD_WIDTH - 3):
        for rowIndex in range(BOARD_HEIGHT - 3):
            # 检查从左上到右下的对角线上是否有连成一线的四颗棋子：
            tile1 = board[(columnIndex, rowIndex)]
            tile2 = board[(columnIndex + 1, rowIndex + 1)]
            tile3 = board[(columnIndex + 2, rowIndex + 2)]
            tile4 = board[(columnIndex + 3, rowIndex + 3)]
            if tile1 == tile2 == tile3 == tile4 == playerTile:
                return True

            # 检查从右上到左下的对角线上是否有连成一线的四颗棋子：
            tile1 = board[(columnIndex + 3, rowIndex)]
            tile2 = board[(columnIndex + 2, rowIndex + 1)]
            tile3 = board[(columnIndex + 1, rowIndex + 2)]
            tile4 = board[(columnIndex, rowIndex + 3)]
            if tile1 == tile2 == tile3 == tile4 == playerTile:
                return True
```

这段代码与横向的四子连线的检查类似，因此不再赘述。如果所有检查都没找到四子连线，则该函数返回 False，表明 playerTile 没有获胜：

```
return False
```

接下来只需要调用函数 main()：

```
# 如果这段代码被运行（而不是被导入），运行游戏：
if __name__ == '__main__':
    main()
```

我们又使用了 Python 这个惯用写法，如果直接运行 fourinarow.py，则自动调用 main()；如果将其作为模块导入，则不会调用 main()。

14.3 小结

虽然汉诺塔游戏和四子棋游戏是两个小程序，但遵循本书的实践指导，你可以确保程序代码具有可读性且易于调试。游戏程序遵循了一些好的做法：运用 Black 工具自动格式化代码，使用文档字符串描述模块和函数，将常量放在文件顶部。它们将变量、函数参数、函数返回值限制为单一的数据类型，因为类型提示虽然是一种有益的附加文档形式，但在这里意义不大。

在汉诺塔程序中，我们使用字典表示 3 座塔，键分别为'A'、'B'、'C'，值为整数列表。这种做法是可行的，但如果我们的程序再大一些或者复杂一些，最好使用类来表示这些数据类型。

本章没有使用类和 OOP 技术，因为我在第 15~17 章才会讲到 OOP。但请记住，使用类表示该数据结构是完全可行的。在屏幕上，塔以 ASCII 艺术画的形式呈现，塔上的每个圆盘用文本字符表示。

在四子棋程序中，我们使用一个存储在 BOARD_TEMPLATE 常量中的多行字符串显示棋盘：该字符串有 42 对大括号，用以显示 7×6 的棋盘上的每个格子。之所以这样做，是为了让 format() 字符串方法可以用该格子的值替换大括号。

虽然两个程序的数据结构不同，但它们仍有很多相似之处。它们都在屏幕上显示数据结构，在每一轮循环中要求玩家输入，对输入进行验证，然后用输入来更新数据结构。有很多不同的代码编写方式可以执行相同的操作。如何让代码具备可读性终究是一种主观判断，而不是对程序员是否严格按照规则清单编写了代码的客观衡量。本章呈现的源代码表明，虽然我们应该经常检查代码是否有坏味道，但是坏味道并不一定意味着代码存在待修复的问题。不要为了避免代码的坏味道而破坏代码的可读性。

第三部分

面向对象的 Python

第 15 章

面向对象编程和类

面向对象编程（object-oriented programming，OOP）是一种编程语言特性，它将变量和函数组合成新的数据类型，我们称之为**类**（class）。基于类可以创建对象。通过将代码组织成类可以将一个庞大的程序分解成更小的部分，便于程序员理解，也降低了调试难度。

对于较小的程序而言，OOP 并没有增加条理性，反而是繁文缛节。尽管 Java 等语言要求将所有代码组织成类，但 Python 的 OOP 特性是可选的。程序员可以在需要时使用类，不需要时则忽略它们。Python 核心开发者 Jack Diederich 在 PyCon 2012 上的演讲“Stop Writing Classes”（停止编写类）中指出，程序员在许多情况下没必要编写类，使用更简单的函数或模块会更好。

尽管如此，作为程序员，你还是应该熟悉类及其原理。在本章中，你将学习什么是类，为什么要在程序中使用类以及它背后的语法和编程概念。OOP 是一个很大的话题，本章仅概述基础知识。

15.1 拿现实世界打比方：填写表格

在生活中，你经常需要一次又一次地填写纸制或电子表格：看医生、在线购物或是回复婚礼请柬。表格是个人或者组织收集有关你的信息的一种统一方式。不同的表格要求填写不同类型的信息。你会在给医生的表格中提供敏感的个人医疗状况，在给婚礼请柬的回复函中告知你要带去的客人。

在 Python 中，类、类型和数据类型的含义相同。像纸质或电子表格一样，类是 Python 对象（也称为实例）的图纸，它包含了代表一个名词的数据。这个名词可以是医生的病人、电子商务订单或是婚礼的客人。类就像一个空白的表单模板，而基于类创建的对象则像是填好的表单，其中包含了表单所代表的一类事物的实际数据。例如，在图 15-1 中，婚礼请柬的回复函表单就像一个类，而填写好的回复函就像一个对象。

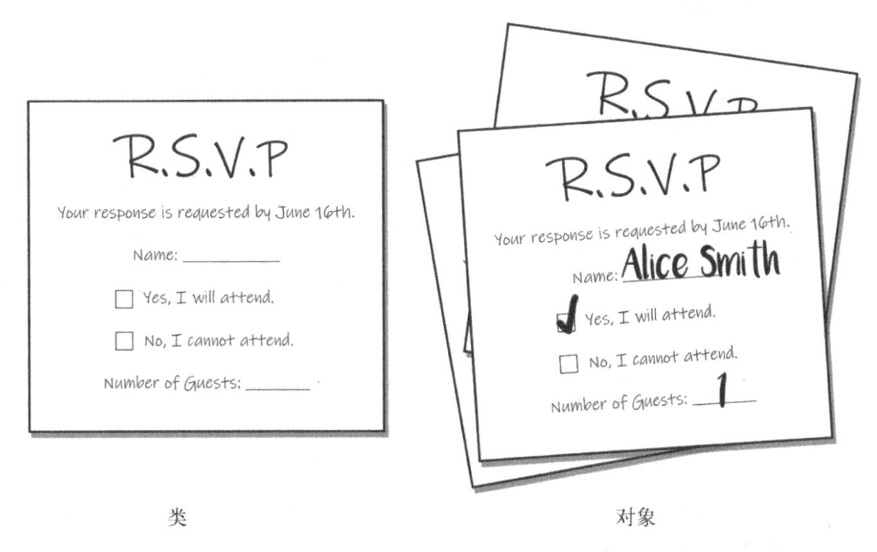

图 15-1 婚礼请柬的回复函表单模板就像类，而填写好的回复函就像对象

也可以把类和对象视为电子表格，如图 15-2 所示。

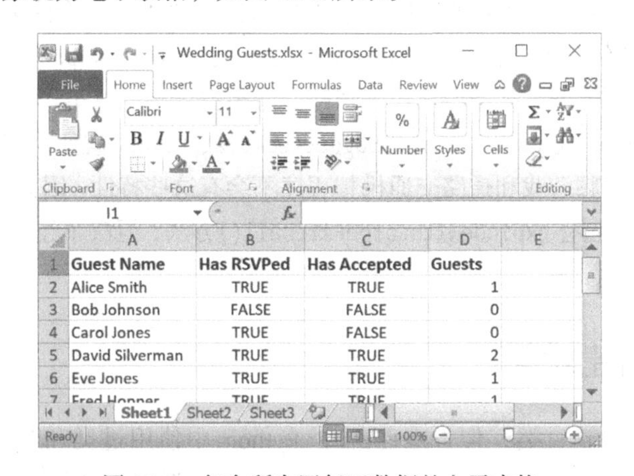

	A	B	C	D
1	Guest Name	Has RSVPed	Has Accepted	Guests
2	Alice Smith	TRUE	TRUE	1
3	Bob Johnson	FALSE	FALSE	0
4	Carol Jones	TRUE	FALSE	0
5	David Silverman	TRUE	TRUE	2
6	Eve Jones	TRUE	TRUE	1
7	Fred Hopper	TRUE	TRUE	1

图 15-2 包含所有回复函数据的电子表格

列标题构成一个类，而每一行构成一个对象。

类和对象经常被当作真实事物的数据模型，但不要搞混了地图和领土的关系[①]。类的具体内

① 为了通俗地解释数学和人类语言及物理现实之间的关系，哲学家 Alfred Korzybski 提出了“地图不等于领土”的概念，即对事物的描述并不是事物本身。地图是事物的抽象模样，领土是事物本身。同理，类是事物的抽象，对象则是事物本身。——译者注

容取决于程序的目的。图 15-3 显示了不同类的一些对象，它们代表的是现实世界中的同一个人，但除了他的名字，对象存储的信息完全不同。

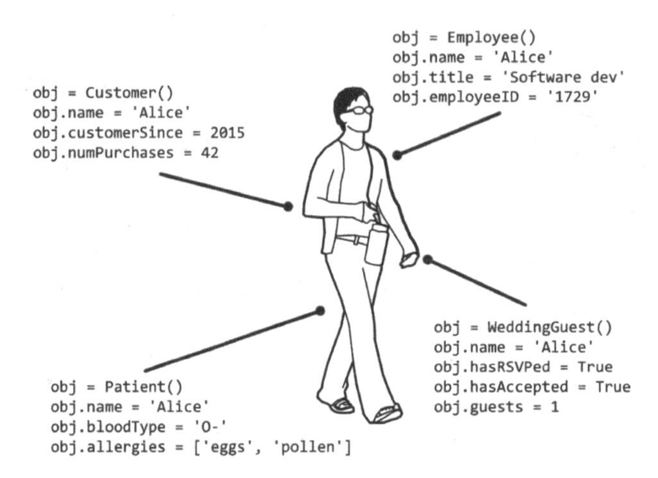
obj = Employee()
obj.name = 'Alice'
obj.title = 'Software dev'
obj.employeeID = '1729'
obj = Customer()
obj.name = 'Alice'
obj.customerSince = 2015
obj.numPurchases = 42
obj = WeddingGuest()
obj.name = 'Alice'
obj.hasRSVPed = True
obj.hasAccepted = True
obj.guests = 1
obj = Patient()
obj.name = 'Alice'
obj.bloodType = 'O-'
obj.allergies = ['eggs', 'pollen']

图 15-3　基于不同类的四个对象，代表了现实世界中的同一个人。使用哪些类取决于软件程序需要了解这个人的哪些情况

类中包含的信息应该取决于程序的需要。许多 OOP 教程使用汽车类作为讲解的基础示例，但没注意到类中的内容完全取决于你要编写的软件的种类。显然，不会因为现实世界的汽车有喇叭或者杯托，一个普通的汽车类就会有 honkHorn()方法或 numberOfCupholders 特性。你的程序可能是汽车经销 Web 应用、赛车视频游戏或者道路交通模拟程序。汽车经销 Web 应用的汽车类可能有特性 milesPerGallon 或 manufacturersSuggestedRetailPrice（就如汽车经销商的电子表格可将这两项作为列）。但视频游戏和道路交通模拟程序不会有这些特性，因为这些信息与它们无关。视频游戏的汽车类可能会有 explodeWithLargeFireball()方法，但汽车经销 Web 应用和道路交通模拟程序则不大可能有。

15.2　基于类创建对象

你也许没有自己创建过类，但肯定已经在 Python 中使用过类和对象了。回想一下模块 datetime，它包含一个名为 date 的类。datetime.date 类的对象（也可简称为 datetime.date 对象或者 date 对象）代表一个特定的日期。在交互式 shell 中输入以下内容，创建 datetime.date 类的一个对象：

```
>>> import datetime
>>> birthday = datetime.date(1999, 10, 31) # 传入年、月、日
>>> birthday.year
1999
>>> birthday.month
```

```
10
>>> birthday.day
31
>>> birthday.weekday() # weekday()是一个方法。注意，它跟特性的区别在于有括号
6
```

特性是与对象相关的变量。对 datetime.date()的调用创建了一个新的 date 对象，初始参数是 1999、10、31，因此该对象表示 1999 年 10 月 31 日。这些参数分别被用作 date 类的年、月、日特性，所有的 date 对象都有这些特性。

基于这些信息，date 类的 weekday()方法可以计算出该对象是星期几。上面的代码示例中，返回 6 代表星期天。根据 Python 的在线文档可知，weekday()的返回值是一个从 0 开始的整数，0 代表星期一，逐个递增，直到 6 代表星期天。文档中列出了 date 对象的其他几个方法。尽管 date 对象包含多个特性和方法，但它仍然是单一的对象，可以存储在一个变量中，比如这个示例中的 birthday。

15.3 创建一个简单的类——WizCoin

让我们创建一个 WizCoin 类，它代表了一种虚构的魔法货币体系中的硬币。这种货币的面值包括 knuts、sickles（价值 29 knuts）以及 galleons（价值 17 sickles 或 493 knuts）。注意，WizCoin 类中的对象代表的是硬币的数量，而不是钱的数量。比如，你持有的是 5 枚 25 美分和 1 枚 1 角硬币，而不是 1.35 美元。

在名为 wizcoin.py 的文件中输入以下代码，创建 WizCoin 类。注意方法__init__的写法，在 init 的前后各有两个下划线（15.4 节将进一步讲解）：

```
❶ class WizCoin:
❷     def __init__(self, galleons, sickles, knuts):
          """使用 galleons、sickles 及 knuts 创建一个新的 WizCoin 对象"""
          self.galleons = galleons
          self.sickles  = sickles
          self.knuts    = knuts
          # 注意，__init__()方法从来不会有返回值

❸     def value(self):
          """该 WizCoin 对象所持有的硬币的价值，以 kunts 为单位"""
          return (self.galleons * 17 * 29) + (self.sickles * 29) + (self.knuts)

❹     def weightInGrams(self):
          """返回硬币的重量，以克为单位"""
          return (self.galleons * 31.103) + (self.sickles * 11.34) + (self.knuts
* 5.0)
```

该程序使用 class 语句定义了一个名为 WizCoin 的类❶。创建一个类就是创建一个新的对象

类型。使用 class 语句定义类有些类似于使用 def 语句定义新函数。我们在 class 语句后面的代码块中定义了 3 个方法：__init__()（initializer 的简称）❷、value()❸和 weightInGrams()❹。注意，所有方法的第一个参数名都是 self，后文将详细说明这一点。

按照惯例，模块名（比如 wizcoin.py 文件中的 wizcoin）是小写的，而类名（比如 WizCoin）的首字母是大写的。但 Python 标准库中的一些类并没有遵循这个惯例，比如 date。

为练习创建 WizCoin 类的新对象，在一个单独的文件编辑器窗口中输入以下源代码，并将其保存为 wcexample1.py 文件，存放在 wizcoin.py 所在的文件夹中：

```
❶ import wizcoin

  purse = wizcoin.WizCoin(2, 5, 99) # 这些整数被传递给了__init__()
  print(purse)
  print('G:', purse.galleons, 'S:', purse.sickles, 'K:', purse.knuts)
  print('Total value:', purse.value())
  print('Weight:', purse.weightInGrams(), 'grams')

  print()

❷ coinJar = wizcoin.WizCoin(13, 0, 0) # 这些整数被传递给了__init__()
  print(coinJar)
  print('G:', coinJar.galleons, 'S:', coinJar.sickles, 'K:', coinJar.knuts)
  print('Total value:', coinJar.value())
  print('Weight:', coinJar.weightInGrams(), 'grams')
```

对 WizCoin()的调用❶❷创建了一个 WizCoin 对象，并为它们运行__init__()方法中的代码。为 WizCoin()传递的 3 个整数参数被转发，成为__init__()的参数。这些参数被分配给对象的特性 self.galleons、self.sickles 和 self.knuts。注意，正如 time.sleep()函数要求首先导入 time 模块，并在函数名称前加上 time.一样，也必须导入 wizcoin 并在 WizCoin()函数名称前加上 wizcoin.。

该程序的输出结果如下所示：

```
<wizcoin.WizCoin object at 0x000002136F138080>
G: 2 S: 5 K: 99
Total value: 1230
Weight: 613.906 grams

<wizcoin.WizCoin object at 0x000002136F138128>
G: 13 S: 0 K: 0
Total value: 6409
Weight: 404.339 grams
```

如果程序报错，比如 ModuleNotFoundError: No module named 'wizcoin'，请做一下检查，确保文件的名称为 wizcoin.py，并与 wcexample1.py 在同一个文件夹内。

WizCoin 对象没有可用的字符串显示，所以打印 purse 和 coinJar 时会显示一个包裹在尖括号中的内存地址（你将在第 17 章学习如何改变这一点）。

如同在字符串对象上调用 lower()方法一样，我们也可以在分配给变量 purse 和 coinJar 的 WizCoin 对象上调用 value()和 weightInGrams()方法。这些方法会根据对象的特性 galleons、sickles 和 knuts 来计算数值。

类和 OOP 可以增强代码的可维护性，也就是说，这些代码会更易读、以后会更容易被修改和扩展。接下来让我们进一步探讨上面这个类的方法和特性。

15.3.1 方法__init__()和 self

方法是与某个类的对象相关联的函数。回想一下，lower()是一个字符串方法，这意味着它可以在字符串对象上调用。可以对一个字符串调用 lower()，比如'Hello'.lower()，但不能对一个列表调用它，比如['dog', 'cat'].lower()。另外，方法的正确写法是放在对象之后，比如正确的代码是'Hello'.lower()，而非 lower('Hello')。不同于 lower()这样的方法，函数（比如 len()）不与单一数据类型绑定，可以向 len()传递许多类型的对象，比如字符串、列表、字典等。

如前所述，通过将类名作为函数调用可以创建对象。这个函数被称为**构造函数**（constructor，也可以缩写为 ctor，读作“see-tore”），因为它可以构造一个新的对象。另一种说法是构造函数实例化了一个类的新实例。

调用构造函数会使 Python 创建一个新对象，并运行__init__()方法。__init__()方法并非类的必要条件，但几乎每个类都有。__init__()方法通常会被用来设置特性的初始值。比如，WizCoin 的__init__()方法是下面这样的：

```
def __init__(self, galleons, sickles, knuts):
        """使用 galleons、sickles 及 knuts 创建一个新的 WizCoin 对象"""
        self.galleons = galleons
        self.sickles  = sickles
        self.knuts    = knuts
    # 注意，__init__()方法从来不会有返回值
```

当 wcexample1.py 程序调用 WizCoin(2, 5, 99)时，Python 创建了一个新的 WizCoin 对象，然后将 3 个参数传递给__init()__调用。但是__init__()方法需要接受 4 个参数：self、galleons、sickles、knuts，这是因为所有方法都有 self 作为第一个参数。当一个方法被调用时，除了正常传递的参数，对象还会自动传入 self 参数。如果你看到一个类似于 TypeError: __init__() takes 3 positional arguments but 4 were given 的错误信息，那么说明你可能忘了在方法的 def 语句中添加 self 参数。

方法的第一个参数并不是必须命名为 self，可以为它起任何名字。但使用 self 是惯例，使用其他的名字可能会让其他 Python 程序员没有那么容易阅读你的代码。在阅读代码时，第一个参数是否为 self 是区分方法和函数的最快捷的方法。同样，如果你的方法从来不需要使用 self 参数，这表明该方法可能只是一个函数，而不必写作一个方法。

Wizcoin(2, 5, 99)的参数 2、5 和 99 并没有自动分配给新对象的特性，需要__init__()中的 3 个赋值语句来完成这个任务。通常__init__()参数的命名与特性相同。self.galleons 中的 self 表明它是对象的一个特性，而 galleons 是一个参数。将构造函数的参数存储到对象的特性中是__init__()方法的一类常见用法。上一节中的 datetime.date()调用也做了类似的工作，传递的 3 个参数是新创建的日期对象的特性 year、month 和 day。

你应该曾调用过函数 int()、str()、float()和 bool()来进行数据类型之间的转换，比如使用 str(3.1415)将浮点数 3.1415 返回为字符串值'3.1415'。以前我们将它们描述为函数，但 int、str、float、bool 实际上是类，而函数 int()、str()、float()和 bool()是构造函数，可以分别返回新的整数、字符串、浮点数和布尔对象。

Python 风格指南建议类名使用首字母大写的 Pascal 命名法（像 WizCoin），但 Python 的许多内置类并未遵循这一惯例。

注意，调用 WizCoin()构造函数会返回新的 WizCoin 对象，但__init__()方法绝不会存在带有返回值的返回语句。添加返回值将导致错误 TypeError: __init__() should return None。

15.3.2　特性

特性[①]是与对象相关联的变量，Python 文档将其描述为“句点后面的名字”。比如，上一节中的 birthday.year 表达式，year 特性就是句点后面的名字。

每个对象都有自己的一系列特性。wcexample1.py 程序创建了两个 WizCoin 对象并将它们分别存储在变量 purse 和 coinJar 中，它们的特性有着不同的值。这些特性可以像其他变量一样进行访问和设置。为了练习如何设置特性，请打开一个新的文件编辑器窗口，并输入以下代码，将其保存为 wcexample2.py，放在 wizcoin.py 文件所在的文件夹中：

```
import wizcoin

change = wizcoin.WizCoin(9, 7, 20)
```

① Python 中与对象绑定的值有两种：一种是“attribute”，常译作“特性”；另一种是“property”，常译作“属性”。而除 Python 外，其他流行的编程语言中没有“attribute”的概念，所以有些技术文章习惯将两者笼统地称为“属性”。本章专门提及了“特性”和“属性”的区别，所以需要进行区分。为保持译文的一致性，本书中所有“attribute”都被译作“特性”。——译者注

```
print(change.sickles) # 打印 7
change.sickles += 10
print(change.sickles) # 打印 17

pile = wizcoin.WizCoin(2, 3, 31)
print(pile.sickles) # 打印 3
pile.someNewAttribute = 'a new attr' # 创建一个新的特性
print(pile.someNewAttribute)
```

该程序的输出结果如下所示：

```
7
17
3
a new attr
```

对象的特性可以被看成字典的键。可以读取和修改它们的值，为对象分配新的特性。从技术上讲，方法也可以被视为类的一个特性。

15.3.3 私有特性和私有方法

在 C++或 Java 等语言中，特性可以被标记为具有私有访问权，这意味着编译器或解释器只允许类的方法中的代码访问或修改该类对象的特性。但 Python 不具备这种强制约束。所有特性和方法都可以被公开访问：类外的代码可以访问和修改该类的任何对象的任何特性。

但私有访问是有意义的。比如一个 BankAccount 类的对象可以有一个余额特性，只有 BankAccount 类的方法可以访问。考虑到这一点，Python 的惯例是为私有特性或方法的名字使用下划线前缀。从技术上讲，这并不能阻止类外的代码访问私有特性和方法，但仍是一个只让类中的方法访问两者的最佳实践。

打开一个新的文件编辑器窗口，输入以下内容，并将其保存为 privateExample.py。BankAccount 类的对象存在私有的特性_name 和_balance，只有方法 deposit()和 withdraw()可以直接访问它们：

```
class BankAccount:
    def __init__(self, accountHolder):
        # BankAccount 方法可以访问 self._balance，
        # 但该类之外的代码不能访问
❶       self._balance = 0
❷       self._name = accountHolder
        with open(self._name + 'Ledger.txt', 'w') as ledgerFile:
            ledgerFile.write('Balance is 0\n')

    def deposit(self, amount):
❸        if amount <= 0:
            return # 不允许存款为负数
```

```
❹           self._balance += amount
            with open(self._name + 'Ledger.txt', 'a') as ledgerFile:
                ledgerFile.write('Deposit ' + str(amount) + '\n')
                ledgerFile.write('Balance is ' + str(self._balance) + '\n')

        def withdraw(self, amount):
❺           if self._balance < amount or amount < 0:
                return # 余额不足，或者取款金额是负数
            self._balance -= amount
❻           with open(self._name + 'Ledger.txt', 'a') as ledgerFile:
                ledgerFile.write('Withdraw ' + str(amount) + '\n')
                ledgerFile.write('Balance is ' + str(self._balance) + '\n')

    acct = BankAccount('Alice') # 为 Alice 创建一个账户
    acct.deposit(120) # _balance 可以通过 deposit()进行修改
    acct.withdraw(40) # _balance 可以通过 withdraw()进行修改

    # 虽然不建议在 BankAccount 外修改_name 和_balance，但能够修改：
❼   acct._balance = 1000000000
    acct.withdraw(1000)

❽   acct._name = 'Bob' # 现在我们要修改 Bob 的账目！
    acct.withdraw(1000) # 这笔取款被记录到 BobLedger.txt 中了！
```

当运行 privateExample.py 时，我们会发现它所创建的账本文件是错误的，因为在类外修改了_balance 和_name。AliceLedger.txt 莫名其妙地多了很多钱：

```
Balance is 0
Deposit 120
Balance is 120
Withdraw 40
Balance is 80
Withdraw 1000
Balance is 999999000
```

我们从来没有为 Bob 创建 BankAccount 对象，但现在存在一个 BobLedger.txt 文件，它的账户余额从账本上无法解释：

```
Withdraw 1000
Balance is 999998000
```

设计良好的类大多是自足的，它们会提供调整特性为有效值的方法。_balance 和_name 被标记为私有特性❶❷，调整 BankAccount 类的值的唯一有效方法是通过方法 deposit()和 withdraw()。这两个方法会通过检查❸❺确保_balance 不会被设置为无效的状态（比如负整数值）。这些方法还记录每笔交易以说明当前余额❹❻的由来。

不使用这些方法，而是在类外修改这些特性的代码（比如 acct._balance = 1000000000❼或

acct._name = 'Bob' ❽）可能会使对象进入无效状态，并引入 bug（以及银行审查员的审计工作）。通过遵循私有访问的下划线前缀惯例，可以使调试更加容易，因为可以明确错误的原因是在类的代码中，而不必在整个程序中查找原因。

注意，与 Java 等其他语言不同，Python 不需要为私有特性提供公开的 getter 方法和 setter 方法，而是使用特性，第 17 章将进一步解释。

15.4 函数 type()和特性__qualname__

将对象传递给内置的 type()函数，会返回该对象的数据类型。从 type()函数返回的对象是类型对象，也被称为类对象。回想一下，术语类型、数据类型和类在 Python 中的含义是相同的。在交互式 shell 中输入以下内容，以查看 type()函数对各种值的返回情况：

```
>>> type(42) # 对象 42 是 int 类型
<class 'int'>
>>> int # int 是整数数据类型的类对象
<class 'int'>
>>> type(42) == int # 通过类型检查判断 42 是否是一个整数
True
>>> type('Hello') == int # 通过类型检查判断'Hello'是否是 int 类型
False
>>> import wizcoin
>>> type(42) == wizcoin.WizCoin # 通过类型检查判断 42 是否是 WizCoin 类型
False
>>> purse = wizcoin.WizCoin(2, 5, 10)
>>> type(purse) == wizcoin.WizCoin # 通过类型检查判断 purse 是否是 WizCoin 类型
True
```

注意，int 是一个类型对象，与 type(42)返回的是同一类型对象，它也可以作为 int()构造函数被调用：int('42')函数并不是转换字符串参数'42'，而是根据参数返回一个新的整数对象。

有时候需要记录一些关于程序中变量的信息以便日后调试，而日志文件只能写入字符串，尝试将类型对象传递给 str()会返回一个看起来非常混乱的字符串。正确的方法是使用所有类型对象都有的__qualname__特性编写一个简单可读的字符串：

```
>>> str(type(42)) # 将类型对象传递给 str()会返回一个混乱的字符串
"<class 'int'>"
>>> type(42).__qualname__ # __qualname__特性看起来更具可读性
'int'
```

__qualname__特性常用来覆盖__repr__()方法，在第 17 章中将有详细说明。

15.5 非 OOP 和 OOP 的例子：井字棋

对初学者而言，可能很难知道如何在程序中使用类。先来看一个没有使用类的井字棋小程序，然后再使用类改写它。

打开一个新的文件编辑器窗口，输入以下内容，将其保存为 tictactoe.py：

```
# tictactoe.py，一个非 OOP 的井字棋游戏

ALL_SPACES = list('123456789') # 井字棋棋盘字典的键
X, O, BLANK = 'X', 'O', ' ' # 字符串值常量

def main():
    """运行一局井字棋游戏"""
    print('Welcome to tic-tac-toe!')
    gameBoard = getBlankBoard()  # 创建一个井字棋棋盘字典
    currentPlayer, nextPlayer = X, O  # X 先行，O 后行

    while True:
        print(getBoardStr(gameBoard))  # 在屏幕上显示棋盘

        # 询问玩家，直到玩家输入数字 1-9
        move = None
        while not isValidSpace(gameBoard, move):
            print(f'What is {currentPlayer}\'s move? (1-9)')
            move = input()
        updateBoard(gameBoard, move, currentPlayer)  # 执行移动

        # 检查游戏是否结束：
        if isWinner(gameBoard, currentPlayer):  # 首先检查是否一方获胜
            print(getBoardStr(gameBoard))
            print(currentPlayer + ' has won the game!')
            break
        elif isBoardFull(gameBoard):  # 接着检查是否平局
            print(getBoardStr(gameBoard))
            print('The game is a tie!')
            break
        currentPlayer, nextPlayer = nextPlayer, currentPlayer # 交换玩家执行
    print('Thanks for playing!')

def getBlankBoard():
    """创建新的空白井字棋棋盘"""
    board = {} # 使用 Python 字典表示棋盘
    for space in ALL_SPACES:
        board[space] = BLANK # 所有格子最初都是空格子
    return board

def getBoardStr(board):
    """返回棋盘的字符串表示"""
```

```
    return f'''
      {board['1']}|{board['2']}|{board['3']} 1 2 3
      -+-+-
      {board['4']}|{board['5']}|{board['6']} 4 5 6
      -+-+-
      {board['7']}|{board['8']}|{board['9']} 7 8 9'''

def isValidSpace(board, space):
    """当棋盘中的格子数有效，且该格子为空白时，返回True"""
    return space in ALL_SPACES and board[space] == BLANK

def isWinner(board, player):
    """当玩家在井字棋棋盘上是赢家时返回True"""
    b, p = board, player # 使用缩写作为“语法糖”
    # 检查3行、3列、2条对角线上的3个标记
    return ((b['1'] == b['2'] == b['3'] == p) or  # 顶部行
            (b['4'] == b['5'] == b['6'] == p) or  # 中间行
            (b['7'] == b['8'] == b['9'] == p) or  # 底部行
            (b['1'] == b['4'] == b['7'] == p) or  # 左边列
            (b['2'] == b['5'] == b['8'] == p) or  # 中间列
            (b['3'] == b['6'] == b['9'] == p) or  # 右边列
            (b['3'] == b['5'] == b['7'] == p) or  # 对角线
            (b['1'] == b['5'] == b['9'] == p))    # 对角线

def isBoardFull(board):
    """当棋盘上的每个格子都被使用时返回True"""
    for space in ALL_SPACES:
        if board[space] == BLANK:
            return False  # 如果有任意一个格子是空白的，返回False
    return True  # 如果没有格子是空白的，返回True

def updateBoard(board, space, mark):
    """将棋盘上的格子设置为标记符"""
    board[space] = mark

if __name__ == '__main__':
    main()  # 当模块被直接运行而非被引入时，调用main()
```

该程序的输出结果如下所示：

```
Welcome to tic-tac-toe!
       | |   1 2 3
      -+-+-
       | |   4 5 6
      -+-+-
       | |   7 8 9
What is X's move? (1-9)
1
      X| |   1 2 3
      -+-+-
       | |   4 5 6
```

```
     -+-+-
      | |   7 8 9
What is O's move? (1-9)
--snip--
     X| |O  1 2 3
     -+-+-
      |O|   4 5 6
     -+-+-
     X|O|X  7 8 9
What is X's move? (1-9)
4
     X| |O  1 2 3
     -+-+-
     X|O|   4 5 6
     -+-+-
     X|O|X  7 8 9
X has won the game!
Thanks for playing!
```

简而言之，该程序通过字典对象表示井字棋盘上的 9 个空格，字典的键是字符串'1'到'9'，它的值是字符串'X'、'O'或' '。空格序列的排列方式类似于电话键盘。

tictactoe.py 中的函数做了以下事情：

- 函数 main()创建新棋盘数据结构（存储在 gameBoard 变量中），并调用程序中的其他函数；
- 函数 getBlankBoard()返回一个字典，9 个空格都被设置为' '，用来表示一个空白棋盘；
- 函数 getBoardStr()接受一个代表棋盘的字典，返回一个可以显示到屏幕上的代表棋盘的多行字符串，它就是游戏所显示的井字棋盘的文本；
- 如果函数 isValidSpace()接受的空格数有效且为空，返回 True；
- 函数 isWinner()接受一个棋盘字典和'X'或'O'之一作为参数，以判断该玩家在棋盘上的 3 个标记是否连成一线；
- 函数 isBoardFull()用来检查棋盘上是否存在空格，如无空格则意味着游戏已经结束；
- 函数 updateBoard()接受一个棋盘字典、一个格子和一个玩家的 X 或 O 标记，并更新字典。

注意，许多函数接受变量 board 作为它们的首个参数。这意味着这些函数之间存在关联，因为它们都对同一个数据结构进行操作。

当代码中的多个函数对相同的数据结构进行操作时，通常最好将它们作为一个类的方法和特性组合在一起。让我们重新设计 tictactoe.py 中的程序，使用一个名为 TTTBoard 的类，将字典 board 存储在一个名为 spaces 的特性中。

那些以 board 为参数的函数将成为 TTTBoard 类的方法，并使用参数 self 替换原有的参数 board。

打开一个新的文件编辑器窗口，输入以下代码，并将其保存为 tictactoe_oop.py：

```
# tictactoe_oop.py，一个面向对象的井字棋游戏

ALL_SPACES = list('123456789')  # 井字棋棋盘字典的键
X, O, BLANK = 'X', 'O', ' '  # 字符串值常量

def main():
    """运行一局井字棋游戏"""
    print('Welcome to tic-tac-toe!')
    gameBoard = TTTBoard()  # 创建一个井字棋棋盘对象
    currentPlayer, nextPlayer = X, O # X 先行，O 后行

    while True:
        print(gameBoard.getBoardStr())  # 在屏幕上显示棋盘

        # 询问玩家，直到玩家输入数字 1-9
        move = None

        while not gameBoard.isValidSpace(move):
            print(f'What is {currentPlayer}\'s move? (1-9)')
            move = input()
        gameBoard.updateBoard(move, currentPlayer)  # 执行移动

        # 检查游戏是否结束：
        if gameBoard.isWinner(currentPlayer):  # 首先检查是否一方获胜
            print(gameBoard.getBoardStr())
            print(currentPlayer + ' has won the game!')
            break
        elif gameBoard.isBoardFull():  # 接着检查是否平局
            print(gameBoard.getBoardStr())
            print('The game is a tie!')
            break
        currentPlayer, nextPlayer = nextPlayer, currentPlayer  # 交换玩家执行
    print('Thanks for playing!')

class TTTBoard:
    def __init__(self, usePrettyBoard=False, useLogging=False):
        """创建新的空白井字棋棋盘"""
        self._spaces = {}  # 使用 Python 字典表示棋盘
        for space in ALL_SPACES:
            self._spaces[space] = BLANK  # 所有格子最初都是空格子

    def getBoardStr(self):
        """返回棋盘的字符串表示"""
        return f'''
      {self._spaces['1']}|{self._spaces['2']}|{self._spaces['3']}  1 2 3
      -+-+-
      {self._spaces['4']}|{self._spaces['5']}|{self._spaces['6']}  4 5 6
      -+-+-
      {self._spaces['7']}|{self._spaces['8']}|{self._spaces['9']}  7 8 9'''
```

```
    def isValidSpace(self, space):
        """当棋盘中的格子数有效，且该格子为空白时，返回True"""
        return space in ALL_SPACES and self._spaces[space] == BLANK

    def isWinner(self, player):
        """当玩家在井字棋棋盘上是赢家时返回True"""
        s, p = self._spaces, player # 使用缩写作为“语法糖”
        # 检查3行、3列、2条对角线上的3个标记
        return ((s['1'] == s['2'] == s['3'] == p) or # 顶部行
                (s['4'] == s['5'] == s['6'] == p) or # 中间行
                (s['7'] == s['8'] == s['9'] == p) or # 底部行
                (s['1'] == s['4'] == s['7'] == p) or # 左边列
                (s['2'] == s['5'] == s['8'] == p) or # 中间列
                (s['3'] == s['6'] == s['9'] == p) or # 右边列
                (s['3'] == s['5'] == s['7'] == p) or # 对角线
                (s['1'] == s['5'] == s['9'] == p))   # 对角线

    def isBoardFull(self):
        """当棋盘上的每个格子都被使用时返回True"""
        for space in ALL_SPACES:
            if self._spaces[space] == BLANK:
                return False  # 如果有任意一个格子是空白的，返回False
        return True  # 如果没有格子是空白的，返回True

    def updateBoard(self, space, player):
        """将棋盘上的格子设置为标记符"""
        self._spaces[space] = player

if __name__ == '__main__':
    main() # 当模块被直接运行而非被引入时，调用main()
```

该程序与非 OOP 的井字棋的功能相同，输出看起来是一样的。我们把原来 getBlankBoard() 中的代码移动到了 TTTBoard 类的__init__()方法中，因为它们执行的任务是相同的，都是在准备用于表示棋盘的数据结构。我们将其他函数转换为方法，并用 self 参数替换原来的 board 参数。

当这些方法需要改变存储在_spaces 特性中的字典时，代码会使用 self._spaces。当这些方法需要调用其他方法时，调用语句也会在方法前加上 self 和句点。这类似于 15.3 节中的 coinJar 的对象。在这个示例中，拥有被调用方法的对象存储在 self 变量中。

另外，注意_spaces 特性是以下划线开始的，这意味着只有 TTTBoard 类的方法中的代码才能访问或修改它。类外的代码只能通过调用来修改它的方法，从而间接地修改_spaces。

比较这两个井字棋游戏的源代码应该会对你有所帮助。

井字棋是一个小游戏，不需要花费多少精力就可以理解。但如果程序代码多达几万行，有着数百个不同的函数，会如何呢？一个有几十个类的程序要比有几百个函数的程序更容易理解。OOP 可以将复杂程序分解成多个更容易理解的数据块。

15.6 为现实世界设计类是一件难事儿

设计一个类就像设计一个纸质表格一样，似乎很简单明了。表格和类在本质上都是对它们所代表的真实事物的简化。问题在于我们应该如何简化。比如我们要创建一个 Customer 类，客户应该有特性 firstName 和 lastName 吧？但实际上，创建类来为现实世界的对象建模可能很棘手。在大多数西方国家，姓名的最后部分是姓，但在中国，姓则在名字之前。如果我们不想把超过10亿的潜在用户排除在外，应该如何修改 Customer 类呢？是否应该将 firstName 和 lastName 改为 givenName 和 familyName？但在某些文化中并不使用姓氏。比如联合国前秘书长 U Thant 是缅甸人，他没有姓，Thant 是他的名字，而 U 是他父亲名字的缩写。除了姓名，我们还想记录客户的年龄。如果将 age 作为特性，它很快就会过时，所以最好是使用出生日期作为特性，在每次需要时重新计算年龄。

现实世界是复杂的，在设计表单和类的时候将这种复杂性固化为程序可以运行的统一结构是很难的。各国的电话号码格式各不相同，ZIP 代码不适用于美国以外的地区。对于德国的 Schmedeswurtherwesterdeich 村庄而言，为它设置最大字符数可能是个问题。在澳大利亚和新西兰，法律认可的性别除男和女外还包括 X。鸭嘴兽是一种产卵的哺乳动物。花生（peanut）不是一种坚果（nut）。热狗既可能是三明治，也可能不是，这取决于你问的是什么。作为一个为现实世界编写程序的程序员，你不得不驾驭这种复杂性。

如果想深入了解这个话题，我推荐 Carina C. Zona 在 PyCon 2015 上的演讲 “Schemas for the Real World”（现实世界的模式）和 James Bennett 在 North Bay Python 2018 上的演讲 “Hi! My name is...”（嗨！我的名字是……）。还有一些流行的 “程序员相信的谎言” 系列博客文章，比如 “程序员相信的关于名字的谎言” 和 “程序员相信的关于时区的谎言”。这些文章还涉及地图、电子邮件地址等主题，以及程序员通常不太擅长的一些编程内容。你可以在 GitHub 上找到这些文章的链接集合。此外，你还可以找一找 CGP Grey 的视频 “Social Security Cards Explained”（社会保障卡详解），它展现了在应对现实世界复杂性方面的一个拙劣例子。

15.7 小结

OOP 是一种用来组织代码的有效方式。类允许你将数据和代码组合成新的数据类型。通过调用类的构造函数（将类的名称作为一个函数调用）可以从这些类中创建对象，并在创建后调用类的 __init__() 方法进行初始化。方法是与对象相关联的函数，特性则是与对象相关联的变量。所有方法都有 self 参数作为它们的第一个参数，当方法被调用时，self 会指向对象。通过这种方式可以读取或设置对象的特性并调用其方法。

尽管 Python 不能为特性设置私有或公有的访问权，但它存在一个惯例，即对任何只能从类自己的方法中调用或访问的方法或特性名称使用下划线前缀。遵循这个惯例可以避免误用类，使其变成无效状态，防止错误发生。调用 type(obj)将返回 obj 类型的类对象。类对象具有__qualname__特性，它包含以可读形式展现类名的字符串。

说到这里，你可能会想，既然可以用函数完成相同的任务，为什么还要费力地使用类、特性和方法呢？OOP 是一种用于组织代码的有效方式，它可以将一个包含 100 个函数的.py 文件分割成多个精心设计的类，你可以分别专注于每个类的编写。

OOP 是一种关注数据结构以及如何处理这些数据结构的方法。这种方法不是每个程序都必须采用的，它有可能会被滥用。OOP 提供了许多使用高级特性的机会，我将在接下来的两章中探讨。第 16 章将首先讨论继承。

第 16 章

面向对象编程和继承

通过定义函数并在不同地方调用，可以避免复制粘贴源代码。编程时，要尽量避免复制代码，因为如果需要修改代码（无论是为了修复错误还是为了添加新的功能），你只需要在一个地方进行改动。没有重复的代码也会使程序更简短、更易读。

与函数类似，继承是一种用于类的代码重用技术。它将两个类绑定为父子关系，其中子类继承了父类方法的副本，这让你不必在多个类中重复某个方法的代码。

许多程序员认为继承的价值被高估了，甚至认为使用它是危险的，因为大量的继承形成的继承网络会增加程序的复杂性。标题为“继承是邪恶的”的博客文章并非毫无道理，因为继承确实容易被滥用。但在组织代码时，谨慎地使用这种技术可以大大节省时间。

16.1 继承的原理

创建子类需要把现有的父类的名字放在 class 语句的小括号内。接下来创建一个用于练习的子类，请打开一个新的文件编辑器窗口并输入以下代码，将其保存为 inheritanceExample.py：

```
❶ class ParentClass:
❷     def printHello(self):
          print('Hello, world!')

❸ class ChildClass(ParentClass):
      def someNewMethod(self):
          print('ParentClass objects don't have this method.')

❹ class GrandchildClass(ChildClass):
      def anotherNewMethod(self):
          print('Only GrandchildClass objects have this method.')
```

```
print('Create a ParentClass object and call its methods:')
parent = ParentClass()
parent.printHello()

print('Create a ChildClass object and call its methods:')
child = ChildClass()
child.printHello()
child.someNewMethod()

print('Create a GrandchildClass object and call its methods:')
grandchild = GrandchildClass()
grandchild.printHello()
grandchild.someNewMethod()
grandchild.anotherNewMethod()

print('An error:')
parent.someNewMethod()
```

程序的输出结果如下所示：

```
Create a ParentClass object and call its methods:
Hello, world!
Create a ChildClass object and call its methods:
Hello, world!
ParentClass objects don't have this method.
Create a GrandchildClass object and call its methods:
Hello, world!
ParentClass objects don't have this method.
Only GrandchildClass objects have this method.
An error:
Traceback (most recent call last):
  File "inheritanceExample.py", line 35, in <module>
    parent.someNewMethod() # 父类的对象没有该方法
AttributeError: 'ParentClass' object has no attribute 'someNewMethod'
```

我们创建了 3 个类，分别是 ParentClass❶、ChildClass❸和 GrandchildClass❹。ChildClass 是 ParentClass 的子类，也就是说，ChildClass 拥有与 ParentClass 相同的所有方法。我们说 ChildClass 继承了 ParentClass 的方法。另外，GrandchildClass 是 ChildClass 的子类，它拥有与 ChildClass 及其父类 ParentClass 相同的所有方法。

通过这种技术，我们有效地将 printHello()方法❷中的代码移植到了 ChildClass 和 GrandchildClass 中。我们对 printHello()中的代码所做的任何改变，不仅会更新 ParentClass，还会更新 ChildClass 和 GrandchildClass。这类似于改变一个函数的代码就能更新所有对该函数的调用。在图 16-1 中可以看到这种关系。注意，在类图中，箭头是由子类指向基类的。这反映了一个事实：一个类总是知道它的基类，但不知道它的子类。

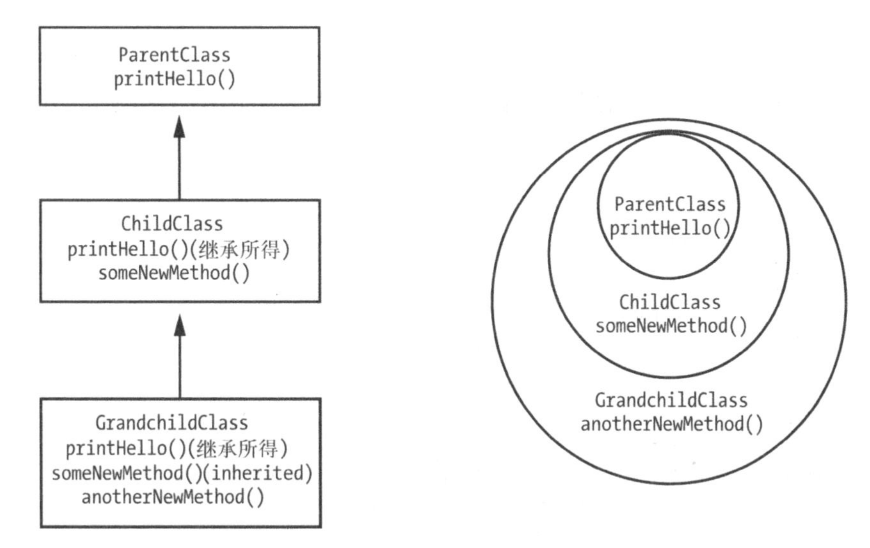

图 16-1 层次图（左）和维恩图（右）显示了 3 个类和它们的方法之间的关系

我们通常会说父类和子类的关系表现了“是一个”的关系。ChildClass 对象是一个 ParentClass 对象，因为它拥有 ParentClass 对象所拥有的所有方法，包括它定义的一些额外方法。这种关系是单向的：一个 ParentClass 对象不是一个 ChildClass 对象。如果一个 ParentClass 对象试图调用一个只存在于 ChildClass 对象（以及 ChildClass 的子类）中的 someNewMethod()，Python 会抛出 AttributeError。

程序员经常认为只有当几个类之间符合现实世界中“是一个”的层次结构时才能使用继承。OOP 教程中通常有父类、子类、孙子类，比如交通工具→四轮交通工具→汽车，或者动物→鸟→麻雀，又或者形状→矩形→正方形。但请记住，继承的主要目的是重用代码。如果程序的某个类的方法是其他类的方法的超集[①]，就可以使用继承以避免复制粘贴代码。

有时子类也被称为派生类，父类则被称为超类或者基类。

16.1.1 重写方法

子类继承了父类的所有方法，但可以使用自己的代码重新声明方法以覆盖继承得来的方法。子类重写的方法与父类的方法具有相同的名称。

为了说明这个概念，让我们回到第 15 章创建的井字棋游戏。这次我们将创建一个新类 MiniBoard，它是 TTTBoard 类的子类，并重写 getBoardStr()方法，提供一个较小的井字棋盘。新程序会询问玩家需要使用哪种棋盘样式。无须复制粘贴 TTTBoard 的其他方法，因为 MiniBoard

① 超集指包含了子集中的所有元素，并且还有一些多余的元素。——译者注

将继承它们。

在 tictactoe_oop.py 文件末尾添加以下内容，创建原有的 TTTBoard 类的一个子类，并重写其 getBoardStr()方法：

```
class MiniBoard(TTTBoard):
    def getBoardStr(self):
        """返回一个用文字表示的小型棋盘"""
        # 将空格子设置为'.'
        for space in ALL_SPACES:
            if self._spaces[space] == BLANK:
                self._spaces[space] = '.'

        boardStr = f'''
          {self._spaces['1']}{self._spaces['2']}{self._spaces['3']} 123
          {self._spaces['4']}{self._spaces['5']}{self._spaces['6']} 456
          {self._spaces['7']}{self._spaces['8']}{self._spaces['9']} 789'''

        # 将'.'修改回空格子
        for space in ALL_SPACES:
            if self._spaces[space] == '.':
                self._spaces[space] = BLANK
        return boardStr
```

与 TTTBoard 类的 getBoardStr()方法一样，MiniBoard 的 getBoardStr()方法创建了一个代表井字棋盘的多行字符串，并通过 print()函数呈现出来。但这个字符串要短得多，它省略了标记 X 和 O 之间的线，并用句点表示空格子。

改变 main()中的代码，使其实例化一个 MiniBoard 对象而非 TTTBoard 对象：

```
    if input('Use mini board? Y/N: ').lower().startswith('y'):
        gameBoard = MiniBoard() # 创建一个 MiniBoard 对象
    else:
        gameBoard = TTTBoard() # 创建一个 TTTBoard 对象
```

除了对函数 main()的这几行改动外，程序的其他部分不变。运行该程序时，输出如下：

```
Welcome to Tic-Tac-Toe!
Use mini board? Y/N: y

          ... 123
          ... 456
          ... 789
What is X's move? (1-9)
1

          X.. 123
          ... 456
          ... 789
```

```
What is O's move? (1-9)
--snip--
          XXX 123
          .OO 456
          O.X 789
X has won the game!
Thanks for playing!
```

现在程序轻松地获得了井字棋盘的两种实现。如果只想要迷你版的棋盘，直接替换 TTTBoard 的 getBoardStr()方法中的代码就可以。但如果同时需要这两个类，继承可以通过重用相同的代码，让你轻松地创建两个类。

除了使用继承，另一种方案是为 TTTBoard 添加一个名为 useMiniBoard 的新特性，并在 getBoardStr()中加入 if-else 语句，以决定什么时候显示常规棋盘，什么时候显示迷你棋盘。对于这样一个简单的变化而言，这是可以的。但如果 MiniBoard 子类需要重写 2 个、3 个甚至 100 个方法，那么会如何呢？如果我们想创建多个不同的 TTTBoard 子类，又会如何呢？不使用继承就只能在方法中到处使用 if-else 语句，使代码的复杂性急剧上升。通过使用子类和重写方法，我们可以更好地将代码组织成独立的类以应对各种情况。

16.1.2 super()函数

子类重写的方法通常与父类的方法类似。尽管继承的本意是为了重用代码，但重写方法时可能会将父类方法的部分代码粘贴到子类方法中。为了防止这种重复的代码，可以通过内置的 super()函数在重写的方法中调用父类中的原始方法。

例如，我们创建一个名为 HintBoard 的新类，它是 TTTBoard 的子类。这个新类重写了 getBoardStr()，会在绘制完井字棋盘后还添加提示，说明 X 或 O 是否离胜利只差一步。这意味着 HintBoard 类的 getBoardStr()方法必须完成 TTTBoard 类的 getBoardStr()方法，以完成绘制井字棋盘所需的所有步骤。可以使用 super()在 HintBoard 类的 getBoardStr()方法中调用 TTTBoard 类的 getBoardStr()方法，而不必重复代码。在 tictactoe_oop.py 文件末尾添加以下内容：

```
class HintBoard(TTTBoard):
    def getBoardStr(self):
        """返回一个带提示的、用文字表示的棋盘"""
❶       boardStr = super().getBoardStr() # 调用 TTTBoard 中的 getBoardStr()方法

        xCanWin = False
        oCanWin = False
❷       originalSpaces = self._spaces # 将_spaces 备份
        for space in ALL_SPACES: # 检查每个空格子：
            # 模拟玩家 X 移动到了该空格子：
            self._spaces = copy.copy(originalSpaces)
            if self._spaces[space] == BLANK:
```

```
                self._spaces[space] = X
            if self.isWinner(X):
                xCanWin = True
            # 模拟玩家 O 移动到了该空格子：
❸           self._spaces = copy.copy(originalSpaces)
            if self._spaces[space] == BLANK:
                self._spaces[space] = O
            if self.isWinner(O):
                oCanWin = True
        if xCanWin:
            boardStr += '\nX can win in one more move.'
        if oCanWin:
            boardStr += '\nO can win in one more move.'
        self._spaces = originalSpaces
        return boardStr
```

首先，super().getBoardStr()❶运行了父类 TTTBoard 的 getBoardStr()中的代码，并返回井字棋盘的字符串。我们将这个字符串暂存到名为 boardStr 的变量中。通过重用该方法创建棋盘字符串，重写的方法只需要处理生成提示的任务。将变量 xCanWin 和 oCanWin 初始化为 False，并将 self._spaces 字典备份到变量 originalSpaces 中❷。然后使用 for 循环遍历从'1'到'9'的棋盘空间。在每次遍历时，self._spaces 特性被设置为 originalSpaces 字典的副本。如果当前格子是空的，则放置 X，用来模拟 X 在这个空格子的下一次移动。接着调用 self.isWinner()，判断这是否会导致胜出，如果是，xCanWin 被设置为 True。对 O 重复上述 X 的步骤，看 O 是否能在这个格子上移动以获胜❸。该方法使用 copy 模块对 self._spaces 中的字典进行复制，因此需要在文件 tictactoe.py 的顶部添加下面这行代码：

```
import copy
```

接下来，修改 main()中的代码，使其实例化一个 HintBoard 对象而非 TTTBoard 对象：

```
gameBoard = HintBoard() # 创建一个井字棋棋盘对象
```

除了对 main()的这行修改外，程序的其他部分与以前完全一样。该程序运行时的输出如下：

```
Welcome to Tic-Tac-Toe!
--snip--
      X| |  1 2 3
      -+-+-
       | |O 4 5 6
      -+-+-
       | |X 7 8 9
X can win in one more move.
What is O's move? (1-9)
5

      X| |  1 2 3
```

```
 -+-+-
  |O|O 4 5 6
 -+-+-
  | |X 7 8 9
O can win in one more move.
--snip--
The game is a tie!
Thanks for playing!
```

接下来，如果 xCanWin 或 oCanWin 为 True，则在 boardStr 字符串中追加提示信息。最后返回 boardStr。

不是每个重写的方法都需要使用 super()。如果一个类重写的方法所做的事情与父类中的方法完全不同，那就没必要使用 super()来调用被重写的方法。当一个类有多个父类方法时，函数 super()会特别有用，16.9 节将解释这一点。

16.1.3 倾向于组合而非继承

继承是一种了不起的代码重用技术，你可能已经等不及要在每个类中使用它了。不过，你可能并不总是希望基类和子类存在强绑定关系。创建多层继承并没有为代码增强组织性，而是增加了不必要的复杂性。

虽然可以对具有“是一个”关系的类使用继承（换言之，当子类是父类的一种时），但对于具有“是一个”关系的类，通常还可以使用一种叫作组合的技术。组合是设计类的一种技巧，它在类中包含对象，而不是继承这些对象的类。当我们为类添加特性时使用的就是这种技术。在使用继承设计类时，先想一想能否使用组合而非继承。我们在本章和第 15 章的所有示例中都是这样做的，正如以下所描述的：

- 一个 WizCoin 对象“有”一定数量的 galleon、sickle 和 knut 硬币；
- 一个 TTTBoard 对象“有”9 个格子；
- 一个 MiniBoard 对象“是一个”TTTBoard 对象，所以它也“有”9 个格子；
- 一个 HintBoard 对象“是一个”TTTBoard 对象，所以它也“有”9 个格子。

回想一下第 15 章中的 WizCoin 类。我们可以创建一个新的 WizardCustomer 类来代表魔法世界中的顾客，这些顾客携带的钱可以用 WizCoin 类表示。但这两个类并不存在“是一个”的关系，WizardCustomer 对象并不是一种 WizCoin 对象。如果使用继承关系，可能会写出一些别扭的代码：

```
import wizcoin

❶ class WizardCustomer(wizcoin.WizCoin):
    def __init__(self, name):
        self.name = name
```

```
        super().__init__(0, 0, 0)

wizard = WizardCustomer('Alice')
print(f'{wizard.name} has {wizard.value()} knuts worth of money.')
print(f'{wizard.name}\'s coins weigh {wizard.weightInGrams()} grams.')
```

在这个示例中，WizardCustomer 继承了 WizCoin 对象的方法❶，比如 value()和 weightInGrams()。从技术上讲，继承 WizCoin 的 WizardCustomer 能做的工作与一个将 WizCoin 对象作为特性的 WizardCustomer 能做的工作相同。但 wizard.value()和 wizard.weightInGrams()的方法名具有误导性：它们看起来像是会返回魔法师的价值和重量，而不是魔法师所拥有的硬币的价值和重量。此外，如果我们日后想添加一个 weightInGrams()方法以获取魔法师的重量，会发现该方法的名称已经被占用了。

更好的做法是把 WizCoin 对象作为特性，因为一个魔法师顾客"有"一定数量的魔法硬币：

```
import wizcoin

class WizardCustomer:
    def __init__(self, name):
        self.name = name
❶       self.purse = wizcoin.WizCoin(0, 0, 0)

wizard = WizardCustomer('Alice')
print(f'{wizard.name} has {wizard.purse.value()} knuts worth of money.')
print(f'{wizard.name}\'s coins weigh {wizard.purse.weightInGrams()} grams.')
```

我们没有让 WizardCustomer 类继承 WizCoin 的方法，而是给 WizardCustomer 类设置了一个 purse 特性❶，它指向一个 WizCoin 对象。使用组合时，对 WizCoin 类的方法的任何改变都不会影响 WizardCustomer 类的方法。这种技术为以后两个类的设计修改提供了更大的灵活性，并提升了代码的可维护性。

16.1.4　继承的缺点

继承最主要的缺点是对父类所做的任何改变都会被子类所继承。在大多数情况下，这种紧密的耦合正是你需要的，但在某些情况下，代码想实现的并不完全与继承模型一样。

假设在一个车辆模拟程序中需要有汽车、摩托车和月球车三个类。它们要有类似的方法，比如 startIgnition()和 changeTire()。我们不在每个类中复制粘贴这些代码，而是创建一个交通工具父类，让汽车、摩托车和月球车继承它。如果要修复错误，比如修改 changeTire()方法中的错误，只需要在一个地方进行修改。特别是在几十个与车辆相关的类继承交通工具类的时候，这样做的好处就体现出来了。这些类的代码如下所示：

```
class Vehicle:
    def __init__(self):
        print('Vehicle created.')
    def startIgnition(self):
        pass  # 在这里编写点火启动代码
    def changeTire(self):
        pass  # 在这里编写更换轮胎代码

class Car(Vehicle):
    def __init__(self):
        print('Car created.')

class Motorcycle(Vehicle):
    def __init__(self):
        print('Motorcycle created.')

class LunarRover(Vehicle):
    def __init__(self):
        print('LunarRover created.')
```

未来对交通工具类的所有改变也会影响到这些子类。如果需要 changeSparkPlug()方法时应该怎么做呢？汽车和摩托车有带火花塞的内燃机，但月球车没有，所以不能直接在父类中添加 changeSparkPlug()。我们可以不使用继承，而是转用组合，创建两个相互独立的内燃机类和电动机类。然后，我们设计交通工具类，使其“有一个”engine 特性，它的值既可以是 CombustionEngine 对象，也可以是 ElectricEngine 对象，这样就可以具备相应的方法：

```
class CombustionEngine:
    def __init__(self):
        print('Combustion engine created.')
    def changeSparkPlug(self):
        pass  # 在这里编写更换火花塞代码

class ElectricEngine:
    def __init__(self):
        print('Electric engine created.')

class Vehicle:
    def __init__(self):
        print('Vehicle created.')
        self.engine = CombustionEngine()  # 默认使用该引擎
--snip--

class LunarRover(Vehicle):
    def __init__(self):
        print('LunarRover created.')
        self.engine = ElectricEngine()
```

这可能需要修改不少代码，特别是有多个继承自原有的 Vehicle 类的子类时：Vehicle 类及其子类的所有对象的 vehicleObj.changeSparkPlug() 调用需要变更为 vehicleObj.engine.changeSparkPlug()。由于这样大幅度的修改很可能会引入错误，你可能想简化一下做法，让 LunarVehicle 类还保留 changeSparkPlug()方法，但不让它起作用。对于这种情况，Python 风格的解决方法是在 LunarVehicle 类中把 changeSparkPlug 设置为 None：

```
class LunarRover(Vehicle):
    changeSparkPlug = None
    def __init__(self):
        print('LunarRover created.')
```

changeSparkPlug = None 使用的语法将在 16.4 节中做出说明。这行代码覆盖了从 Vehicle 继承得来的 changeSparkPlug()方法，所以用 LunarRover 对象调用该方法时会导致错误：

```
>>> myVehicle = LunarRover()
LunarRover created.
>>> myVehicle.changeSparkPlug()
Traceback (most recent call last):
  File "<stdin>", line 1, in <module>
TypeError: 'NoneType' object is not callable
```

这个错误导致失败会尽早出现，试图用 LunarRover 对象调用这个不正确的方法时，会立即暴露错误。LunarRover 的任何子类也继承了 changeSparkPlug()的 None 值。错误信息 TypeError: 'NoneType' object is not callable 告诉我们，编写 LunarRover 类的程序员故意将 changeSparkPlug()方法设置为 None。而如果原本就没有该方法，收到的错误信息应该是 NameError: name 'changeSparkPlug' is not defined。

继承会产生复杂和矛盾的类。通常情况下，使用组合比使用继承更好。

16.2　函数 isinstance()和 issubclass()

将对象传递给内置函数 type()可以获取它的类型，第 15 章提到过这个办法。但如果要对对象进行类型检查，使用更灵活的 isinstance()内置函数是一个更好的做法。如果对象属于给定类或者给定类的子类，isinstance()函数将返回 True。在交互式 shell 中输入以下内容：

```
>>> class ParentClass:
...     pass
...
>>> class ChildClass(ParentClass):
...     pass
...
>>> parent = ParentClass() # 创建一个 ParentClass 对象
>>> child = ChildClass() # 创建一个 ChildClass 对象
>>> isinstance(parent, ParentClass)
```

```
True
>>> isinstance(parent, ChildClass)
False
❶ >>> isinstance(child, ChildClass)
True
❷ >>> isinstance(child, ParentClass)
True
```

注意，isinstance()表明 child 指向的 ChildClass 对象既是 ChildClass 的实例❶，也是 ParentClass 的实例❷。这是因为 ChildClass 也“是”一种 ParentClass 对象。

也可以传递类对象的元组作为第二个参数，以检查第一个参数是否是元组中的任意一个类：

```
>>> isinstance(42, (int, str, bool)) # 如果 42 是 int、str 或 bool 中任意一个类的对象，返回 True
True
```

还有一个不太常用的 issubclass()内置函数，它可以识别作为第一个参数的类对象是否是第二个参数的类对象的子类（或者两个是相同的类）：

```
>>> issubclass(ChildClass, ParentClass) # ChildClass 是 ParentClass 的子类
True
>>> issubclass(ChildClass, str) # ChildClass 不是 str 的子类
False
>>> issubclass(ChildClass, ChildClass) # ChildClass 是 ChildClass 类
True
```

和 isinstance()一样，可以把包含类对象的元组作为第二个参数传递给 issubclass()，检查第一个参数是否是元组中任何一个类的子类。isinstance()和 issubclass()的主要区别在于，issubclass()传递的是两个类对象，而 isinstance()传递的是一个对象和一个类对象。

16.3 类方法

类方法是与一个类相绑定的，而非像普通方法那样与单个对象相绑定。可以通过代码中的两个标记来识别类方法：def 语句前的@classmethod 装饰符和使用 cls 作为第一个参数，如下所示：

```
class ExampleClass:
    def exampleRegularMethod(self):
        print('This is a regular method.')

    @classmethod
    def exampleClassMethod(cls):
        print('This is a class method.')

# 不实例化对象，直接调用类方法
ExampleClass.exampleClassMethod()
```

```
obj = ExampleClass()
# 由于上一行代码，以下两行是等效的：
obj.exampleClassMethod()
obj.__class__.exampleClassMethod()
```

cls 参数的作用类似于 self，但 self 指向对象，而 cls 指向对象的类。这意味着类方法中的代码不能访问某个具体对象的特性或者调用具体对象的常规方法。类方法只能调用其他类方法或访问类的特性。由于 class 同 if、while 或 import 一样，都是 Python 的关键字，不能直接用作参数名，因此采用了它的缩写 cls。一般会通过类对象调用类方法，比如 ExampleClass.exampleClassMethod()，但也可以通过该类的任何对象调用它们，比如 obj.exampleClassMethod()。

类方法并不常用。使用它的最常见的情况是提供除__init__()之外的其他构造方法。如果一个构造函数既可以接受字符串创建对象，又可以接受一个包含相同数据的文件名的字符串来创建对象，应该怎么写呢？我们不希望__init__()方法的参数列表又长又难以理解。这种情况下，我们可以使用类方法创建并返回新对象。

以创建 AsciiArt 类为例。正如你在第 14 章看到的，ASCII 艺术画使用文本字符串形成一个图案：

```
class AsciiArt:
    def __init__(self, characters):
        self._characters = characters

    @classmethod
    def fromFile(cls, filename):
        with open(filename) as fileObj:
            characters = fileObj.read()
            return cls(characters)

    def display(self):
        print(self._characters)

    # 在这里编写 AsciiArt 类的其他方法

face1 = AsciiArt(' _______\n' +
                 '|  . .  |\n' +
                 '| \\___/ |\n' +
                 '|_______|')
face1.display()

face2 = AsciiArt.fromFile('face.txt')
face2.display()
```

AsciiArt 类有一个__init__()方法，可以将图像的文本字符以字符串形式传递给它。它还有一个 fromFile()类方法，可以接受一个包含 ASCII 艺术画的文本文件的文件名。这两种方法都可以创建新的 AsciiArt 对象。

当存在一个包含 ASCII 艺术脸谱的 face.txt 文件时，运行该程序，其输出结果如下：

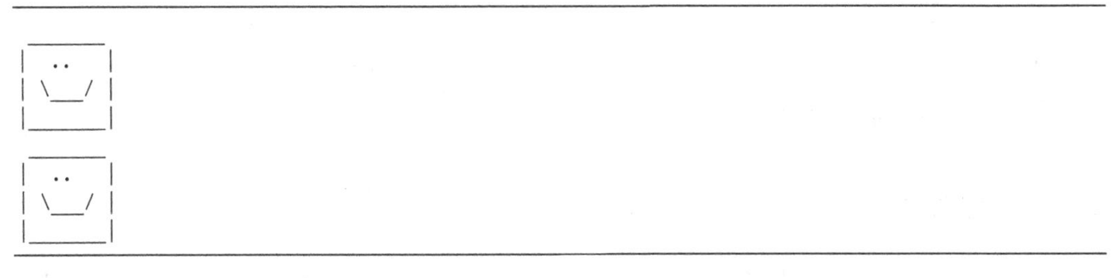

相比于让__init__()包揽所有事情，使用 fromFile()类方法可以使代码更易读。

类方法的另一个好处是，AsciiArt 的子类可以继承 fromFile()方法（如果需要的话还可以重写它）。出于这种考虑，我们在 AsciiArt 类的 fromFile()方法中调用 cls(characters)而非 AsciiArt(characters)，由于没有在方法中硬编码 AsciiArt 类名，而是使用 cls()调用，因此该方法在 AsciiArt 的子类中也可以工作。而如果采用硬编码，子类中的 AsciiArt()调用将总是调用 AsciiArt 类的__init()__，而不是子类的__init()__。cls 可以被视为“当前的类对象”。

注意，就像常规方法应该总是在代码中使用 self 参数一样，类方法也应该总是使用 cls 参数。如果你的类方法代码中从来没用到过 cls 参数，那说明它应该作为一个普通函数，而非类方法。

16.4 类特性

类特性是从属于类而非对象的变量。类特性的创建位置是在类的声明语句之中、所有方法之外。就像全局变量的创建是在.py 文件中，但在所有函数之外。下面是一个名为 count 的类特性的示例，它记录了已创建的 CreateCounter 对象的数量：

```
class CreateCounter:
    count = 0 # 这是一个类特性

    def __init__(self):
        CreateCounter.count += 1

print('Objects created:', CreateCounter.count)  # 打印 0
a = CreateCounter()
b = CreateCounter()
c = CreateCounter()
print('Objects created:', CreateCounter.count)  # 打印 3
```

CreateCounter 类有一个名为 count 的类特性。所有的 CreateCounter 对象都共享这个特性，而非各自持有一个独立的 count 特性。所以，在构造函数中可以使用 CreateCounter.count += 1 对创建出来的 CreateCounter 对象进行计数。该程序的输出结果如下所示：

```
Objects created: 0
Objects created: 3
```

我们很少使用类特性。上述这个“计算已创建的 CreateCounter 对象”的示例，也可以不使用类特性，而是简单地使用一个全局变量。

16.5　静态方法

静态方法没有 self 参数或 cls 参数。静态方法本质上只是一个普通函数，因为它们不能访问类或对象的特性和方法。在 Python 中，很少会使用静态方法。先反复确认是否可以直接创建一个常规函数，如果答案是否定的，再尝试创建静态方法。

可以通过在 def 语句前放置@staticmethod 装饰符来定义静态方法。下面是静态方法的一个示例：

```
class ExampleClassWithStaticMethod:
    @staticmethod
    def sayHello():
        print('Hello!')

# 目前没有创建任何对象，将类名放在 sayHello()前调用
ExampleClassWithStaticMethod.sayHello()
```

在 ExampleClassWithStaticMethod 类中使用 sayHello()静态方法和直接编写一个 sayHello()函数几乎没有区别。实际上应该倾向于使用函数，因为它在调用时不必在函数名称前输入类名。

在那些不如 Python 有着灵活语言特性的编程语言中，静态方法更常用。Python 的静态方法模仿了其他语言的特性，但没有太多实用价值。

16.6　何时应该使用类和静态的面向对象特性

在编程中，我们很少会需要类方法、类特性和静态方法。它们有时容易被滥用。如果你在想“为什么不能用一个函数或全局变量来替代”，这就代表你根本不需要它们。本书介绍它们的唯一原因是让你在阅读代码时如果遇到它们可以看得懂，而非鼓励你在自己的代码中使用它们。如果要创建一个包含着精心设计的类的框架，这些类会被使用该框架的人当作基类，那么使用类方法、类特性或静态方法可能是有价值的。但如果你只是编写简单的 Python 程序，很可能没必要使用它们。

关于这些特性的进一步讨论以及它们在使用上的取舍，可以阅读 Phillip J. Eby 的帖子“Python Is Not Java”（Python 不是 Java）和 Ryan Tomayko 的“The Static Method Thing”（静态方法的那些事儿）。

16.7 面向对象的行话

讲解 OOP 时往往会先介绍大量专业术语，比如继承、封装和多态性等。虽然这些术语的重要性被高估了，但你至少应该对它们有基本的了解。前面已经介绍了继承，本节将介绍其他概念。

16.7.1 封装

封装这个词有两个相关联的定义。第一个定义是，封装是将相关的数据和代码捆绑成一个单元。封装的意思就是装箱。这实际上就是类的作用：它们组合了相关的特性和方法。例如，`WizCoin` 类将 `knuts`、`sickles` 和 `galleons` 三个整数类型的变量封装成一个 `WizCoin` 对象。

第二个定义是，封装是一种隐藏信息的技术，对象借助它隐藏其复杂工作原理的实现细节。在 15.3.3 节中可以看到这一点，`BankAccount` 对象使用了方法 `deposit()`和 `withdraw()`隐藏了如何处理特性`_balance` 的细节。函数也有类似的黑盒作用：`math.sqrt()`函数计算数的平方根的原理是隐藏的。你只需要知道该函数会返回你所传递的数字的平方根。

16.7.2 多态性

多态性允许将一种类型的对象当作另一种类型的对象来对待。比如，`len()`函数返回传递给它的参数的长度。可以把一个字符串传递给 `len()`，看看有多少个字符，也可以把一个列表或字典传递给 `len()`，看看有多少项或键-值对。这种多态的形式被称为“泛型函数”或“参数多态性”，因为它可以处理不同类型的对象。

多态性有时候也指**特定多态性**[①]或**运算符重载**，也就是运算符（比如+或*）可以根据它们所运算的对象类型的不同而有不同行为。比如，当对两个整数或浮点数进行运算时，+运算符做数学加法，但对两个字符串进行操作时，它做字符串连接。运算符重载将在第 17 章中介绍。

16.8 何时不应该使用继承

使用继承可能会导致类过度地工程化。正如 Luciano Ramalho 所说：“将对象放在一个整齐的层次结构中戳中了我们的秩序感；程序员这样做只是为了好玩。”明明使用单个类或者将几个函数封装在一个模块中就可以达到同样的目的，可有些人还是倾向于创建类、子类和孙子类的复杂层级关系。还记得第 6 章提到的“Python 之禅”吗？“简单胜于复杂。”

使用 OOP 可以将代码组织成更小的单元（在这里指“类”），这些单元的形式要比一个大的.py

① 也被称为“特设多态性”。“特定”指的是能处理特定的多种类型，而不是所有类型都可以处理。——译者注

文件中不按特定顺序定义的数百个函数更容易让人明白。如果有多个函数操作同一个字典或者列表数据结构，那么将它们组织成类是个好主意。

但是，有时没有必要创建类或使用继承，下面列举几个例子：

- 如果类的所有方法从未使用过 self 参数或 cls 参数，那么可以删除这个类，用函数代替这些方法；
- 如果创建了一个只有单个子类的父类，且从未创建这个父类的对象，那么可以将父类和子类组合成一个类；
- 如果你创建了三四层以上的继承关系，那么很可能是在滥用继承，请做整合，减少子类的数量。

正如第 15 章中的井字棋游戏的非 OOP 和 OOP 版本所说明的，不使用类也能得到一个可以正常工作、没有错误的程序。不要觉得必须用包含复杂继承关系的类来组织程序。一个简单可行的方案要比一个复杂但不可行的方案好。Joel Spolsky 在他的文章“Don't Let Architecture Astronauts Scare You”（不要让宇航员架构吓到你）中写到了这一点。

你应该了解继承等面向对象概念的工作原理，因为它们可以帮助你组织、开发和调试代码。由于具有灵活性，Python 语言不仅提供了 OOP 特性，而且在不适合程序编写时，它也不会要求你必须使用 OOP。

16.9 多重继承

许多编程语言限制类最多只能有一个父类。Python 通过提供**多重继承**特性来支持多个父类。假设有一个 flyInTheAir()方法的 Airplane 类和一个带有 floatOnWater()方法的 Ship 类，可以创建一个 FlyingBoat 类，在类声明中同时列出两者，使用逗号分隔，以同时继承 Airplane 和 Ship。打开一个新的文件编辑器窗口，将以下内容保存为 flyingboat.py：

```
class Airplane:
    def flyInTheAir(self):
        print('Flying...')

class Ship:
    def floatOnWater(self):
        print('Floating...')

class FlyingBoat(Airplane, Ship):
    pass
```

我们创建的 FlyingBoat 对象将继承方法 flyInTheAir()和 floatOnWater()，可以在交互式 shell 中验证这一点：

```
>>> from flyingboat import *
>>> seaDuck = FlyingBoat()
>>> seaDuck.flyInTheAir()
Flying...
>>> seaDuck.floatOnWater()
Floating...
```

只要父类的方法名称不重复，多重继承是很简单的。被继承的类被称为 mixin（这只是对这些类的统称，Python 并没有 mixin 关键字）。但如果想要继承的多个类存在相同名称的方法，会怎么样呢？

回想一下本章前面提到的 MiniBoard 和 HintTTTBoard 井字棋盘游戏类。如果我们想要一个提供提示的微型井字棋盘的类，该怎么做呢？使用多重继承可以复用两个现有类。在 tictactoe_oop.py 文件底部，并在调用函数 main()的 if 语句之前，添加以下内容：

```
class HybridBoard(HintBoard, MiniBoard):
    pass
```

这个类没有任何内容。它通过继承 HintBoard 和 MiniBoard 重用了代码。接下来，修改函数 main()的代码，使其创建一个 HybridBoard 对象：

```
gameBoard = HybridBoard() # 创建一个井字棋棋盘对象
```

两个父类 MiniBoard 和 HintBoard 都有一个名为 getBoardStr()的方法，HybridBoard 继承了哪一个？运行该程序时，输出会显示一个微型井字棋盘，同时给出下面的提示：

```
--snip--
          X.. 123
          .O. 456
          X.. 789
X can win in one more move.
```

Python 似乎完美地融合了 MiniBoard 类的 getBoardStr()方法和 HintBoard 类的 getBoardStr()方法，同时做到了两件事！但这是因为我们巧妙地编写了代码。事实上，如果你在 HybridBoard 类的类声明语句中交换父类的顺序，使它变成这样：

```
class HybridBoard(MiniBoard, HintBoard):
```

那么会丢失提示：

```
--snip--
          X.. 123
```

```
.O. 456
X.. 789
```

要想明白为什么会发生这种情况，你需要了解 Python 的**方法解析顺序**（method resolution order，MRO）和函数 super()的实际工作原理。

16.10 方法解析顺序

现在我们的井字棋游戏程序已经有 4 个代表棋盘的类了，其中 3 个定义了 getBoardStr()方法，剩下的一个继承了 getBoardStr()方法，如图 16-2 所示。

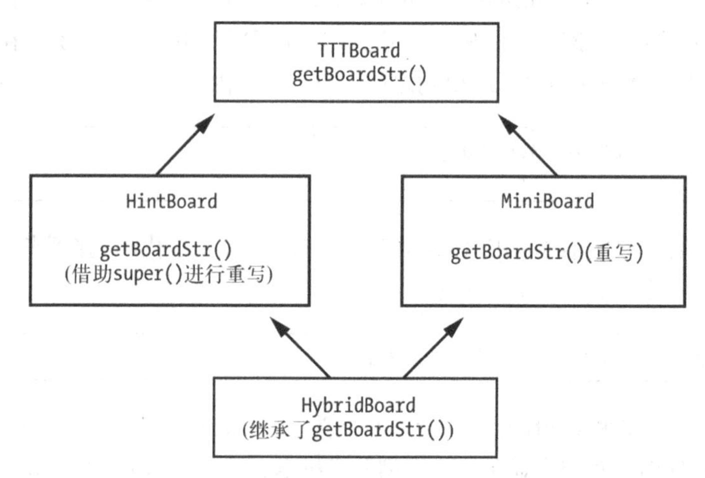

图 16-2 井字棋游戏程序中的 4 个类

当我们在 HybridBoard 对象上调用 getBoardStr()时，Python 检查后得知 HybridBoard 类没有该方法，会继续检查它的父类。但它的两个父类都有 getBoardStr()方法。哪一个会被调用呢？

可以通过检查 HybridBoard 类的 MRO 来找到答案。MRO 是 Python 在继承方法或者在方法中调用 super()函数时查找类的有序列表。可以在交互式 shell 中调用 HybridBoard 类的 mro()方法以查看它的 MRO：

```
>>> from tictactoe_oop import *
>>> HybridBoard.mro()
[<class 'tictactoe_oop.HybridBoard'>, <class 'tictactoe_oop.HintBoard'>,
<class 'tictactoe_oop.MiniBoard'>, <class 'tictactoe_oop.TTTBoard'>, <class
'object'>]
```

从返回值可以看出，当在 HybridBoard 上调用一个方法时，Python 首先检查它是否存在于 HybridBoard 类中。如果不存在，Python 继续检查 HintBoard 类，然后是 MiniBoard 类，最后是 TTTBoard 类。

MRO 列表的最后一项都是内置的 object 类，因为它是 Python 中所有类的父类。

对于单个父类的继承而言，确定 MRO 是很容易的，只要维护一个父类的链表即可。但对于多重继承就比较麻烦了。Python 的 MRO 遵循 C3 算法，这方面的内容超出了本书的范围，但你可以记住两个规则以确定 MRO：

- Python 先检查子类，再检查父类；
- Python 按照类声明中从左到右的顺序检查被继承的类。

如果我们在 HybridBoard 对象上调用 getBoardStr()，Python 首先会检查 HybridBoard 类。接着，因为它的父类在声明语句中从左到右的顺序是 HintBoard、MiniBoard，所以 Python 先检查 HintBoard，它拥有 getBoardStr()方法，所以 HybridBoard 继承的是这个方法，然后调用该方法。

但这还没结束：这个方法又调用了 super().getBoardStr()。在这里，Python 内置的 super()函数名称中的“super”实际上有误导性，它并不总是指向父类，而是 MRO 中的下一个类[①]。在 HybridBoard 对象上调用 getBoardStr()时，MRO 中在 HintBoard 之后的是 MiniBoard 类。所以 super().getBoardStr()的调用实际上是对 MiniBoard 类的 getBoardStr()方法的调用。该方法最终返回的是微型井字棋盘字符串。HintBoard 类的 getBoardStr()在 super()行后的代码将提示文本追加到该字符串中。

如果改变 HybridBoard 类的声明语句，需将 MiniBoard 列在 HintBoard 前面，那么 MRO 中的顺序就是先 MiniBoard，后 HintBoard。所以，HybridBoard 会继承 MiniBoard 的 getBoardStr()，而它没有调用 super()。根据这种顺序，微型井字棋盘不会显示提示，这是因为没有调用 super()，MiniBoard 类的 getBoardStr()不会调用 HintBoard 类的 getBoardStr()方法。

多重继承可以通过较少的代码实现较多的功能，但很容易产生过于机械化且难以理解的代码。尽量使用单个继承和混入类，或者干脆不要继承，这样做反而能更好地完成程序的任务。

16.11 小结

继承是一种代码重用技术。它让你能够创建继承了父类方法的子类。你可以用新的代码重写继承而得的方法，也可以使用 super()函数调用父类的原始方法。子类与父类存在“是一个”的关系，因为子类的对象也是父类的对象。

Python 中的类和继承是可选的。一些程序员认为大量使用继承增加了复杂性，并不值得。与继承相比，使用组合往往更灵活。它实现了一个类的对象“持有”另一个类的对象的关系，而不

① 如果没有多重继承，MRO 中的下一个类就是父类，所以直观的认识是 super 对应父类，但实际上 super 对应的是下一个类。——译者注

是直接从其他类继承方法。也就是说，一个类的对象可持有另外一个类的对象。比如，Customer 对象可以借助 birthdate 方法得到获取生日的方法，而不是将 Customer 类作为 Date 类的子类。

类似于 type()可以返回传递给它的对象的类型，函数 isinstance()和 issubclass()可以返回传递给它们的对象的类型和继承信息。

类可以有对象方法和对象特性，也可以有类方法、类特性和静态方法。虽然很少会用到类方法、类特性和静态方法，但是它们的好处是会作为另一些面向对象技术的基础，而直接使用全局变量和函数无法做到。

Python 允许类继承自多个父类，不过这可能导致代码难以理解。super()函数和类的方法如何从多个父类中继承取决于 MRO。在交互式 shell 中调用类的 mro()方法可以查看类的 MRO。

本章和第 15 章介绍了一些通用的 OOP 概念。第 17 章将探讨 Python 特有的 OOP 技术。

第 17 章

Python 风格的面向对象编程：属性和魔术方法

很多语言有 OOP 特性，但 Python 有一些独特的 OOP 特性，包括属性和魔术方法。学习使用这些 Python 风格的技术有助于编写简洁易读的代码。

属性支持在每次读取、修改或者删除对象特性时运行一段特定的代码，以确保对象不会变为无效状态。在其他语言中，这种代码通常被称为 getter 或 setter。**魔术方法**允许使用 Python 内置的运算符操作对象，比如+运算符。将两个 `datetime.timedelta` 对象结合并创建一个新对象就是使用了魔术方法，比如使用 `datetime.timedelta(days=2)`和 `datetime.timedelta(days=3)`，可以创建对象 `datetime.timedelta(days=5)`。

除了使用新的示例，我们还会继续扩展在第 15 章中创建的 `WizCoin` 类，为其增加属性，并使用魔术方法重载运算符。这些功能可以使 `WizCoin` 对象更具表现力，且更易于在任何导入 `WizCoin` 模块的应用程序中使用。

17.1 属性

我们在第 15 章中编写的 `BankAccount` 类是通过在特性名称前添加下划线前缀将`_balance` 特性标记为私有特性的。注意，这种方法只是一种惯例：从技术上讲，Python 的所有特性都是公共的，这意味着类外的代码也可以访问它们。代码还是可以故意或者恶意将`_balance` 特性修改为无效的值。

但是，可以使用属性来防止私有特性被意外地修改为无效状态。在 Python 中，属性是指定了 getter 方法、setter 方法和 deleter 方法的特性，这些方法可以控制特性如何被读取、更改和删除。如果特性只能有整数值，将其设置为字符串`'42'`可能会导致错误。属性可以在设置前调用

setter 方法的代码以预先检测出无效值，甚至修复无效值。如果你的诉求是，“我希望每次访问这个特性时，在使用赋值语句修改时，或者使用 del 语句删除时，都能运行一段代码”，那么就该使用属性。

17.1.1　将特性转换为属性

首先，创建一个简单的类，它具有一个常规特性。打开一个新的文件编辑器窗口，输入以下代码，保存为 regularAttributeExample.py：

```
class ClassWithRegularAttributes:
    def __init__(self, someParameter):
        self.someAttribute = someParameter

obj = ClassWithRegularAttributes('some initial value')
print(obj.someAttribute)  # 打印'some initial value'
obj.someAttribute = 'changed value'
print(obj.someAttribute)  # 打印'changed value'
del obj.someAttribute  # 删除 someAttribute 特性
```

ClassWithRegularAttributes 类有一个名为 someAttribute 的常规特性。__init()__方法将 someAttribute 设置为'some initial value'，然后将特性的值修改为'changed value'。该程序的输出结果如下所示：

```
some initial value
changed value
```

从中可以看出，代码可以轻易将 someAttribute 修改为任何值。使用常规特性的缺点是代码可以将 someAttribute 特性设置为无效值。这种灵活性使得修改特性简单快捷，但也带来由于 someAttribute 被设置为无效值而引发错误的风险。

让我们按照以下步骤重写这个类，将名为 someAttribute 的特性重写为属性。

(1) 使用下划线前缀重命名特性：_someAttribute。

(2) 创建一个带有@property 装饰符的 someAttribute 方法，这个 getter 方法和所有方法一样都有 self 参数。

(3) 创建一个名为 someAttribute 且带有@someAttribute.setter 装饰符的方法。这个 setter 方法的参数为 self 和 value。

(4) 创建一个名为 someAttribute 且带有@someAttribute.deleter 装饰符的方法。这个 deleter 方法和所有方法一样都有 self 参数。

打开一个新的文件编辑器窗口，输入以下代码，保存为 propertiesExample.py：

```
class ClassWithProperties:
    def __init__(self):
        self.someAttribute = 'some initial value'

    @property
    def someAttribute(self): # 这是 getter 方法
        return self._someAttribute

    @someAttribute.setter
    def someAttribute(self, value): # 这是 setter 方法
        self._someAttribute = value

    @someAttribute.deleter
    def someAttribute(self): # 这是 deleter 方法
        del self._someAttribute

obj = ClassWithProperties()
print(obj.someAttribute) # 打印'some initial value'
obj.someAttribute = 'changed value'
print(obj.someAttribute) # 打印'changed value'
del obj.someAttribute # 删除_someAttribute 特性
```

该程序的输出与 regularAttributeExample.py 的输出相同，它们都成功地完成了任务：打印对象特性，更新特性后再次打印它。

但要注意，类外的代码没有直接访问_someAttribute 特性（毕竟它是私有的）。但外部代码访问了 someAttribute 属性。这个属性实际上包含了一些抽象的组成部分：getter、setter 和 deleter。当 someAttribute 特性被重命名为_someAttribute，并创建了 getter、setter 和 deleter 后，它就被称为 someAttribute 属性。

在这种情况下，_someAttribute 特性被称为**幕后字段**或者**幕后变量**，是属性所基于的特性。大多数（但并非所有）属性有一个幕后变量。我们将在 17.1.3 节中创建一个没有幕后变量的属性。

你永远不会在代码中调用 getter、setter 和 deleter。Python 会在下列情况下自动调用这些方法：

- 当 Python 访问属性时，例如 print(obj.someAttribute)，它会在幕后调用 getter 方法并使用它的返回值；
- 当 Python 运行赋值语句为属性赋值时，例如 obj.someAttribute = 'changed value'，它会在幕后调用 setter 方法，传递'changed value'字符串作为 setter 方法的 value 参数；
- 当 Python 运行 del 语句删除属性时，例如 del obj.someAttribute，它会在幕后调用 deleter 方法。

属性的 getter、setter 和 deleter 应该直接操作幕后变量，而不是属性，因为这可能会导致错误。如果 getter 方法内的代码还是访问该属性，就会导致 getter 方法再次调用 getter 本身，循环往复，直至程序崩溃。打开一个新的文件编辑器窗口，输入以下代码，保存为 badPropertyExample.py：

```
class ClassWithBadProperty:
    def __init__(self):
        self.someAttribute = 'some initial value'

    @property
    def someAttribute(self):  # 这是 getter 方法
        # 这里忘加下划线，将 self._someAttribute 写成了 someAttribute
        # 由于访问了属性，导致再次调用 getter 方法：
        return self.someAttribute  # 这行代码导致 getter 被再次调用

    @someAttribute.setter
    def someAttribute(self, value):  # 这是 setter 方法
        self._someAttribute = value

obj = ClassWithBadProperty()
print(obj.someAttribute)  # 错误，因为 getter 调用了 getter
```

运行该段代码时，getter 不断调用自己，直到 Python 抛出 RecursionError 异常：

```
Traceback (most recent call last):
  File "badPropertyExample.py", line 16, in <module>
    print(obj.someAttribute)  # 错误，因为 getter 调用了 getter
  File "badPropertyExample.py", line 9, in someAttribute
    return self.someAttribute  # 再次调用了 getter!
  File "badPropertyExample.py", line 9, in someAttribute
    return self.someAttribute  # 再次调用了 getter!
  File "badPropertyExample.py", line 9, in someAttribute
    return self.someAttribute  # 再次调用了 getter!
  [Previous line repeated 996 more times]
RecursionError: maximum recursion depth exceeded
```

为防止这种递归调用，getter、setter 和 deleter 中的代码应该总是作用于幕后变量（它的名字中带有一个下划线前缀），而不是属性。除这些方法外的代码则应该使用属性，尽管和同样使用下划线前缀的私有访问惯例一样，你依然可以直接操作幕后变量。

17.1.2 使用 setter 验证数据

属性经常用来验证数据的正确性，以及数据是否符合预期格式。你可能不希望类外的代码能够随意设置特性的值，因为这可能会导致错误。可以使用属性添加检查，避免无效值被赋给了特性。这些检查可以使你在代码开发中更早地发现错误，因为一旦设置了无效值，它们就会引发异常。

让我们更新一下第 15 章中的 wizcoin.py 文件，把特性 galleons、sickles 和 knuts 变为属性。我们将设置这些属性的 setter，使其仅支持正整数，因为 WizCoin 对象代表硬币的数量，而硬币数量不可能是半个或者小于零。如果类外的代码试图将这些属性设置为无效值，那么程序将抛出

WizCoinException 异常。打开第 15 章的 wizcoin.py 文件，修改后的代码如下所示。

```
❶ class WizCoinException(Exception):
❷     """当 wizcoin 模块被错误使用时，将抛出此错误"""
      pass

  class WizCoin:
      def __init__(self, galleons, sickles, knuts):
          """使用 galleons、sickles 及 knuts 创建一个新的 WizCoin 对象"""
❸         self.galleons = galleons
          self.sickles  = sickles
          self.knuts    = knuts
          # 注意，__init__()方法从来不会有返回值

  --snip--

      @property
❹     def galleons(self):
          """该 WizCoin 对象所持有的硬币的价值，以 galleons 为单位"""
          return self._galleons

      @galleons.setter
❺     def galleons(self, value):
❻         if not isinstance(value, int):
❼             raise WizCoinException('galleons attr must be set to an int, not a ' +
  value.__class__.__qualname__)
❽         if value < 0:
              raise WizCoinException('galleons attr must be a positive int, not' +
  value.__class__.__qualname__)
          self._galleons = value

  --snip--
```

变更点在于新增了一个 WizCoinException 类❶，它继承 Python 内置的 Exception 类。该类的文档字符串描述了 wizcoin 模块如何使用它❷。这是 Python 模块的最佳实践：WizCoin 类的对象在被误用时可以抛出这个异常。而遇到 WizCoin 对象引发其他异常类（如 ValueError 或 TypeError）时，几乎可以排除是使用的问题，而是类本身的错误。

在__init__()方法中设置 self.galleons、self.sickles 和 self.knuts 属性❸为对应的参数。

在文件底部，方法 total()和 weight()的后面，我们为 self._galleons 特性增加了 getter❹和 setter❺。getter 简单地返回 self._galleons 的值。setter 则检查赋给 galleons 属性的值是否是正整数❻❽，如果不是，就会抛出 WizCoinException 和具体的错误信息。只要代码总是使用 galleons 属性而非直接使用_galleons 特性，就可以避免_galleons 被设置为无效值。

所有 Python 对象都会自动有一个内置的__class__属性，指向该对象的类对象。换言之，value.__class__返回和 type(value)相同的类对象。该类对象有一个__qualname__特性，是表示

类名称的字符串。（具体而言，它是类的全称，包含类对象所嵌套的任何类的名称。嵌套类很少使用，且超出了本书的讨论范围。）如果 value 存储了由 datetime.date(2021, 1, 1)返回的 date 对象，那么 value.__class__.__qualname__就是字符串'date'。异常信息可以通过它获取 value 对象名称的字符串❼。错误信息中的类名能够有效帮助程序员，因为它不仅指出了 value 参数存在类型错误，还识别了它的类型以及预期的类型。

你需要复制_galleons 的 getter 和 setter 的代码，将其用于特性_sickles 和_knuts。代码的差异仅在于将幕后变量从_galleons 变更为特性_sickles 和_knuts。

17.1.3　只读属性

你的对象可能需要一些不能使用赋值运算符=操作的只读属性，通过省略属性的 setter 方法和 deleter 方法就可以做到。

比如，WizCoin 类中的 total()方法返回以 knuts 为单位的对象的值。我们可以将它从普通方法变为只读属性，因为 WizCoin 对象的总数不可能被直接设置。毕竟，如果直接把 total 设置为 1000，意味着是 1000 个 knuts 还是 1 个 galleon 和 493 个 knuts？又或者是其他组合？出于这个目的，我们将在 wizcoin.py 文件中增加以下加粗的代码，使 total 成为只读属性：

```
    @property
    def total(self):
        """该 WizCoin 对象所持有的所有硬币的价值（以 knuts 为单位）"""
        return (self.galleons * 17 * 29) + (self.sickles * 29) + (self.knuts)

    # 注意 total 没有 setter 或 deleter
```

在 total()前增加@property 函数装饰符后，每次访问 total，Python 都会调用 total()方法。由于没有 setter 和 deleter，因此代码试图赋值或者删除 total 时，Python 会抛出 AttributeError。注意，total 属性的值取决于 galleons、sickles 和 knuts 的值，并非基于一个名为_total 的幕后变量。在交互式 shell 中输入以下内容：

```
>>> import wizcoin
>>> purse = wizcoin.WizCoin(2, 5, 10)
>>> purse.total
1141
>>> purse.total = 1000
Traceback (most recent call last):
  File "<stdin>", line 1, in <module>
AttributeError: can't set attribute
```

你可能不希望程序在试图修改只读属性时立即崩溃，但这总比允许改变只读属性好。如果程序修改了只读属性，肯定会在运行后的某个时间引发错误。如果这个时间间隔很长，那就很难追踪到最初的原因。立即崩溃可以让你及时注意到问题。

不要把只读属性和常量混淆。常量使用大写字母命名，依赖程序员保证不修改它。它的值应该在程序运行期间保持不变。而只读属性和其他属性一样都是跟对象绑定的，只读属性不能被直接设置或删除，但可以将一个变化的值赋给它。WizCoin 的 total 属性会随着 galleons、sickles 和 knuts 的改变而改变。

17.1.4 什么时候应该使用属性

如前所述，属性为我们使用类的特性提供了更强的控制能力，它们体现了 Python 风格的代码编写方式。如果你的代码存在方法 getSomeAttribute()或 setSomeAttribute()，可能意味着你应该使用属性替换它们。

并不是说每个以 get 或 set 开头的方法都应该直接用属性代替。有些情况下，即使方法的名字以 get 或 set 开头，还是应该使用方法：

- 对于需要一两秒以上的慢速操作——比如下载或上传文件；
- 对于有副作用的操作，比如对其他特性或对象的修改；
- 对于需要向获取（get）操作或设置（set）操作中传递额外参数的操作——比如类似 emailObj.getFileAttachment(filename)的方法调用。

程序员通常把方法视为动词（因为方法是在执行一些动作），而把特性和属性视为名词（因为它们代表一些项或对象）。如果你的代码看起来更倾向于执行获取或设置的动作，而不是获取或设置某项内容，那么最好使用 getter 和 setter。总体来说，如何选择在于你自己的判断。

使用 Python 属性的最大好处在于，不必在创建类时就使用它们。你可以先使用特性，在后续有必要时将其转换为属性，而不必破坏类外的任何代码。在使用特性的名字创建属性时，只需要使用下划线来重命名特性，程序就可以照常运行了。

17.2 Python 的魔术方法

Python 有几个以双下划线开头和结尾（简写为 dunder，意为 double underscore）的特殊方法，它们被称为 **dunder 方法、特殊方法或魔术方法**。__init__()魔术方法对你而言已经不陌生了，Python 中还有其他几个魔术方法。我们经常将这些魔术方法用于运算符重载，也就是添加自定义的行为，使类的对象与 Python 运算符（如+或者>=）结合进行运算。除此之外，还有一些魔术方法可以使对象和 Python 内置函数结合运算，比如 len()和 repr()。

与__init__()或属性的 getter、setter 和 deleter 一样，你几乎不会直接调用魔术方法，它们会在使用运算符或内置函数操作对象时，在幕后被调用。

例如，当你为类创建一个名为__len__()或__repr__()的方法，并且当该类的对象被传递给函数 len() 或 repr()时，它们会在幕后被调用。Python 的官网介绍了这些方法。

我们可以通过扩展 WizCoin 类来探索如何使用不同类型的魔术方法。

17.2.1　字符串表示魔术方法

通过魔术方法__repr__()和__str__()可以为 Python 不能自动处理的对象创建可读的字符串表示。通常，Python 通过两种方法来创建对象的字符串表示。repr（读作 repper）字符串是一串 Python 代码，会在运行时创建对象的副本。str（读作 stir）字符串是人类可读的字符串，它提供了关于对象的清晰、有用的信息。repr 字符串和 str 字符串分别由内置函数 repr()和 str()返回。比如，在交互式 shell 中输入以下内容，可以看到 datetime.date 对象的 repr 字符串和 str 字符串：

```
  >>> import datetime
❶ >>> newyears = datetime.date(2021, 1, 1)
  >>> repr(newyears)
❷ 'datetime.date(2021, 1, 1)'
  >>> str(newyears)
❸ '2021-01-01'
❹ >>> newyears
  datetime.date(2021, 1, 1)
```

在这个示例中，datetime.date 对象❷的 repr 字符串实际上是一串 Python 代码，它用于创建对象的副本❶，该副本提供了对象的精确表示。datetime.date 对象的 str 字符串'2021-01-01'❸以人类易读的方式表示对象的值。如果直接在交互式 shell 中输入对象❹，就会得到它的 repr 字符串。对象的 str 字符串经常用于用户显示，而 repr 字符串则用于技术环境中，比如错误信息或日志文件。

Python 知道如何显示内置类型（比如整数和字符串）的对象，但不知道如何显示用户创建的类的对象。如果 repr()不知道如何为对象创建 repr 字符串或 str 字符串，按照惯例，会显示一个用尖括号包裹、包含对象内存地址和类名的字符串，例如'<wizcoin.WizCoin object at 0x00000212B4148EE0>'。要为一个 WizCoin 对象创建这种字符串，请在交互式 shell 中输入以下内容：

```
>>> import wizcoin
>>> purse = wizcoin.WizCoin(2, 5, 10)
>>> str(purse)
'<wizcoin.WizCoin object at 0x00000212B4148EE0>'
>>> repr(purse)
'<wizcoin.WizCoin object at 0x00000212B4148EE0>'
>>> purse
<wizcoin.WizCoin object at 0x00000212B4148EE0>
```

这些字符串不易阅读，也没有实际价值。我们可以通过实现魔术方法__repr__()和__str__()设置输出字符串。方法__repr__()指定了当对象传递给内置函数 repr()时，Python 应该返回的字符串。方法__str__()指定了当对象传递给内置函数 str()时，Python 应该返回的字符串。在 wizcoin.py 文件末尾添加以下内容：

```
--snip--
    def __repr__(self):
        """返回一个可以重新创建该对象的表达式的字符串"""
        return f'{self.__class__.__qualname__}({self.galleons}, {self.sickles}, {self.knuts})'

    def __str__(self):
        """返回该对象的人类可读的字符串表示形式"""
        return f'{self.galleons}g, {self.sickles}s, {self.knuts}k'
```

当把 purse 传递给 repr()和 str()时，Python 会分别调用魔术方法__repr__()和__str__()。它们并不会被我们直接调用。

注意，包含在 f-string 大括号中的对象将会隐式调用 str()以获得对象的 str 字符串。比如，在交互式 shell 中输入以下内容：

```
>>> import wizcoin
>>> purse = wizcoin.WizCoin(2, 5, 10)
>>> repr(purse) # 在幕后调用 WizCoin 的__repr__()
'WizCoin(2, 5, 10)'
>>> str(purse) # 在幕后调用 WizCoin 的__str__()
'2g, 5s, 10k'
>>> print(f'My purse contains {purse}.') # 调用 WizCoin 的__str__()
My purse contains 2g, 5s, 10k.
```

当我们将 purse 中的 WizCoin 对象传递给函数 repr()和 str()时，Python 会在幕后调用 WizCoin 类的方法__repr__()和__str__()。编写这些方法可以返回更易读、更有价值的字符串。当在交互式 shell 中输入 repr 字符串的文本'WizCoin(2, 5, 10)'时，将会创建一个与 purse 中的对象特性相同的 WizCoin 对象。str 字符串是更易读的对象值的表示：'2g, 5s, 10k'。如果在 f-string 中使用 WizCoin 对象，Python 会使用该对象的 str 字符串进行替换。

如果 WizCoin 对象很复杂，无法通过调用构造函数再构造一个相同的副本，我们会将 repr 字符串使用尖括号包裹起来，以表示它不是 Python 代码。这是一种通用的字符串表示，比如'<wizcoin. WizCoin object at 0x00000212B4148EE0>'。在交互式 shell 中输入该字符串会引发 SyntaxError，它不会与用于创建对象副本的 Python 代码相混淆。

在方法__repr__()中，我们使用 self.__class__.__qualname__而非直接硬编码字符串'WizCoin'。如果我们为 WizCoin 创建子类，继承而得的方法__repr__()会使用子类的名字而不是'WizCoin'。如果重命名 WizCoin 类，方法__repr__()也会自动使用新的名称。

WizCoin 对象的 str 字符串以简洁的形式展示了特性的值，我强烈建议你在自己编写的类中实现__repr__()和__str__()。

> **repr 字符串中的敏感信息**
>
> 如前所述，我们通常向用户显示 str 字符串，而在技术信息中（如在文件日志中）使用 repr 字符串。如果你创建的对象包含敏感信息，比如密码、医疗细节或者个人身份信息，那么 repr 字符串可能会导致安全问题。如果程序中有上述信息，请确保方法__repr__()返回的字符串中不包含它们。软件经常会在崩溃时设定日志文件以便调试，其中包括变量信息。而通常情况下，这些日志文件不会被视为敏感信息。在一些安全事故中，正是公开的日志文件无意包含了密码、信用卡号、家庭住址或其他敏感信息。在为自己的类编写方法__repr__()时，要注意这一点。

17.2.2　数值魔术方法

数值魔术方法也被称为**数学魔术方法**，这种方法重载了 Python 的数学运算符，如+、-、*、/等。现在我们不能使用+运算符将两个 WizCoin 对象加在一起。如果试图这样做，Python 就会抛出 TypeError 异常，因为它不知道如何对 WizCoin 进行加法运算。在交互式 shell 中输入以下内容以查看报错信息：

```
>>> import wizcoin
>>> purse = wizcoin.WizCoin(2, 5, 10)
>>> tipJar = wizcoin.WizCoin(0, 0, 37)
>>> purse + tipJar
Traceback (most recent call last):
  File "<stdin>", line 1, in <module>
TypeError: unsupported operand type(s) for +: 'WizCoin' and 'WizCoin'
```

除了为 WizCoin 类编写 addWizCoin()方法，还可以使用__add__()魔术方法，以支持 WizCoin 对象使用+运算符。在 wizcoin.py 文件末尾添加以下内容：

```
--snip--
❶    def __add__(self, other):
         """将两个 WizCoin 对象中的硬币数量相加"""
❷        if not isinstance(other, WizCoin):
          return NotImplemented

❸        return WizCoin(other.galleons + self.galleons, other.sickles +
         self.sickles, other.knuts + self.knuts)
```

当 WizCoin 对象右边出现+运算符时，Python 会调用它的__add__()方法❶，传递该对象，并将运算符右边的另一个值作为参数 other 传递。不是必须使用 other，但这是惯例。

注意，方法__add__()可能接受任何类型的对象，所以该方法必须进行类型检查❷。比如，向 WizCoin 对象添加整数或者浮点数是没有意义的，因为我们不知道它应该被添加到 galleons 的数量中，还是 sickles 或 knuts 的数量中。

方法__add__ ()创建了一个新的 WizCoin 对象，其金额等于 self 和 other 两个对象的 galleons、sickles 和 knuts 特性之和❸。由于它们的值都是整数，因此可以对它们使用+运算符进行加法运算。现在我们已经为 WizCoin 类重载了+运算符，可以对 WizCoin 对象使用+运算符了。

重载+等运算符有助于提升代码的可读性。例如，在交互式 shell 中输入以下内容：

```
>>> import wizcoin
>>> purse = wizcoin.WizCoin(2, 5, 10) # 创建一个 WizCoin 对象
>>> tipJar = wizcoin.WizCoin(0, 0, 37) # 创建另一个 WizCoin 对象
>>> purse + tipJar # 使用总的金额创建一个新的 WizCoin 对象
WizCoin(2, 5, 47)
```

如果为 other 参数传递了错误的对象类型，那么魔术方法不应该抛出异常，而应该返回内置值 NotImplemented。例如，在以下代码中，other 是一个整数：

```
>>> import wizcoin
>>> purse = wizcoin.WizCoin(2, 5, 10)
>>> purse + 42 # WizCoin 对象和整数不能加在一起
Traceback (most recent call last):
  File "<stdin>", line 1, in <module>
TypeError: unsupported operand type(s) for +: 'WizCoin' and 'int'
```

返回 NotImplemented 表示 Python 尝试调用其他方法执行该操作（可以在 17.2.3 节中进一步了解）。Python 在幕后再次调用了方法__add__()，将 other 参数设置为 42，它的返回值也是 NotImplemented，最终导致 Python 抛出 TypeError。

虽然我们不应该为 WizCoin 对象添加或者减去整数值，但定义__mul__()魔术方法，允许代码将 WizCoin 对象乘以正整数是有意义的。在 wizcoin.py 的末尾添加以下内容：

```
--snip--
    def __mul__(self, other):
        """将硬币的数量乘以一个非负整数"""
        if not isinstance(other, int):
            return NotImplemented
        if other < 0:
            # 乘以负整数会导致硬币的数量变为负数
            # 这是无效的
            raise WizCoinException('cannot multiply with negative integers')

        return WizCoin(self.galleons * other, self.sickles * other, self.knuts * other)
```

这个__mul__()方法允许你将 WizCoin 对象乘以正整数。如果 other 是一个整数，符合__mul__()方法的预期数据类型，就不该返回 NotImplemented。但如果 other 是负数，用它乘以 WizCoin 对象将导致 WizCoin 对象包含负数个的硬币。这不符合该类的设计意图，所以 Python 会抛出一个带有描述性错误信息的 WizCoinException。

注意 不应该在数值魔术方法中改变对象本身，而应该创建并返回一个新对象。+或其他数值运算符总是预期返回一个新的对象，而不是原地修改原对象。

在交互式 shell 中输入以下内容，看一下__mul__()魔术方法的运行情况：

```
>>> import wizcoin
>>> purse = wizcoin.WizCoin(2, 5, 10) # 创建一个 WizCoin 对象
>>> purse * 10 # 将 WizCoin 乘以一个整数
WizCoin(20, 50, 100)
>>> purse * -2 # 乘以一个负数会引发错误
Traceback (most recent call last):
  File "<stdin>", line 1, in <module>
  File "C:\Users\Al\Desktop\wizcoin.py", line 86, in __mul__
    raise WizCoinException('cannot multiply with negative integers')
wizcoin.WizCoinException: cannot multiply with negative integers
```

表 17-1 显示了全部的数值魔术方法。不必为所有类实现所有方法，因为这取决于你的需要。

表 17-1 数值魔术方法

魔术方法	运 算	运算符或内置函数
__add__()	加法	+
__sub__()	减法	-
__mul__()	乘法	*
__matmul__()	矩阵乘法（Python 3.5 的新特性）	@
__truediv__()	除法	/
__floordiv__()	整数除法	//
__mod__()	取模	%
__divmod__()	带余数的除法	divmod()
__pow__()	求幂	**, pow()
__lshift__()	左移	>>
__rshift__()	右移	<<
__and__()	位运算求和	&
__or__()	位运算或	|
__xor__()	位运算异或	^

（续）

魔术方法	运　算	运算符或内置函数
__neg__()	负值运算	Unary -, as in -42
__pos__()	正值运算	Unary +, as in +42
__abs__()	求绝对值	abs()
__invert__()	位运算求反	~
__complex__()	复数形式	complex()
__int__()	整数形式	int()
__float__()	浮点数形式	float()
__bool__()	布尔形式	bool()
__round__()	舍入	round()
__trunc__()	舍去	math.trunc()
__floor__()	向下取整	math.floor()
__ceil__()	向上取整	math.ceil()

表 17-1 中的部分方法与 WizCoin 类有关。可尝试自己编写__sub__()、__pow__()、__int__()、__float__()及__bool__()的实现。

数值魔术方法让类对象能够使用 Python 内置的数学运算符。如果你的类中存在方法 multiplyBy()和 convertToInt()，且它们的作用与现有运算符或内置函数相同，可以考虑使用数值魔术方法，以及下文将介绍的反射数值魔术方法和原地魔术方法。

17.2.3 反射数值魔术方法

当对象在一个数学运算符的左边时，Python 会调用数值魔术方法。而当对象在数学运算符的右边时，Python 会调用反射数值魔术方法（也被称为反向魔术方法或者右手魔术方法）。

反射数值魔术方法很有用，因为使用你编写的类的程序员不会总是把对象写在运算符的左边。如果没有反射数值魔术方法，这可能会导致意外结果。考虑一下，如果 purse 是一个 WizCoin 对象，让 Python 计算表达式 2 * purse（purse 在运算符右侧）时会发生什么。

(1) 因为 2 是一个整数，所以 int 类的__mul__()方法被调用，other 参数为 purse。

(2) 由于 int 类的__mul__()方法不知道如何处理 WizCoin 对象，因此返回 NotImplemented。

(3) Python 没有直接抛出 TypeError 错误，这是因为由于 purse 的值是一个 WizCoin 对象，WizCoin 类也存在__rmul__()方法，该方法被调用，other 参数为 2。

(4) 如果__rmul__()返回 NotImplemented，Python 将抛出 TypeError。否则 2 * purse 表达式的结果就是__rmul__()的返回值。

而对于表达式 purse * 2，由于 purse 在运算符左边，因此它的执行步骤不同。

(1) 因为 purse 的值为 WizCoin 对象，所以 WizCoin 类的__mul__()方法被调用，other 参数为 2。
(2) __mul__ ()方法创建一个新的 WizCoin 对象并返回。
(3) 返回的对象就是表达式 purse * 2 的结果。

如果你定义的数值魔术方法和反射数值魔术方法是符合交换律的，那么它们的代码是相同的。对于符合交换律的运算（比如加法），运算内容的顺序不会影响结果：3 + 2 与 2 + 3 的结果一样。但有些运算是不符合交换律的：3 - 2 不等于 2 - 3。任何符合交换律的运算都可以在调用反射数值魔术方法时直接调用原始的数值魔术方法。比如，在 wizcoin.py 文件末尾添加以下内容，为乘法运算定义反射数值魔术方法：

```
--snip--
    def __rmul__(self, other):
        """将硬币数量乘以一个非负整数"""
        return self.__mul__(other)
```

整数与 WizCoin 对象的乘法运算是符合交换律的：2 * purse 与 purse * 2 相同。我们没有复制粘贴__mul()__的代码，而是直接调用 self.__mul()__，将 other 参数传递给它。

在更新 wizcoin.py 后，在交互式 shell 中输入以下内容以练习使用反射乘法魔术方法：

```
>>> import wizcoin
>>> purse = wizcoin.WizCoin(2, 5, 10)
>>> purse * 10 # 调用__mul__()方法，将 other 参数设置为 10
WizCoin(20, 50, 100)
>>> 10 * purse # 调用__rmul__()方法，将 other 参数设置为 10
WizCoin(20, 50, 100)
```

注意，在表达式 10 * purse 中，Python 会首先调用 int 类的__mul__()方法来查看整数是否可以与 WizCoin 对象相乘。当然，Python 内置的 int 类并不知道我们创建的这个类，所以它返回 NotImplemented。这会指示 Python 检查 WizCoin 类是否存在__rmul__()方法。如果存在，则调用该方法。如果两个方法都返回 NotImplemented，那么 Python 会抛出 TypeError 异常。

加和操作只存在于两个 WizCoin 对象之间，这样第一个 WizCoin 对象的__add__()方法将会处理添加操作，所以不需要实现__radd__()方法。例如，在表达式 purse + tipJar 中，purse 对象的__add__()方法被调用，other 参数为 tipJar。因为该调用没有返回 NotImplemented，所以 Python 不会尝试调用 tipJar 对象的__radd__()方法，该方法以 purse 作为 other 参数。

表 17-2 完整列出了可用的反射数值魔术方法。

表 17-2 反射数值魔术方法

魔术方法	运　算	运算符或内置函数
__radd__()	加法	+
__rsub__()	减法	-
__rmul__()	乘法	*
__rmatmul__()	矩阵乘法（Python 3.5 的新特性）	@
__rtruediv__()	除法	/
__rfloordiv__()	整数除法	//
__rmod__()	取模	%
__rdivmod__()	带余数的除法	divmod()
__rpow__()	求幂	**, pow()
__rlshift__()	左移	>>
__rrshift__()	右移	<<
__rand__()	位运算求和	&
__ror__()	位运算或	|
__rxor__()	位运算异或	^

请访问 Python 官网进一步了解反射数值魔术方法的内容。

17.2.4 原地魔术方法

数值魔术方法和反射数值魔术方法总是创建新的对象，而非原地修改对象。由增强赋值运算符（如+=和*=）调用的原地赋值方法是原地修改对象（这里存在一个例外，将在本节最后讲解）。这些魔术方法以 i 开头，例如__iadd__()和__imul__()分别代表+=运算符和*=运算符。

例如，当 Python 运行代码 purse *= 2 时，预期行为不是 WizCoin 类的__imul__()方法创建一个硬币数量为原有数量两倍的 WizCoin 对象并返回，然后将其赋给 purse 变量，而是希望__imul__()方法修改 purse 中现有的 WizCoin 对象，使其拥有两倍的硬币。如果想让你的类重载增强赋值运算符，务必理解这个细微但重要的区别。

现在 WizCoin 对象重载了运算符+和*，接下来我们通过定义魔术方法__iadd__()和__imul__()，使其重载+=和*=。在表达式 purse += tipJar 和 purse *= 2 中，Python 分别会调用方法__iadd__()和__imul__()，并分别传递 tipJar 和 2 作为 other 参数。在 wizcoin.py 文件末尾添加以下内容：

```
--snip--
    def __iadd__(self, other):
        """将另一个WizCoin对象中的硬币数量加到当前这个对象中"""
        if not isinstance(other, WizCoin):
```

```
            return NotImplemented

        # 原地修改 self 对象：
        self.galleons += other.galleons
        self.sickles += other.sickles
        self.knuts += other.knuts
        return self  # 绝大多数情况下，原地魔术方法返回 self

    def __imul__(self, other):
        """将当前对象的 galleons、sickles 和 knuts 硬币的数量
        乘以另外一个非负整数"""
        if not isinstance(other, int):
            return NotImplemented
        if other < 0:
            raise WizCoinException('cannot multiply with negative integers')

        # 使用 WizCoin 创建的对象是可变的
        # 所以不要像下面这行被注释的代码这样写：
        #return WizCoin(self.galleons * other, self.sickles * other, self.knuts * other)

        # 我们原地修改 self 对象：
        self.galleons *= other
        self.sickles *= other
        self.knuts *= other
        return self  # 原地魔术方法绝大多数情况下返回 self
```

WizCoin 对象可以与其他 WizCoin 对象进行+=运算，也可以与正整数一起进行*=运算。注意，在确保 other 参数有效后，原地方法会原地修改原对象，而不是创建新的 WizCoin 对象。在交互式 shell 中输入以下内容以查看增强赋值运算符是如何原地修改 WizCoin 对象的：

```
  >>> import wizcoin
  >>> purse = wizcoin.WizCoin(2, 5, 10)
  >>> tipJar = wizcoin.WizCoin(0, 0, 37)
❶ >>> purse + tipJar
❷ WizCoin(2, 5, 46)
  >>> purse
  WizCoin(2, 5, 10)
❸ >>> purse += tipJar
  >>> purse
  WizCoin(2, 5, 47)
❹ >>> purse *= 10
  >>> purse
  WizCoin(20, 50, 470)
```

+运算符❶调用魔术方法__add__()或者__radd__()创建并返回新的对象❷，原对象则保持不变。而只要对象是可变的（是指值能够被改变的对象），原地魔术方法❸❹就可以原地修改原对象。例外情况是不可变对象，因为不可变对象不能被修改，所以它不能被原地修改。在这种情况下，原地魔术方法应该创建一个新的对象并返回，就像数值魔术方法和反射数值魔术方法一样。

因为特性 galleons、sickles 和 knuts 不是只读的，它们可以被改变，所以 WizCoin 对象是可变的。我们编写的大多数类会创建可变对象，所以需要设计原地魔术方法来原地修改对象。

如果没有实现原地魔术方法，Python 将调用数值魔术方法。如果 WizCoin 类没有__imul__()方法，表达式 purse *= 10 将调用__mul__()并将其返回值赋给 purse。因为 WizCoin 对象是可变的，这个意外行为可能会导致难以察觉的错误[①]。

17.2.5 比较魔术方法

Python 的方法 sort()和函数 sorted()提供了简单有效的排序算法。但如果想对自定义类的对象进行比较和排序，就需要实现比较魔术方法来告诉 Python 如何比较任意两个对象。当你的对象被放在带有比较运算符（<、>、<=、>=、==和!=）的表达式中时，Python 会在幕后调用比较魔术方法。

在了解比较魔术方法之前，先来看看 operator 模块的 6 个函数，它们与 6 个比较运算符执行的操作相同。比较魔术方法将调用这些函数。在交互式 shell 中输入以下内容：

```
>>> import operator
>>> operator.eq(42, 42)        # eq 指 equal，等效于 42 == 42
True
>>> operator.ne('cat', 'dog') # ne 指 not equal，等效于'cat' != 'dog'
True
>>> operator.gt(10, 20)        # gt 指 greater than，等效于 10 > 20
False
>>> operator.ge(10, 10)        # ge 指 greater than or equal，等效于 10 >= 10
True
>>> operator.lt(10, 20)        # lt 指 less than，等效于 10 < 20
True
>>> operator.le(10, 20)        # le 指 less than or equal，等效于 10 <= 20
True
```

operator 模块提供了比较运算符的函数版本。它们的实现很简单。以 operator.eq()函数为例，用两行代码就可以给出其中一种实现：

```
def eq(a, b):
    return a == b
```

函数形式的比较运算符很有用，因为函数可以作为参数传递给函数调用，而运算符不行。我们将按照以下步骤为比较魔术方法实现一个辅助方法。

① 如果它是一个不可变对象，程序员就可以知道 purse 已经指向新的对象了，但由于它是可变对象，程序员会下意识地以为 purse 的指向没有变，只是值变化了，因此可能引发一些 bug。——译者注

首先，在 wizcoin.py 的开头添加以下内容。这些导入语句使我们能够访问 operator 模块中的函数，并允许通过与 collection.abc.Sequence 进行比较，来检查比较魔术方法中的 other 参数是否是序列类型。

```
import collections.abc
import operator
```

接着在 wizcoin.py 文件末尾添加以下内容：

```
--snip--
❶   def _comparisonOperatorHelper(self, operatorFunc, other):
        """比较魔术方法的辅助方法"""

❷       if isinstance(other, WizCoin):
            return operatorFunc(self.total, other.total)
❸       elif isinstance(other, (int, float)):
            return operatorFunc(self.total, other)
❹       elif isinstance(other, collections.abc.Sequence):
            otherValue = (other[0] * 17 * 29) + (other[1] * 29) + other[2]
            return operatorFunc(self.total, otherValue)
        elif operatorFunc == operator.eq:
            return False
        elif operatorFunc == operator.ne:
            return True
        else:
            return NotImplemented

    def __eq__(self, other): # eq 指 equal
❺       return self._comparisonOperatorHelper(operator.eq, other)

    def __ne__(self, other): # ne 指 not equal
❻       return self._comparisonOperatorHelper(operator.ne, other)

    def __lt__(self, other): # lt 指 less than
❼       return self._comparisonOperatorHelper(operator.lt, other)

    def __le__(self, other): # le 指 less than or equal
❽       return self._comparisonOperatorHelper(operator.le, other)

    def __gt__(self, other): # gt 指 greater than
❾       return self._comparisonOperatorHelper(operator.gt, other)

    def __ge__(self, other): # ge 指 greater than or equal
❿       return self._comparisonOperatorHelper(operator.ge, other)
```

比较魔术方法调用了_comparisonOperatorHelper()方法❶，并将 operator 模块中对应的函数作为 operatorFunc 参数传递给它。当调用 operatorFunc()时，实际上会调用作为该参数传递的函数 operator 模块中的 eq()❺、ne()❻、lt()❼、le()❽、gt()❾或 ge()❿。如果不提取辅助方法，就需要在6个比较魔术方法中重复_comparisonOperatorHelper()的代码。

注意 像_comparisonOperatorHelper()这样接受其他函数作为参数的函数（或方法）被称为**高阶函数**。

现在，WizCoin对象已经可以与其他WizCoin对象❷、整数、浮点数❸以及代表galleons、sickles和knuts的3个数值组成的序列值进行比较了❹。在交互式shell中输入以下内容以查看比较动作：

```
>>> import wizcoin
>>> purse = wizcoin.WizCoin(2, 5, 10) # 创建一个WizCoin对象
>>> tipJar = wizcoin.WizCoin(0, 0, 37) # 创建另一个WizCoin对象
>>> purse.total, tipJar.total # 检查它们的值，以knuts为单位
(1141, 37)
>>> purse > tipJar # 使用比较运算符比较WizCoin对象
True
>>> purse < tipJar
False
>>> purse > 1000 # 与整数进行比较
True
>>> purse <= 1000
False
>>> purse == 1141
True
>>> purse == 1141.0 # 与浮点数进行比较
True
>>> purse == '1141' # WizCoin与任何字符串值都不相等
False
>>> bagOfKnuts = wizcoin.WizCoin(0, 0, 1141)
>>> purse == bagOfKnuts
True
>>> purse == (2, 5, 10) # 可以和包含3个整数的元组进行比较
True
>>> purse >= [2, 5, 10] # 可以和包含3个整数的列表进行比较
True
>>> purse >= ['cat', 'dog'] # 这会导致错误
Traceback (most recent call last):
  File "<stdin>", line 1, in <module>
  File "C:\Users\Al\Desktop\wizcoin.py", line 265, in __ge__
    return self._comparisonOperatorHelper(operator.ge, other)
  File "C:\Users\Al\Desktop\wizcoin.py", line 237, in _
comparisonOperatorHelper
    otherValue = (other[0] * 17 * 29) + (other[1] * 29) + other[2]
IndexError: list index out of range
```

辅助方法通过调用isinstance(other, collections.abc.Sequence)来查看other是否是序列数据类型（比如元组或列表）。由于WizCoin对象可以跟序列进行比较，因此我们还可以通过编写像purse >= [2, 5, 10]这样的代码进行快速比较。

序列比较

比较两个内置序列类型（比如字符串、列表或元组）的对象时，Python 会首先关注序列中靠前的项。也就是说，仅当前面的项的值相等时，它才会比较后面的值。比如，在交互式 shell 中输入以下内容：

```
>>> 'Azriel' < 'Zelda'
True
>>> (1, 2, 3) > (0, 8888, 9999)
True
```

之所以字符串'Azriel'在'Zelda'之前（也可以说是“小于”），是因为 A 在 Z 之前。之所以元组(1, 2, 3)排在(0, 8888, 9999)之后（也可以说是“大于”），是因为 1 比 0 大。再来看一些更复杂的情况，在交互式 shell 中输入以下内容：

```
>>> 'Azriel' < 'Aaron'
False
>>> (1, 0, 0) > (1, 0, 9999)
False
```

之所以字符串'Azriel'不在'Aaron'之前，是因为'Azriel'中的 A 等于'Aaron'中的 A，而其后的 z 则在'Aaron'的 a 之后。同样的情况也适用于元组(1, 0, 0)和(1, 0, 9999)：它们的前两项是相等的，而第 3 项（分别是 0 和 9999）决定了(1, 0, 0)在(1, 0, 9999)之前。

这需要我们对 WizCoin 的设计做出决定：WizCoin(0, 0, 9999)应该在 WizCoin(1, 0, 0)之前还是之后？如果 galleons 的数量比 sickles 或 knuts 更重要，WizCoin(0, 0, 9999)就应该在 WizCoin(1, 0, 0)之前。如果根据对象的价值比较，WizCoin(0, 0, 9999)（价值 9999 knuts）则排在 WizCoin(1, 0, 0)（价值 493 knuts）之后。在 wizcoin.py 中，我决定将 knuts 作为对象价值的单位，因为它使 WizCoin 对象与整数和浮点数进行比较的方式一致。在设计类时，这些都是你必须要做出的决定。

不需要实现反射比较魔术方法，如__req__()和__rne__()，这是因为__lt__()和__gt__()相互反射，__le__()和__ge__()相互反射，__eq__()和__ne__()则反射自己。原因是，无论运算符左侧或右侧的值是什么，以下关系都成立：

- purse > [2, 5, 10]与[2, 5, 10] < purse 相同；
- purse >= [2, 5, 10]与[2, 5, 10] <= purse 相同；

- purse == [2, 5, 10]与[2, 5, 10] == purse 相同;
- purse != [2, 5, 10]与[2, 5, 10] != purse 相同。

实现了比较魔术方法后，sort()就会自动使用它对 WizCoin 对象进行排序。在交互式 shell 中输入以下内容：

```
>>> import wizcoin
>>> oneGalleon = wizcoin.WizCoin(1, 0, 0) # 价值 493 knuts
>>> oneSickle = wizcoin.WizCoin(0, 1, 0) # 价值 29 knuts
>>> oneKnut = wizcoin.WizCoin(0, 0, 1) #  价值 1 knuts
>>> coins = [oneSickle, oneKnut, oneGalleon, 100]
>>> coins.sort() # 按照从低到高进行排序
>>> coins
[WizCoin(0, 0, 1), WizCoin(0, 1, 0), 100, WizCoin(1, 0, 0)]
```

表 17-3 完整列出了可用的比较魔术方法。

表 17-3 比较魔术方法和 operator 模块中的函数

魔术方法	运 算	比较运算符	operator 模块中的函数
__eq__()	EQual	==	operator.eq()
__ne__()	Not Equal	!=	operator.ne()
__lt__()	Less Than	<	operator.lt()
__le__()	Less than or Equal	<=	operator.le()
__gt__()	Greater Than	>	operator.gt()
__ge__()	Greater than or Equal	>=	operator.ge()

比较魔术方法可以让自定义类的对象使用 Python 的比较运算符，而无须为自定义类的对象创建比较方法。如果你正在创建名为 equals()或 isGreaterThan()的方法，它们是不符合 Python 风格的，你应该使用比较魔术方法。

17.3 小结

Python 实现的面向对象语言的特性与其他 OOP 语言（如 Java 或 C++）不同。Python 没有使用显式的 getter 和 setter，而是使用属性来验证特性或将特性设置为只读。

Python 还支持通过魔术方法重载运算符，这些方法的名称需要用双下划线包裹。使用数值魔术方法和反射数值魔术方法可以重载常见的数学运算符。这些方法可以让自定义类的对象使用内置运算符进行运算。当它们不能处理运算符另一侧对象的数据类型时，将返回内置的 NotImplemented 值。这些魔术方法会创建新的对象并返回该对象，而原地魔术方法（重载增强赋值运算符）则原地修改原对象。比较魔术方法不仅可以为对象实现 Python 的 6 个比较运算符，还允许 `sort()`对自定义类的对象进行排序。可以利用 `operator` 模块中的函数 `eq()`、`ne()`、`lt()`、`le()`、`gt()`和 `ge()`辅助实现比较魔术方法。

属性和魔术方法可以让你写出简洁、一致并可读的类。使用它们可以避免编写很多其他语言（比如 Java）要求编写的模板代码。如果想了解更多关于编写 Python 风格代码的信息，可以观看 Raymond Hettinger 在 PyCon 大会上的两场演讲，"Transforming Code into Beautiful, Idiomatic Python"（编写优美地道的 Python 代码）和"Beyond PEP 8—Best Practices for Beautiful, Intelligible Code"（超越 PEP 8——编写优美易懂代码的最佳实践）。它们包含了本章未能涉及的一些概念。

要想有效地使用 Python 语言，还有很多需要学习的内容。Luciano Ramalho 的《流畅的 Python》[①] 和 Brett Slatkin 的《Effective Python：编写高质量 Python 代码的 90 个有效方法》提供了更多有关 Python 语法和最佳实践的进阶知识，是每个 Python 进阶学习者的必读书目。

① 详见 ituring.cn/book/1564。——编者注

技术改变世界 · 阅读塑造人生

Python 编程：从入门到实践（第 2 版）

◆ 蟒蛇书——“百万Python新手”的入门选择

书号：978-7-115-54608-1

用 Python 学数学

◆ 全彩印刷，用Python体验“全新”的数学

书号：978-7-115-56242-5

PowerShell 实战

◆ 省时省力的系统管理利器，轻松实现烦琐任务自动化

书号：978-7-115-59050-3

技术改变世界 · 阅读塑造人生

流畅的 Python

◆ 全面深入，对Python语言关键特性剖析到位

书号：978-7-115-45415-7

精通 Git（第 2 版）

◆ GitHub联合创始人倾心之作，涵盖Git常见工作场景

书号：978-7-115-46306-7

趣学贝叶斯统计：橡皮鸭、乐高和星球大战中的统计学

◆ 用一个定理，更好地应对所有的不确定

书号：978-7-115-59107-4